江西省耕地质量长期定位监测评价报告

（2022年度）

江西省农业技术推广中心 ◎ 编著

中国农业科学技术出版社

图书在版编目(CIP)数据

江西省耕地质量长期定位监测评价报告．2022年度／江西省农业技术推广中心编著．--北京：中国农业科学技术出版社，2023.12

ISBN 978-7-5116-6650-5

Ⅰ.①江…　Ⅱ.①江…　Ⅲ.①耕地资源-资源评价-研究报告-江西-2022　Ⅳ.①F323.211

中国国家版本馆CIP数据核字(2023)第253717号

责任编辑 申　艳
责任校对 王　彦
责任印制 姜义伟　王思文

出 版 者 中国农业科学技术出版社
北京市中关村南大街12号　　邮编：100081
电　　话 (010) 82103898 (编辑室)　　(010) 82106624 (发行部)
(010) 82109709 (读者服务部)
网　　址 https://castp.caas.cn
经 销 者 各地新华书店
印 刷 者 北京捷迅佳彩印刷有限公司
开　　本 185 mm×260 mm　1/16
印　　张 15.25
字　　数 360千字
版　　次 2023年12月第1版　2023年12月第1次印刷
定　　价 88.00元

《江西省耕地质量长期定位监测评价报告（2022年度）》

编委会

◎主　　任　郑　敏

◎副 主 任　文喜贤　骆赞磊　邵　华

◎主　　著　骆赞磊　何小林　陈秀龙

◎参著人员（按姓氏笔画排序）

丁木财　万　辉　万晓梅　马承和　王胜华　王润群
毛海富　尹　伟　邓小刚　卢小桂　卢再杰　叶毅成
付鹏鸿　兰　帅　达瓦登召　朱礼财　朱莉英　向　俊
庄玥茗　刘　敏　刘　道　刘一新　刘红平　刘芳珍
刘武辉　刘金良　刘建华　刘艳琴　刘新荣　孙毛毛
阳新发　严　谨　严芬娇　苏宗麦　苏绒绒　李　峰
李　萌　李　琪　李小军　李秀梅　李喜珍　李细莲
李模其　杨红兰　杨莉仁　杨瑞兵　肖　苑　吴多宾
吴怀鲁　吴晓芳　邱　婷　何正文　何秀荣　余　赋
余红英　邹　慧　邹婉莹　汪　咏　沈青毅　沈国安
沈金水　宋　涛　宋桥萍　张　帅　张　亚　张　超
张小玲　张文生　张永倩　张爱华　张梅花　陈　亮
陈　越　陈　锋　陈松圣　陈秋华　陈雪莲　陈震清
林　泉　林晓霞　易爱忠　罗文汉　罗晓军　周　勤
周世友　周荣泉　周振杰　周彩云　郑晓樵　郑燕霞
赵　伟　赵利英　胡婉姿　胡红霞　胡康生　钟　厚
钟颖桐　段　琨　姜春阳　贺文谋　秦张杰　袁建民
顾　强　徐　荣　凌华珍　郭江兰　陶　峰　黄小桃
黄海祥　黄群招　曹灵丹　曹治钢　曹建祖　曹珊华
龚建明　康　锋　康文锋　梁　丰　揭振林　彭　杨
彭晓剑　彭章伟　彭慧明　程新田　稂晓嘉　焦　敏
曾文根　曾文高　曾永娣　曾奕豪　赖　菲　赖江洪
雷振望　廖芊意　廖艳艳　熊清华　樊耀清　颜琼英
潘冬平

本书主著工作单位为江西省农业技术推广中心和江西农业大学。

前　言

耕地质量长期定位监测是《中华人民共和国粮食安全保障法》《中华人民共和国农业法》《基本农田保护条例》《江西省基本农田保护办法》等法律法规赋予农业农村部门的重要职责之一，是贯彻落实《耕地质量调查监测与评价办法》的重要抓手，也是一项基础性、公益性和长期性的工作。

耕地是最宝贵的农业资源、最重要的生产要素。中央高度重视耕地质量保护工作，习近平总书记明确提出："耕地是我国最为宝贵的资源。我国人多地少的基本国情，决定了我们必须把关系十几亿人吃饭大事的耕地保护好，决不能有闪失""耕地红线不仅是数量上的，也是质量上的""保障粮食安全的根本在耕地，耕地是粮食生产的命根子""保护耕地要像保护文物那样来做，甚至要像保护大熊猫那样来做"。

耕地质量长期定位监测对揭示耕地质量变化规律、指导农民科学施肥、提高肥料利用效率、保护生态环境、促进农业可持续发展等，具有十分重要的意义。开展耕地质量长期定位监测和研究是发展和建立耕地保护理论与制度、指导农业生产的重要基础和依据。江西省耕地质量长期定位监测工作始于1984年，至今已连续开展39年，全省耕地质量调查监测与保护机构始终致力于做好耕地质量长期定位监测工作。自中央实行最严格的耕地保护制度和最严格的节约用地制度以来，为进一步加强耕地质量保护工作，2022年度江西省拥有国家级和省级耕地质量长期定位监测点达到542个，其中国家级耕地质量监测点62个，省级耕地质量监测点480个。基本覆盖了全省所有耕地土壤类型，涉及全省所有熟制和全部主要农作物。

《江西省耕地质量长期定位监测评价报告（2022年度）》基于2016—2022年全省国家级、省级、市级耕地质量长期定位监测数据所形成，重点对耕层厚度、容重、有机质、pH、全氮、有效磷、速效钾、缓效钾、交换性钙、交换性镁、有效硫、有效硅、有效铁、有效锰、有效铜、有效锌、有效硼、有效钼等土壤养分指标进行解读，同时还对各监测点作物产量、施肥量、地力贡献率等进行分析，探讨耕地质量变化成因以及趋势预测，并为耕地质量保护与提升提出对策与建议。

因时间仓促，如有疏漏之处，敬请读者批评指正。

著　者

二〇二三年十月

目　　录

第一章 概 述

耕地质量监测是《中华人民共和国农业法》和《基本农田保护条例》赋予农业农村部门的重要职责之一，是贯彻落实《耕地质量调查监测与评价办法》的重要抓手，也是农业农村部门的一项基础性、公益性和长期性工作。机构改革完成后，国务院“三定”方案明确规定农业农村部负责耕地及永久基本农田质量保护工作。

近年来，国家对耕地质量保护工作高度重视，党的二十大报告中指出，全方位夯实粮食安全根基，全面落实粮食安全党政同责，牢牢守住十八亿亩[①]耕地红线，逐步把永久基本农田全部建成高标准农田。作为一个拥有 14 亿人口的大国，习近平总书记强调要“确保中国人的饭碗牢牢端在自己手中。”面对日益严峻的耕地状况，江西省以习近平新时代中国特色社会主义思想为指导，深入学习贯彻党的二十大精神，全面落实习近平总书记关于耕地保护的重要论述，聚焦打造“三大高地”、实施“五大战略”，完整、准确、全面贯彻新发展理念，突出量质并重、严格执法、系统推进、永续利用，牢牢守住耕地红线，压实耕地保护责任，落实最严格的耕地保护制度，着力构建保护更加有力、机制更加健全、管理更加高效、监督更加严格的耕地保护新格局，全面提升全省耕地保护治理体系和治理能力现代化水平，为奋力谱写中国式现代化的江西篇章奠定坚实基础。

2022 年江西省土地利用现状统计资料表明，江西省耕地面积 4 069. 13万亩：水田面积 3 388. 69万亩，水浇地面积 5. 95 万亩，旱地面积 674. 49 万亩。为响应国家号召，提高耕地质量，2022 年，江西省开展专项整治“回头看”，把完善长效机制作为三方面重点内容之一，高质量推进新一轮高标准农田建设，全面做好 2022 年高标准农田建设工作。同时，要求各设区市按照预算管理要求和有关资金管理办法，及时将资金下达到有关县（市、区），加快预算执行，切实提高资金使用效益，并加强全过程绩效管理，做好绩效监控和绩效评价，确保年度绩效目标如期实现，多项举措彰显了耕地保护量质并重的坚定决心。

耕地质量的好坏决定了粮食产能的高低和农产品质量优劣。开展耕地质量长期定位监测和研究，是发展和建立耕地保护理论与制度、指导农业生产的重要基础，对揭示耕地质量变化规律、切实保护耕地、促进农业可持续发展具有十分重要的意义。农业农村部门要牢固树立“保供固安全、振兴畅循环”的“三农”工作定位，深入实施藏粮于地、藏粮于技战略，以高标准农田建设为抓手，全面加强耕地质量调查监测与评价，摸

① 1 亩≈667 m^2。全书同。

清耕地质量家底，保证国家需要时粮食能够产得出、供得上，真正实现中国人的饭碗里装“中国粮”，为解决世界粮食问题提供中国方案。

第一节　自然与农业生产概况

一、地理位置与行政区划

江西省，简称“赣”，是中华人民共和国省级行政区，省会为南昌市，位于中国东南部，长江中下游交接的南岸，地形地貌可以概括为“六山一水二分田，一分道路和庄园”，位于东经 113°34′~118°28′、北纬 24°29′~30°04′，大部分处于北温带，位于亚热带季风气候区。东邻浙江省、福建省，南连广东省，西挨湖南省，北毗长江连接湖北省、安徽省，为长三角、珠三角、海峡西岸的中心腹地。截至 2023 年，江西省辖 11 个设区市、27 个市辖区、12 个县级市、61 个县，合计 100 个县级区划。根据江西统计年鉴，截至 2022 年末，江西省总人口 4 527.98万，其中，乡村常住人口 1 717.46万人，比重 37.9%。江西省农业农村资源十分丰富，素有“鱼米之乡”的美誉，是新中国成立以来全国两个从未间断输出商品粮的省份之一，是东南沿海地区农产品供应地。

二、土地资源

江西省总面积 16.69 万 km^2，全省境内除北部较为平坦外，东西南部三面环山，中部丘陵起伏，为一个整体向鄱阳湖倾斜而往北开口的巨大盆地。全境以山地、丘陵为主，山地占全省总面积的 36%，丘陵占 42%，岗地、平原、水面占 22%。省内土壤类型多种多样且有明显的垂直地带性分布规律，主要有 7 个土类：一是红壤，分红壤、红壤性土、黄红壤 3 个亚类，广泛分布于全省山地、丘陵、低岗丘地；二是黄壤，主要分布于山地中上部海拔 700~1 200 m的地带；三是山地黄棕壤，主要分布于海拔 1 000~1 400 m的山地；四是山地草甸土，主要分布于海拔 1 400~1 700 m的高山顶部；五是紫色土，主要分布在赣州、抚州和上饶地区的丘陵地带，其他丘陵区也有小面积零星分布；六是潮土，主要分布在鄱阳湖沿岸、长江和省内五大河流的河谷平原；七是水稻土，广泛分布于省内山地、丘陵谷地及河湖平原阶地，由自然土壤在水耕熟化的条件下形成的特殊人工土壤，在全省均有分布，是省内主要的耕作土壤。

江西省人多地少，土地后备资源不足，在耕地面积增长潜力有限、粮食单产水平已处于历史高位的情况下，今后的发力点在于“向技术要粮”，依靠科学利用与保护耕地资源、加强耕地质量建设、提高耕地综合生产能力、高标准农田建设等，来满足人们对农产品日益增长的需求。近年来，各级农业农村部门积极加强高标准农田建设、耕地质量监测、化肥减量增效示范县建设、耕地质量提升示范区建设、轮作休耕、退化耕地治理等工作，有效提高了耕地质量。

三、农业农村发展

近年来，江西省农业农村部门认真学习贯彻习近平总书记关于“三农”工作重要论述和党的二十大精神对农业、耕地保护工作的重要指示要求，坚决落实省委、省政府决策部署，统筹推进乡村振兴各项工作，农业农村现代化建设取得了长足发展，为建设农业强省打下了坚实基础。江西省水质一流，生态环境一流，被誉为中国“最绿”的省份之一，省内气候四季分明、日照充足、雨量充沛、无霜期长，十分适合发展各种形态的农业。作为全国水稻重要产区，江西省稻谷产量居全国第3位，以全国2.3%的耕地生产了3.25%的粮食，江西绿茶、赣南脐橙、南丰蜜桔、广昌白莲、泰和乌鸡、鄱阳湖大闸蟹等久负盛名；江西省柑橘产量居全国第5位，其中赣南脐橙种植面积世界第1、产量世界第3；供香港地区叶类蔬菜排在全国前列；水产品产量居全国（港澳台除外）第2位，出口居全国（港澳台除外）第1位；生猪产能恢复到正常水平，存栏量居全国第10位，外调量稳居全国第3位；每年外调粮食50亿kg、水果100万t、水产品100万t以上。省内形成了“三区一片水稻生产基地”（鄱阳湖平原、赣抚平原、吉泰盆地粮食主产区和赣西粮食高产片）、“沿江环湖水禽生产基地”（赣江沿线、环鄱阳湖）、“环鄱阳湖渔业生产基地”、“一环两带蔬菜生产基地”（环南昌、大广高速沿线带、济广高速沿线带）、“南橘北梨中柚果业生产基地”、“三大茶叶生产基地”（赣东北、赣西北、赣中南）。同时，全省初步形成了大米、生猪、蔬菜、水果、水产、茶叶、中药材等主导产业，粮食、畜牧、水产、果蔬产业年产值突破千亿元，茶叶、中药材、油茶年产值突破百亿元，“一产接二连三”趋势明显，农产品加工总年产值突破6 000亿元、休闲农业和乡村旅游综合年收入930亿元。创建了4个国家现代农业产业园、291个省级现代农业示范园、55个省级田园综合体；认定了43个中国美丽休闲乡村。全省22个省级现代农业产业技术体系支撑作用突显，农业科技进步贡献率60.2%，主要农作物综合机械化率达75.9%（水稻综合机械化率达81%以上），建成了105家农产品运营中心、1.48万家益农信息社。经营主体多元，培育省级龙头企业963家（含国家级52家）、农民合作社7.39万家、高素质农民18.7万人，纳入名录系统管理的家庭农场有9万余家。

第二节　耕地质量监测工作概述

一、简要回顾

江西省耕地质量长期定位监测工作始于1984年，至2022年已连续开展39年，全省耕地质量调查监测与保护机构始终致力于做好耕地质量长期定位监测工作，监测工作期间，积累了大量的数据资料，动态监测和掌握了省内主要耕地土壤类型的质量状况和变化规律，编写出版了大批监测技术资料，监测结果在政府开展耕地质量建设与改良、制定农作物优势区域布局与农业发展规划、指导农民科学施肥、推进生态文明建设等方面发挥了重要的基础支撑作用。《江西省耕地质量长期定位监测评价报告（2022年度）》基于2016—2022年全省国家级、省级、市（县）级耕地质量长期定位监测数据，重点对土壤pH、有机质、全氮、有效磷、速效钾、缓效钾以及中、微量元素等土壤养分指标进行解读，同时还对各监测点作物产量、施肥量、地力贡献率等进行分析，探讨耕地质量变化成因以及趋势预测，并为耕地质量保护与提升提出对策与建议。耕地质量长期定位监测对揭示耕地质量变化规律、指导农民科学施肥、提高肥料利用效率、保护生态环境、促进农业可持续发展等具有十分重要的意义。开展耕地质量长期定位监测和研究是发展和建立耕地保护理论与制度、指导农业生产的重要基础和依据。此外，为加强耕地质量调查监测与评价工作，农业农村部发布《耕地质量调查监测与评价办法》，动员各级农业主管部门应当加强耕地质量调查监测与评价数据的管理，保障数据的完整性、真实性和准确性。这极大地推动了江西省耕地质量调查监测与评价工作。

二、监测点设置与布局

（一）按主要区域划分

自国家实行严格的耕地保护制度和严格的节约用地制度以来，为进一步加强耕地质量保护工作，截至 2022 年，江西省共有国家级耕地质量长期定位监测点 62 个、省级耕地质量长期定位监测点 480 个，分布于全省 11 个设区市 90 余个县（市、区）中，约每 8. 116 万亩耕地设置 1 个监测点。

全省监测点分布体现了以下特点。

一是主要根据耕地面积确定各设区市监测点的数量，保证了监测点地域分布的均匀性。从国家级耕地质量监测点在各设区市布局（图 1-1）来看，全省共有国家级监测点 62 个，其中，南昌市有国家级监测点 6 个，占国家级监测点总数的 9. 68%；九江市 8 个，占 12. 90%；景德镇市 1 个，占 1. 61%；萍乡市 2 个，占 3. 23%；新余市 1 个，占 1. 61%；鹰潭市 2 个，占 3. 23%；赣州市 3 个，占 4. 84%；宜春市 14 个，占 22. 58%；上饶市 12 个，占 19. 35%；吉安市 10 个，占 16. 13%；抚州市 3 个，占 4. 84%。

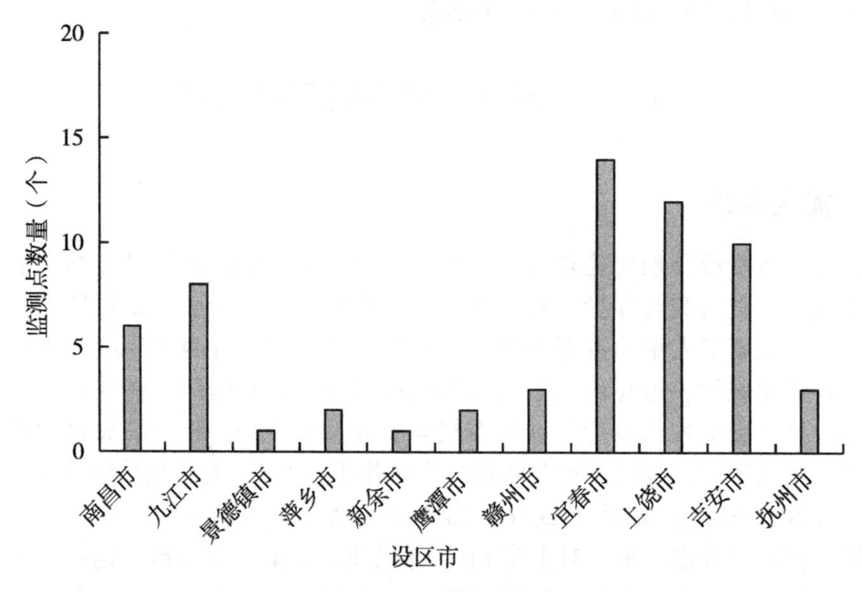

图 1-1　江西省国家级耕地质量监测点分布

从省级耕地质量监测点分布来看（图 1-2），全省共有省级监测点 480 个，其中，南昌市有省级监测点 40 个，占省级监测点总数的 8.3%；九江市 49 个，占 10.2%；景德镇市 16 个，占 3.3%；萍乡市 10 个，占 2.1%；新余市 13 个，占 2.7%；鹰潭市 16 个，占 3.3%；赣州市 68 个，占 14.2%；宜春市 72 个，占 15.0%；上饶市 71 个，占 14.8%；吉安市 71 个，占 14.8%；抚州市 54 个，占 11.3%。

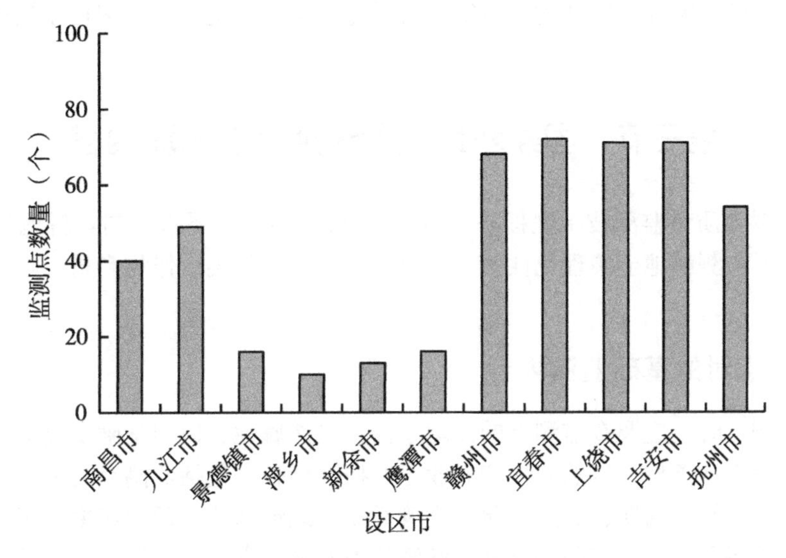

图 1-2 江西省省级耕地质量监测点分布

二是监测点全部建在基本农田保护区内，主要分布在水稻土、红壤、紫色土、潮土、黄棕壤、黄褐土 6 种耕作土壤上，体现了监测工作为耕地资源保护和耕地质量建设服务的原则。

三是根据农业生产和生态环境保护的需要，建立了多种类型监测点，包括主要水稻土监测点、蔬菜园地土壤质量监测点、脐橙土壤质量监测点、油菜土壤质量监测点等，体现了对大宗粮食、果、油料、蔬菜生产基地土壤肥力质量和环境质量进行重点监测、为主要农产品生产和有效供给服务的原则。

（二）按种植制度划分

江西省耕地质量监测点种植制度包括一年两熟、一年三熟等。全省耕地质量监测点上种植作物主要包括粮食作物（水稻等）、经济作物（棉花、油菜、花生等）和果菜茶（蔬菜、水果等）。

三、监测单位

耕地质量监测工作由江西省耕地质量监测保护中心组织，各设区市级组织协助承担。为保障化验结果的准确性、可比性，监测点耕层农化样需通过各级数据计算、审核。分析方法：有机质，重铬酸钾滴定法；全氮，硫酸-硫酸钾-硫酸铜消煮—蒸馏滴定法；有效磷，碳酸氢钠浸提—钼锑抗比色法；速效钾，醋酸铵浸提—火焰光度计法；

有效态微量元素［铜（Cu）、锌（Zn）、铁（Fe）、锰（Mn）］，二乙三胺五乙酸（DTPA）浸提—原子吸收分光光度法；有效硼，甲亚胺-H 比色法；有效钼，极谱法；重金属污染元素［铅（Pb）、镉（Cd）、汞（Hg）、砷（As）、铬（Cr）、铜（Cu）等］采用相应国标或行标方法。

在分析化验过程中，采用插测参比样、标准样和比对试验的方法，应用标准方法、达标试剂、达到国家计量标准的仪器等进行质量控制，对检测结果按程序核准，保证数据真实、可信。

第三节　国家耕地质量长期定位监测内容

根据《耕地质量监测技术规程》（NY/T 1119—2019）要求，国家耕地质量长期定位监测点主要监测耕地土壤理化性状、环境质量、作物种类、作物产量、施肥量等有关参数。

一、建点时的基础监测内容

建立监测点时，应调查监测点的立地条件、自然属性、田间基础设施情况和农业生产概况。一是立地条件、自然属性和农业生产概况调查，包括监测点的常年降水量、常年有效积温、常年无霜期、成土母质、土壤类型、地形部位、田块坡度、潜水埋深、障碍层类型、障碍层深度、障碍层厚度、灌溉能力及灌溉方式、水源类型、排水能力、农田林网化程度、典型种植制度、常年施肥量、产量水平等。二是土壤剖面理化性状调查，包括监测点土壤发生层次、深度、颜色、结构、紧实度、容重、新生体、植物根系、机械组成、化学性状［包括有机质、全氮、全磷、全钾、pH、碳酸钙、阳离子交换量及土壤 Cr、Cd、Pb、Hg、Ar、Cu、Zn、镍（Ni）全量］等。

二、年度监测内容

年度监测内容主要包括田间作业情况、作物产量、施肥情况和土壤理化性状。田间作业情况记载年度内每季作物的名称、品种、播种期、收获期、耕作情况、灌排、病虫害防治，以及其他对监测地块有影响的自然因素、人为因素等。作物产量年度监测包括对每季作物分别进行果实产量（风干基）与茎叶（秸秆）产量（风干基）的测定。通过记录每一季作物的施肥明细（施肥时期、肥料品种、施肥次数、养分含量、施用实物量、施用折纯量）进行施肥情况年度监测。土壤理化性状年度监测包括耕层厚度、土壤容重、土壤 pH、有机质、全氮、有效磷、速效钾、缓效钾等。土壤生物性状年度监测包括耕层土壤微生物生物量碳、微生物生物量氮等。有条件的新建或升级改建的监测点，根据实际情况监测培肥和改良措施对耕地质量的影响。

三、五年监测内容

在年度监测内容的基础上，在每个“五年监测”的第 1 年度增加土壤质地，阳离子交换量（CEC），还原性物质总量（水田），全磷、全钾及中、微量和有益元素（交换性钙、交换性镁及有效硫、有效硅、有效铁、有效锰、有效铜、有效锌、有效硼、有效钼）含量，重金属元素（Cr、Cd、Pb、Hg、As、Cu、Zn、Ni）全量的监测。

四、数据审核与上报

监测数据上报前进行数据完整性、变异性与符合性审核，确保监测数据准确。在进行数据完整性审核时，应按照工作要求，核对监测数据是否存在漏报的情况，对缺失遗漏项目要及时催报、补充完整。在进行数据变异性审核时，应重点对耕地质量主要性状、肥料投入与产量等数据近3年情况进行变异性分析，检查是否存在数据变异过大的情况。如变异过大，应符合实际；检查数据是否能真实客观地反映当地实际情况，如出现异常，及时找出原因，核实数据；同时要分析肥料投入、土壤养分含量和作物产量三者的相关性，检查是否出现异常。数据审查应由分管耕地质量监测工作的站长（主任）负责。审查结束后，审查人签字确认，并盖单位公章，按要求及时上报。

五、养分利用效率

使用肥料偏生产力作为衡量养分利用效率指标。肥料偏生产力是反映当地土壤基础养分水平和化肥施用量综合效应的重要指标，是施用某一特定肥料下的作物产量与施肥量（纯养分）的比值。

六、耕地土壤基础地力

耕地土壤基础地力是耕地土壤支撑作物生产以及提供多种生态服务功能的能力，是土壤物理性质、化学性质和生物学特性的综合反映，通常用不施肥条件下的作物产量来评价土壤的基础地力状况。土壤基础地力、水肥效应和田间管理共同决定了土壤的生产能力。

第二章　江西省耕地质量监测结果

本章主要采用江西省耕地质量长期定位监测的土壤肥力指标进行阐述，包括耕层厚度、土壤容重、土壤有机质、土壤 pH、土壤全氮、土壤有效磷、土壤速效钾、土壤缓效钾。

根据《江西省耕地质量监测指标分级标准》，江西省耕地质量监测主要土壤肥力指标分级标准见表 2-1。

表 2-1　江西省耕地质量监测主要土壤肥力指标分级标准

指标	分级标准				
	1 级 （高）	2 级 （较高）	3 级 （中）	4 级 （较低）	5 级 （低）
土壤有机质（g/kg）	>40.0	30.0~40.0	20.0~30.0	10.0~20.0	≤10.0
土壤全氮（g/kg）	>2.50	1.50~2.50	1.00~1.50	0.50~1.00	≤0.50
土壤有效磷（mg/kg）	>35.0	20.0~35.0	10.0~20.0	5.0~10.0	≤5.0
土壤速效钾（mg/kg）	>200	120~200	80~120	40~80	≤40
土壤缓效钾（mg/kg）	>800	600~800	400~600	200~400	≤200
土壤 pH	6.5~7.5	5.5~6.5 7.5~8.5	5.0~5.5 8.0~8.5	4.5~5.0 8.5~9.0	>9.0 ≤4.5
耕层厚度（cm）	>20	16~20	13~16	10~13	≤10
土壤容重（g/cm^3）	1.00~1.25	1.25~1.35 0.90~1.00	1.35~1.45	1.45~1.55	>1.55 <0.90

第一节　耕层厚度

作物根系发育要求有一个深厚的土层，尤其是耕层内的水、肥、气、热等肥力因素协调活化，作物根系发育最优的土层厚度以 20~30 cm 为宜。2021 年全省种植粮食作物的监测点耕层厚度平均值为 20.26 cm，耕层较浅（≤20.0 cm）的监测点占比 77.9%，耕层厚度浅化现象仍较严重。水田耕层厚度基本保持稳定，旱地耕层厚度略有增加。

一、耕层厚度现状

全省耕地质量监测数据分析表明，2022 年，江西省土壤耕层厚度平均值为 20.1 cm，处于 1 级（高）水平，变化范围为 11.0~31.0 cm，主要集中在 2 级（较高）水平（图 2-1）。处于 1 级（高）水平的有效监测点有 129 个，占 22.8%；处于 2 级水平的有效监测点有 374 个，占 66.2%；处于 3 级（中）水平的监测点有 56 个，占 9.9%；处于 4 级（较低）水平的监测点有 2 个，占 0.4%；处于 5 级（低）水平的监测点有 4 个，占 0.7%。2022 年全省耕层厚度>20.0 cm 的监测点占比为 22.8%，较 2016 年的 20.3%增加了 2.5 个百分点，较 2021 年的 22.1%增加了 0.7 个百分点，反之，耕层厚度较浅（≤20.0 cm）的占比有所减少，占比为 77.2%。耕层土壤厚度≤20.0 cm的占比过高，江西省种植粮食的耕地耕层浅化现象仍较严重。

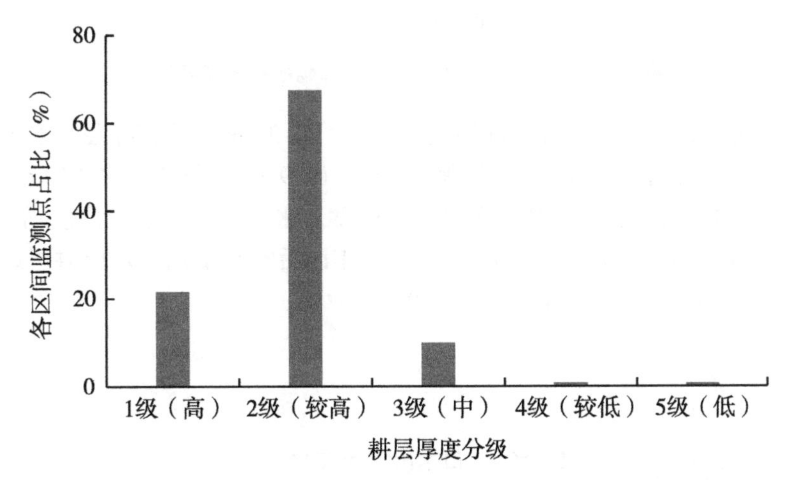

图 2-1 种植粮食作物的耕地耕层厚度各区间监测点占比

2022 年，在 11 个设区市种植粮食作物的监测点中，耕层厚度>20.0 cm 的主要分布于南昌市（21.2 cm）、九江市（21.6 cm）、萍乡市（21.2 cm）、新余市（20.6 cm）、鹰潭市（20.9 cm）、赣州市（20.0 cm）、上饶市（20.3 cm）和吉安市（21.0 cm）（图 2-2）。耕层较浅（≤20 cm）的监测点主要分布于景德镇市（16.6 cm）、宜春市（19.0 cm）和抚州市（18.9 cm）。与 2021 年相比，南昌市、景德镇市、萍乡市、新余市、鹰潭市、宜春市和吉安市监测点耕层厚度分别减少了 0.75 cm、0.33 cm、0.25 cm、0.55 cm、0.17 cm、0.55 cm 和 0.25 cm，而九江市、赣州市、上饶市和抚州市则分别增加了 0.06 cm、0.38 cm、0.44 cm 和 0.32 cm。总体而言，2022 年全省各设区市监测点耕层厚度变化范围较小，与 2021 年监测结果基本持平。

二、耕层厚度演变趋势

2016—2022 年，全省种植粮食作物的耕地耕层厚度有效监测数据 4 196个，主要以水田为主，占比 95.2%（图 2-3），7 个年度江西省耕地质量监测点耕层厚度平均值分别为 20.2 cm、20.3 cm、20.0 cm、19.8 cm、19.6 cm、20.3 cm 和 20.1 cm，呈现较为

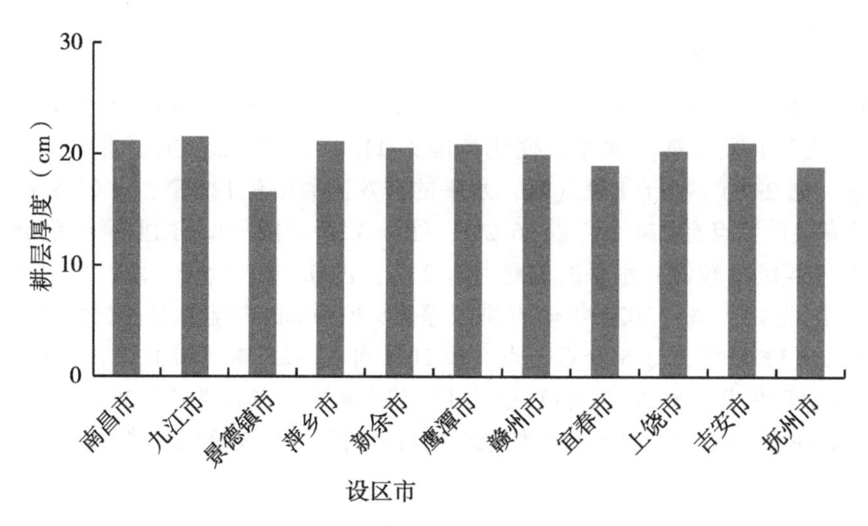

图 2-2　全省各设区市种植粮食作物的耕地耕层厚度

稳定的变化趋势；2022 年，全省水田耕层厚度为 20.2 cm，旱地耕层厚度为 24.0 cm。2016—2022 年，全省水田的耕层厚度平均值为 19.9 cm，旱地的耕层厚度平均值为 23.5 cm，旱地的耕层厚度普遍高于水田耕层厚度。水田和旱地耕层厚度均表现出先降低后升高的趋势，2020 年耕层厚度最低，2020 年以后略有增加，水田耕层厚度从 2020 年起增幅为 0.2~0.4 cm/年，旱地增幅为 0.7 cm/年。

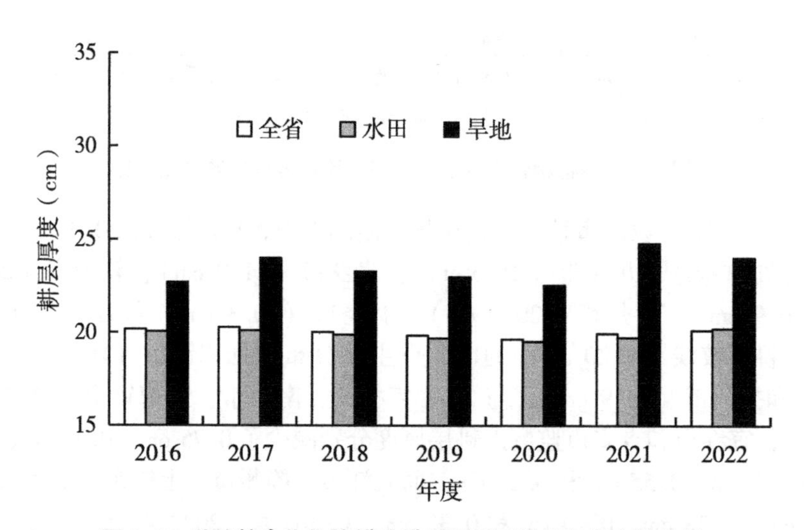

图 2-3　种植粮食作物的耕地耕层厚度平均值年际变化趋势

2016—2022 年，全省监测点耕层厚度主要集中在 2 级（较高）水平，波动范围为 58.2%~65.2%；其次是 1 级（高）水平，波动范围为 20.0%~23.2%。7 个年度耕层厚度处于 1 级（高）和 2 级（较高）水平的监测点占比之和分别为 83.0%、80.7%、81.5%、78.3%、79.9%、84.0%和 88.0%，呈现先降低后升高的趋势。与 2016 年相比，2022 年耕层厚度 2 级（较高）以上①的监测点占比增加 5 个百分点左右(图 2-4)。

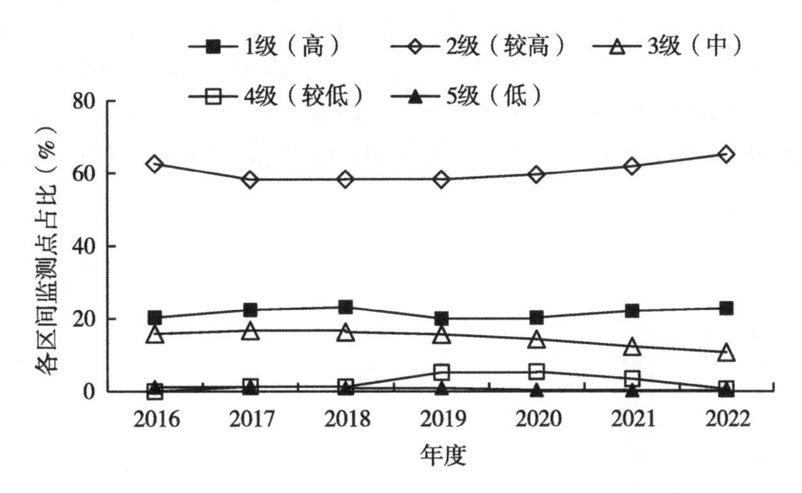

图 2-4　种植粮食作物的耕地耕层厚度各区间监测点占比

第二节　耕层土壤容重

土壤容重能够反映作物生长所需的土壤环境状况，容重小表示土壤疏松、大孔隙多，反之则表示土壤紧实、小孔隙较多。土壤容重受土壤质地、结构、有机质含量等各种自然因素和人工管理措施的影响。根据《江西省耕地质量监测指标分级标准》，江西省土壤容重为 1.0~1.25 g/cm^3，最有利于作物生长，其次为 1.25~1.35 g/cm^3 和 0.9~1.0 g/cm^3；而过大（>1.45 g/cm^3）或过小（<0.9 g/cm^3）均不利于作物根系的正常生长。2021 年，全省种植粮食作物的耕地耕层土壤容重平均值为 1.19 g/cm^3，土壤容重高于平均值的监测点主要分布在九江市、萍乡市、宜春市和上饶市。

一、耕层土壤容重现状

全省耕地质量监测数据分析表明，2022 年，江西省耕层土壤容重平均值为 1.14 g/cm^3，变化范围为 0.7~1.6 g/cm^3，主要集中在 1 级（高）水平（图 2-5）。处于 1 级（高）水平的有效监测点有 299 个，占 65.4%；处于 2 级（较高）水平的有效监测点有 79 个，占 17.3%；处于 3 级（中）水平的有效监测点有 41 个，占 9.0%；处于 4 级（较低）水平的有效监测点有 22 个，占 4.8%；处于 5 级（低）水平的有效监测点有 16 个，占 3.5%。2022 年全省耕层土壤容重在 2 级（较高）以上的监测点占比为 82.7%，较 2016 年的 75.1%增加了 7.6 个百分点，与 2021 年的 73.2%相比增加了 9.5 个百分点，而耕层土壤容重在 2 级（较高）以下的监测点占比有所减少。结果表明，全省监测点耕层土壤容重得到改善。

2022 年，11 个设区市种植粮食作物的监测点耕层土壤容重平均值均分布在 1 级

① 除特别说明，本书按照“以上”含下限、“以下”不含上限的原则。

（高）水平，包括南昌市（1.13 g/cm^3）、九江市（1.21 g/cm^3）、景德镇市（1.10 g/cm^3）、萍乡市（1.13 g/cm^3）、新余市（1.14 g/cm^3）、鹰潭市（1.15 m）、赣州市（1.13 g/cm^3）、宜春市（1.11 g/cm^3）、上饶市（1.12 g/cm^3）、吉安市（1.16 g/cm^3）和抚州市（1.16 g/cm^3）。其中，除了景德镇市的土壤容重较2021年增加了1.4%，其他10个设区市监测点土壤容重均有所降低，降低幅度1.1%~10.4%（图2-6）。

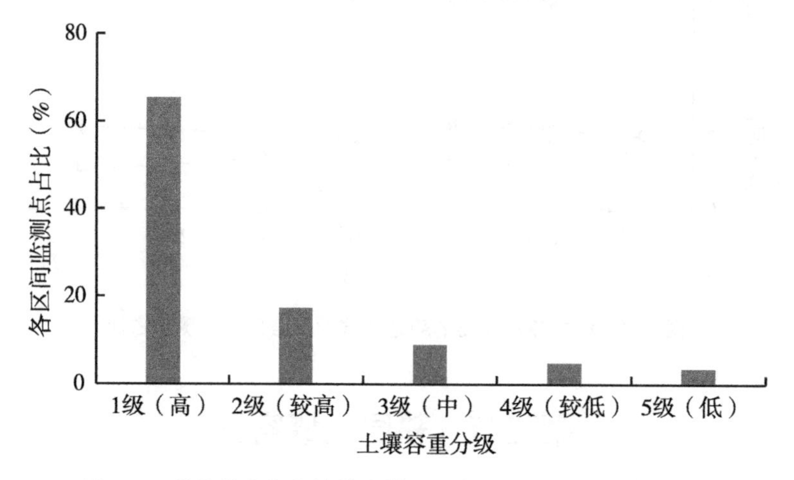

图2-5　种植粮食作物的耕地耕层土壤容重各区间监测点占比

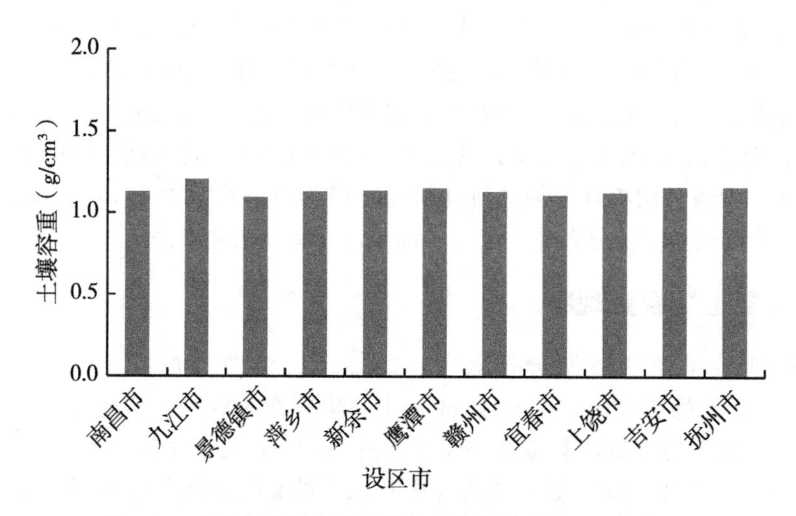

图2-6　全省各设区市种植粮食作物的耕地耕层土壤容重

二、耕层土壤容重演变趋势

2016—2022年，全省种植粮食作物的耕地耕层土壤容重有效监测数据5 712个，以水田为主，占比94.2%。7个年度江西省耕地质量监测点土壤容重平均值分别为1.22 g/cm^3、1.22 g/cm^3、1.24 g/cm^3、1.21 g/cm^3、1.21 g/cm^3、1.19 g/cm^{3}和1.14 g/cm^3，呈现缓慢降低的变化趋势；2022年，全省水田耕层土壤容重为

1.10 g/cm³，旱地的耕层土壤容重为 1.27 g/cm³。2016—2022 年，全省水田的耕层土壤容重平均值为 1.20 g/cm³，旱地耕层土壤容重平均值为 1.25 g/cm³，旱地土壤容重较水田土壤容重大（图 2-7）。水田的土壤容重表现为逐年下降的趋势，而旱地土壤容重呈波动变化。总体而言，全省种植粮食作物的耕地耕层土壤容重逐年下降，有利于作物生长。

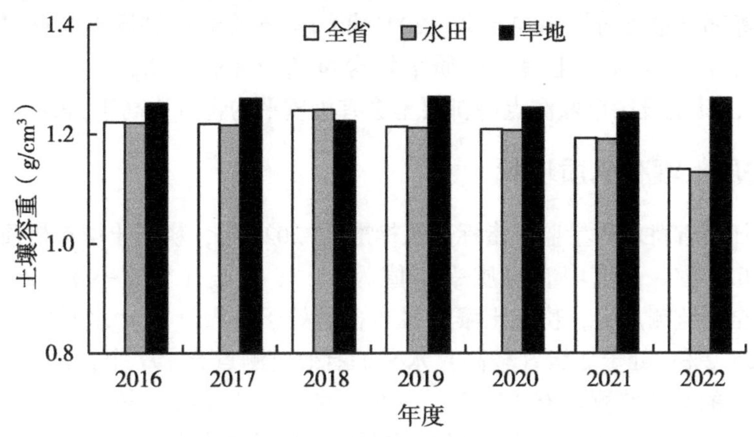

图 2-7　种植粮食作物的耕地耕层土壤容重平均值年际变化趋势

2016—2022 年，全省监测点耕层土壤容重主要集中在 1 级（高）水平，波动范围为 46.4%~61.9%，呈现先下降后升高的趋势，从 2016 年的 61.9%下降到 2018 年的 46.8%，后又增加到 2022 年的 58.4%；而 2 级（较高）、4 级（较低）和 5 级（低）表现出相反的规律，即为先升高后下降，3 级（中）上下波动无明显趋势。2 级（较高）、3 级（中）、4 级（较低）和 5 级（低）的监测点占比分别为 19.0%、12.6%、8.3%和 6.2%，呈现随着耕层土壤容重分级标准的降低而占比减少的趋势。7 个年度全省种植粮食的耕地耕层土壤容重在 2 级（较高）以上的占比分别为 75.1%、73.3%、68.5%、71.0%、72.8%、73.2%和 76.7%，与 2016 年相比，2022 年的 1 级（高）、2 级（较高）占比之和增加 1.6 个百分点，比 2021 年增加 3.5 个百分点，说明耕层土壤容重增加趋势不明显，其占比变化较为稳定（图 2-8）。

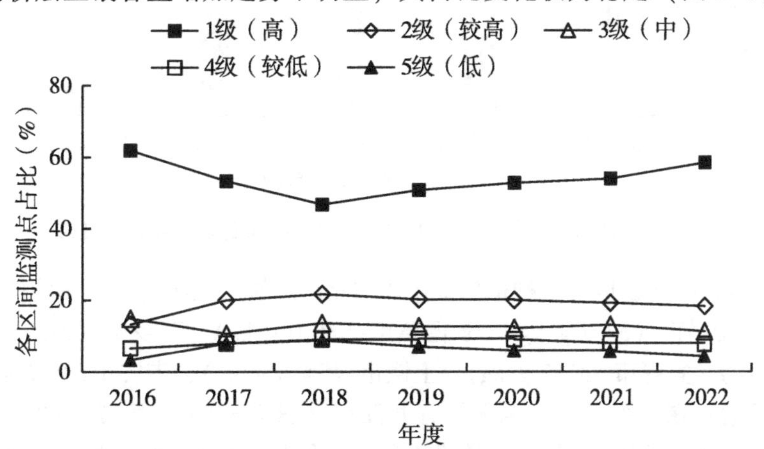

图 2-8　种植粮食作物的耕地耕层土壤容重各区间监测点占比

第三节　耕层土壤有机质

土壤有机质含量是土壤肥力的重要指标之一，对于土壤肥力保持、环境保护和农业可持续发展等都有重要的作用和意义。2021 年，全省监测点耕层土壤有机质平均含量为 34.6 g/kg；监测点耕层土壤有机质平均含量高于 40.0 g/kg 的设区市仅有萍乡市（41.4 g/kg），其他设区市监测点的耕层土壤有机质平均含量均高于 26.0 g/kg。

一、耕层土壤有机质现状

根据《江西省耕地质量监测指标分级标准》，2022 年，耕层土壤有机质含量变化范围为 5.4～46.7 g/kg，土壤有机质平均值为 33.25 g/kg（图 2-9），处于 2 级（较高）水平。全部监测点中，耕层土壤有机质含量处于 1 级（高）水平的有效监测点有 154 个，占 25.2%；处于 2 级（较高）水平的有效监测点有 197 个，占 32.2%；处于 3 级（中）水平的有效监测点有 172 个，占 28.1%；处于 4 级（较低）水平的有效监测点有 71 个，占 11.6%；处于 5 级（低）水平的有效监测点有 18 个，占 2.9%。2022 年全省耕层土壤有机质在 2 级（较高）以上的监测点占比为 57.4%，较 2016 年的 46.5%增加 10.9 个百分点，较 2021 年的 54.1%增加 3.3 个百分点，而耕层土壤有机质在 2 级（较高）以下（≤30.0 g/kg）的监测点占比有所减少，说明耕层土壤有机质平均含量有所增加。

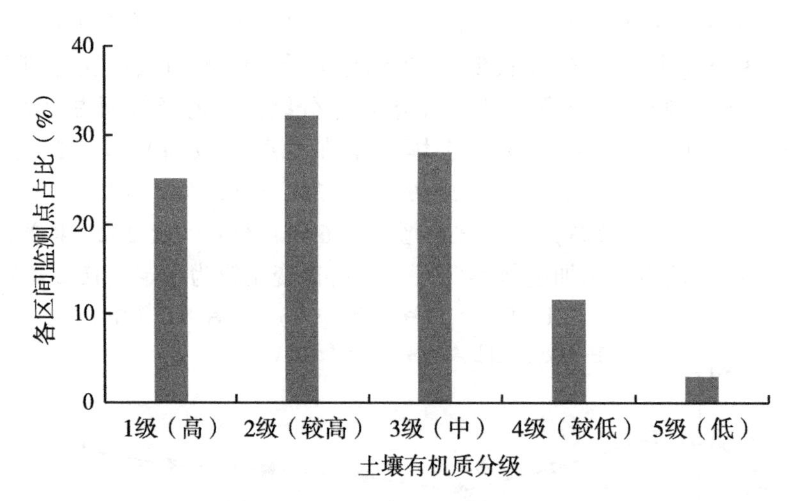

图 2-9　种植粮食作物的耕地耕层土壤有机质各区间监测点占比

2022 年，在 11 个设区市，种植粮食作物的监测点耕层土壤有机质平均值在 2 级（较高）水平的有南昌市（32.7 g/kg）、景德镇市（35.0 g/kg）、萍乡市（37.7 g/kg）、新余市（38.8 g/kg）、宜春市（37.5 g/kg）、上饶市（34.4 g/kg）、吉安市（35.6 g/kg）和抚州市（32.2 g/kg）；在 3 级（中）水平的有九江市（28.0 g/kg）、鹰潭市（26.9 g/kg）和赣州市（26.0 g/kg）。其中，九江市、景德镇市、萍乡市、赣州市和抚州市的监测点耕层土壤有机质含量平均值较 2021 年分别降低了 20.0%、4.4%、7.0%、18.2%和 7.8%，其他设区市监测点略有升高，增加幅度为 0.2%~6.1%（图 2-10）。

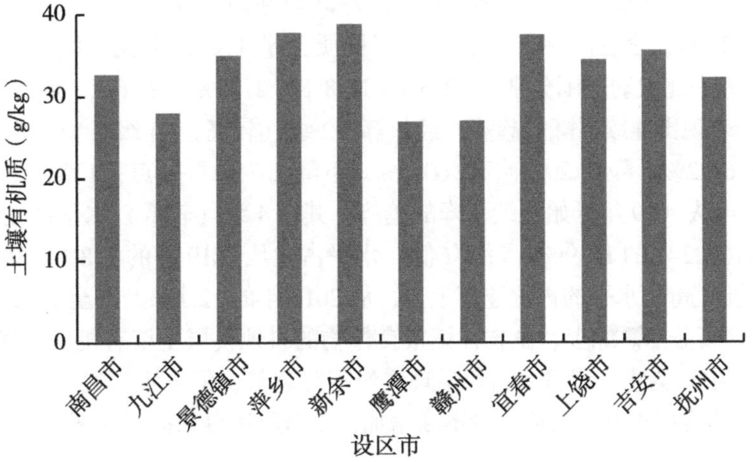

40
30
20
10
0
土壤有机质（g/kg）
南昌市
九江市
景德镇市
萍乡市
新余市
鹰潭市
赣州市
宜春市
上饶市
吉安市
抚州市
设区市

图 2-10　全省各设区市种植粮食作物的耕地耕层土壤有机质

二、耕层土壤有机质演变规律

2016—2022 年，全省种植粮食作物的耕地耕层土壤有机质有效监测数据 4 511个，主要以水田为主，占比 96%左右；7 个年度江西省耕地质量监测点耕层土壤有机质平均值分别为 32.1 g/kg、32.2 g/kg、32.4 g/kg、33.1 g/kg、35.5 g/kg、34.6 g/kg 和 33.3 g/kg；2022 年土壤有机质平均值与 2016 年相比增加了 3.7%，与 2021 年相比减少了 3.8%（图 2-11）。

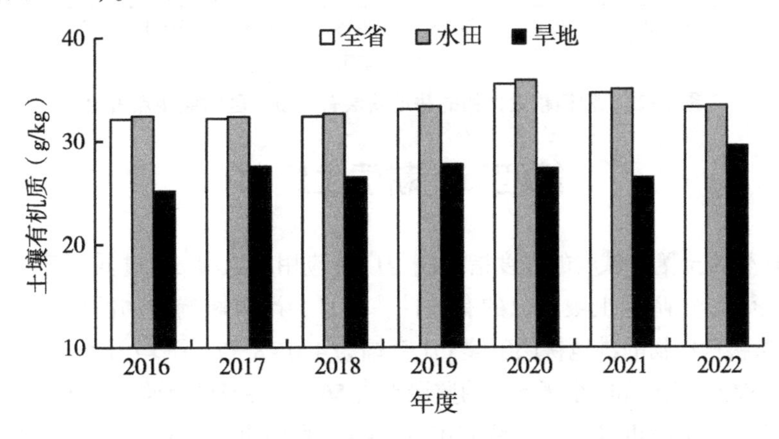

图 2-11　种植粮食作物的耕地耕层土壤有机质平均值年际变化趋势

2022 年，全省水田耕层土壤有机质含量为 33.4 g/kg，旱地耕层土壤有机质含量为 29.5 g/kg。2016—2022 年，全省水田的耕层土壤有机质含量平均值为 33.6 g/kg，旱地耕层土壤有机质含量平均值为 27.2 g/kg，水田耕层土壤有机质含量高于旱地耕层土壤有机质含量，增幅达 23.5%。水田耕层土壤有机质含量表现为先升高后降低的趋势，2020 年耕层土壤有机质含量最高，旱地耕层土壤有机质含量则是 2022 年最高。总体而言，全省种植粮食作物的耕地耕层土壤有机质含量呈现略微增加的趋势，增幅为 0.4 g/（kg·年），土壤有机质的增加说明土壤环境在向好发展。

2016—2022 年，全省监测点耕层土壤有机质含量主要集中在 2 级（较高）和 3 级（中）水平，其占比波动范围分别为 32.3%~34.8%和 27.9%~38.4%，且 2 级（较高）和 3 级（中）均表现出连续下降的趋势；经核算，2 级（较高）、3 级（中）水平占比之和，从 2016 年的 63.2%下降到 2022 年的 60.5%，下降 2.7 个百分点；4 级（较低）和 5 级（低）也表现出从 2019 年开始连续下降的趋势，其中 4 级（较低）水平占比从 2019 年的 14.3%下降到 2022 年的 10.9%，5 级（低）水平占比从 2019 年的 3.8%下降到 2022 年的 2.6%；而 1 级（高）水平的占比连年上升，从 2016 年的 12.6%上升至 2022 年的 26.1%，增幅为 13.5 个百分点。综上，全省种植粮食作物的耕地耕层土壤有机质仍然以 2 级（较高）和 3 级（中）为主，尽管其占比呈现缓慢下降趋势，但 1 级（高）水平的占比增幅更加剧烈，说明耕层土壤有机质含量不断增加，土壤质量得到提升（图 2-12）。

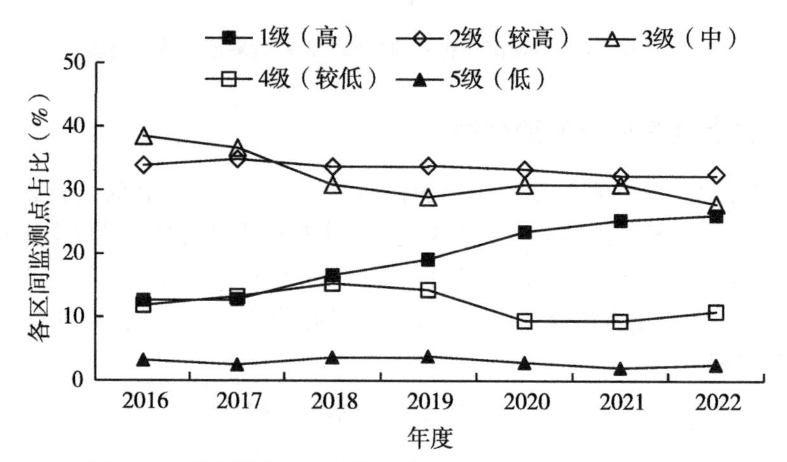

图 2-12　种植粮食作物的耕地耕层有机质各区间监测点占比

第四节　耕层土壤 pH

土壤 pH 作为土壤酸碱度的强度指标获得广泛应用。红壤 pH 过低不仅对土壤理化性质产生重大影响，如降低土壤养分的有效性，而且会严重影响作物的生长和发育。2022 年，全省种植粮食作物的耕地耕层土壤 pH 变幅为 4.0~8.17，平均值为 5.52，比 2021 年提高 0.10 个单位。其中 pH 小于 5.5 的监测点占 56%。各设区市监测点土壤 pH 的平均值小于 5.5 的主要有南昌市（5.4）、鹰潭市（5.4）、宜春市（5.4）、上饶市（5.4）、吉安市（5.3）和抚州市（5.3），其他设区市监测点土壤 pH 的平均值均高于 5.5。

一、耕层土壤 pH 现状

根据《江西省耕地质量监测指标分级标准》，2022 年江西省耕层土壤 pH 有效监测数据 600 个，土壤 pH 变化范围为 3.6~7.8，主要集中在 3 级（中）水平，全省土壤 pH 平均值为 5.59，比 2021 年增加 0.07 个单位（图 2-13）。处于 1 级（高）水平的有效监测点有 98 个，占 16.3%；处于 2 级（较高）水平的有效监测点有 183 个，占 30.5%；处于 3 级（中）水平的有效监测点有 227 个，占 37.8%；处于 4 级（较低）水平的有效监测点有 85 个，占 14.2%；处于 5 级（低）水平的有效监测点有 7 个，占 1.2%。2022 年全省耕层土壤 pH 在 2 级（较高）以上的监测点占比为 46.8%，较 2016 年的 35.8%增加了 11.0 个百分点，较 2021 年的 44.0%增加 2.8 个百分点，而耕层土壤 pH 在 2 级（较高）以下的监测点占比有所减少，说明全省监测点耕层土壤 pH 整体有所提高。

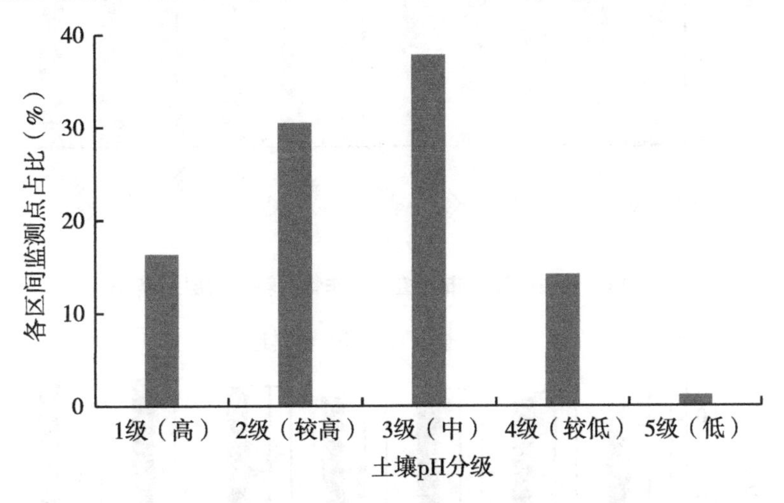

图 2-13　种植粮食作物的耕地耕层土壤 pH 各区间监测点占比

2022 年，在 11 个设区市，种植粮食作物的监测点耕层土壤 pH 平均值>5.5 的有九江市（5.85）、萍乡市（5.97）、新余市（5.86）和赣州市（5.92）；其他设区市监测点耕层土壤 pH 均为 5.1~5.5，即南昌市（5.38）、景德镇市（5.41）、鹰潭市（5.49）、宜春市（5.43）、上饶市（5.42）、吉安市（5.34）和抚州市（5.43）。其中，景德镇市耕层土壤 pH 平均值较去年降低了 0.08 个单位，其他设区市监测点土壤 pH 均升高，升高范围为 0.01~0.18 个单位。整体而言，土壤 pH 较为稳定（图 2-14）。

二、耕层土壤 pH 演变趋势

2016—2022 年，全省种植粮食作物的耕地耕层土壤 pH 有效监测数据 4 474个，主要以水田为主，占比 96.8%；7 个年度全省监测点耕层土壤 pH 平均值分别为 5.30、5.33、5.38、5.37、5.42、5.52 和 5.59，呈现逐年增加的趋势。2022 年土壤 pH 平均值比 2016 年增加了 0.29 个单位，比 2021 年增加了 0.07 个单位（图 2-15）。

2022 年，全省水田耕层土壤 pH 为 5.61，旱地耕层土壤 pH 为 5.52。2016—2022 年，水田的耕层土壤 pH 平均值为 5.42，旱地耕层土壤 pH 平均值为 5.34，水田比旱地增加 0.08 个单位。水田和旱地耕层土壤 pH 随着种植年限的增加而增加，2022 年土壤 pH 均最高。总体而言，全省种植粮食作物的耕地耕层土壤 pH 呈现略微增加的趋势，增幅为每年 0.04 个单位，土壤 pH 增加说明土壤酸化得到一定的遏制（图 2-15）。

2016—2022 年，全省监测点耕层土壤 pH 主要集中在 3 级（中）水平，占比为 39.3%~45.6%，呈现随年限增加而下降的趋势，从 2017 年的 45.5%下降到 2022 年的

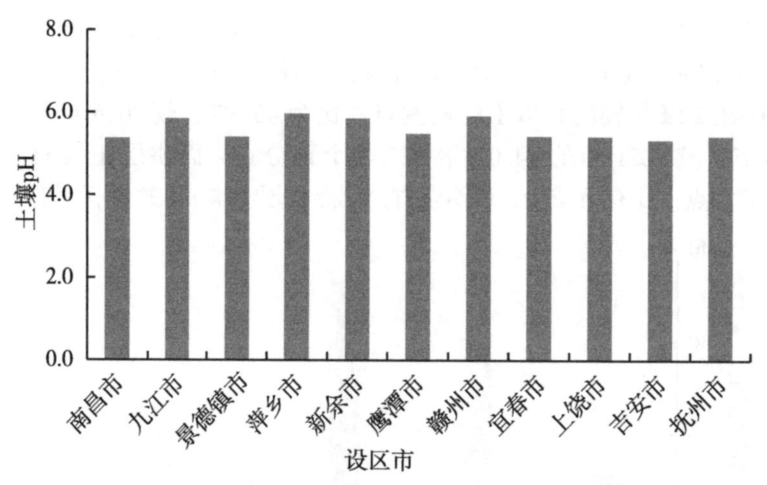

图 2-14　全省各设区市种植粮食作物的耕地耕层土壤 pH

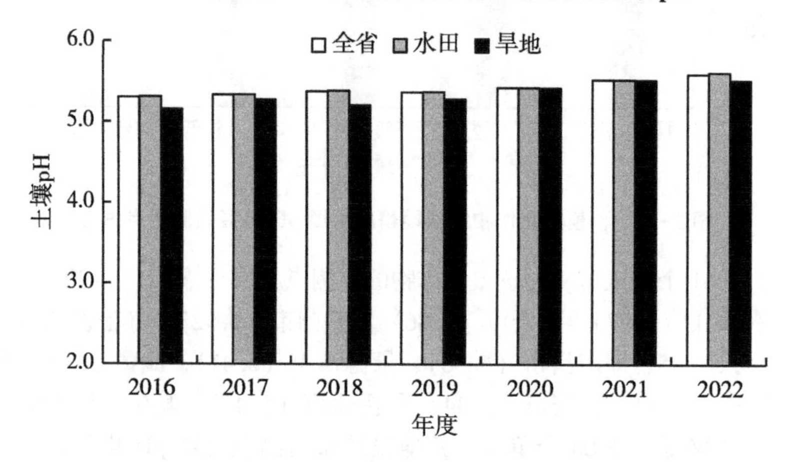

图 2-15　种植粮食作物的耕地耕层土壤 pH 平均值年际变化趋势

39.3%，下降 6.2 个百分点；4 级（较低）水平占比同样呈现逐年下降的趋势，从 2016 年的 28.9%下降到 2022 年的 22.4%，下降 6.5 个百分点；5 级（低）水平占比基本分布在 1.2%~2.5%；而 1 级（高）水平占比呈现逐年增加的趋势，从 2016 年的 2.1%缓慢增加至 2022 年的 7.1%，增幅为 5.0 个百分点；2 级（较高）水平占比同样表现为增加的趋势，从 2016 年的 23.7%增加到 30.0%，增幅为 6.3 个百分点。总体而言，全省种植粮食作物的耕地耕层土壤 pH 以 3 级（中）为主，其占比呈现缓慢下降趋势，而处于 1 级（高）和 2 级（较高）水平的监测点占比不断增加，说明耕层土壤 pH 有所提升，酸化状况得到遏制。

第五节　耕层土壤全氮

氮是植物生长必需的三大大量元素之一，其含量直接关系作物的产量和品质。农业生产中通常以土壤全氮含量作为衡量土壤氮基础肥力的指标，指导施肥实现增产。2021

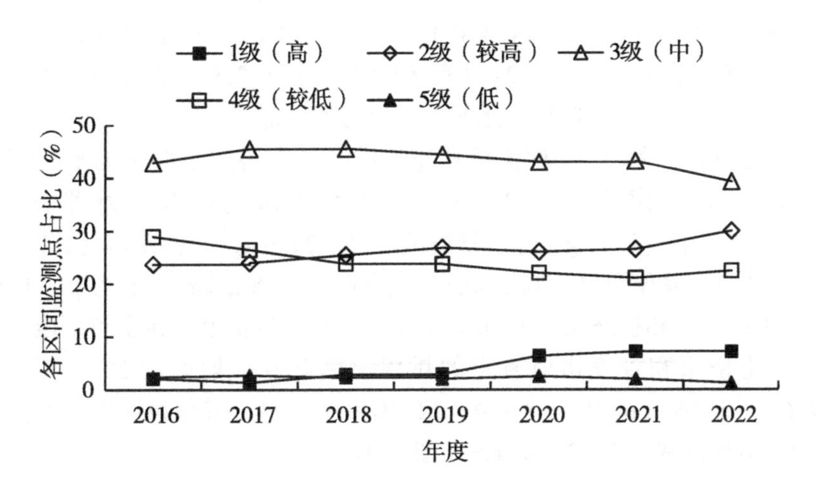

图 2-16　种植粮食作物的耕地耕层土壤 pH 各区间监测点占比

年，全省种植粮食作物的耕地耕层土壤全氮平均值为 1.97 g/kg，处于 2 级（较高）水平。各设区市中，新余市和鹰潭市的监测点土壤全氮处于 1 级（高）水平，南昌市、九江市、景德镇市、萍乡市、赣州市、宜春市、上饶市、吉安市和抚州市的监测点土壤全氮处于 2 级（较高）水平。

一、耕层土壤全氮现状

根据《江西省耕地质量监测指标分级标准》，2022 年江西省耕层土壤全氮有效监测数据 584 个，土壤全氮含量变化范围为 0.1～4.1 g/kg，主要集中在 1 级（高）水平，土壤全氮平均值为 1.87 g/kg，处较高水平（图 2-17）。处于 1 级（高）水平的有效监测点有 165 个，占 28.2%；处于 2 级（较高）水平的有效监测点有 130 个，占 22.3%；处于 3 级（中）水平的有效监测点有 98 个，占 16.8%；处于 4 级（较低）水平的有效

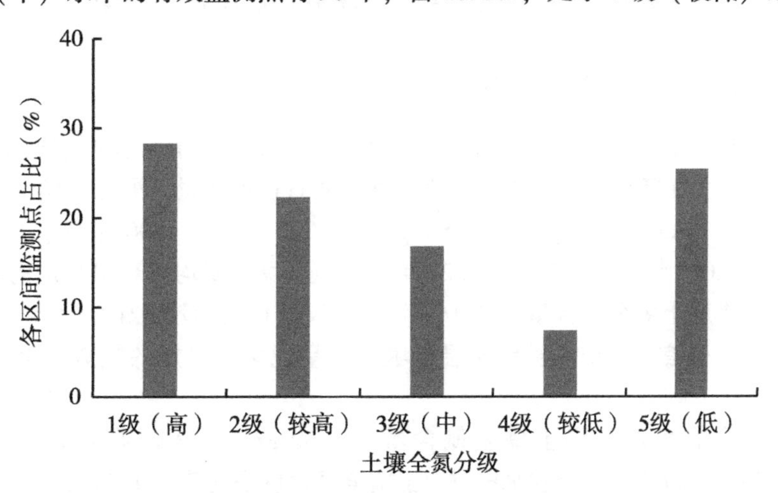

图 2-17　种植粮食作物的耕地耕层土壤全氮各区间监测点占比

监测点有 43 个，占 7.4%；处于 5 级（低）水平的有效监测点有 148 个，占 25.3%。2022 年全省耕层土壤全氮在 2 级（较高）以上的监测点占比为 50.5%，较 2016 年的 57.0%降低了 6.5 个百分点，较 2021 年的 47.6%增加了 2.9 个百分点，说明耕层土壤全氮处于 1 级（高）、2 级（较高）水平的占比有所增加。

2022 年，在 11 个设区市，种植粮食作物的监测点耕层土壤全氮平均值处于 1 级（高）水平的只有鹰潭市（2.53 g/kg）；处于 2 级（较高）水平的有南昌市（1.69 g/kg）、九江市（1.53 g/kg）、景德镇市（2.22 g/kg）、萍乡市（1.73 g/kg）、新余市（2.31 g/kg）、赣州市（1.74 g/kg）、宜春市（1.88 g/kg）、上饶市（1.55 g/kg）、吉安市（1.54 g/kg）和抚州市（1.90 g/kg）。其中，萍乡市、新余市、鹰潭市、赣州市、宜春市、上饶市和吉安市监测点的耕层土壤全氮平均值较 2021 年分别降低了 11.7%、7.6%、5.2%、11.8%、4.6%、12.7%和 11.0%，其他设区市监测点土壤全氮均有所增加，增加范围为 1.2%~4.4%（图 2-18）。

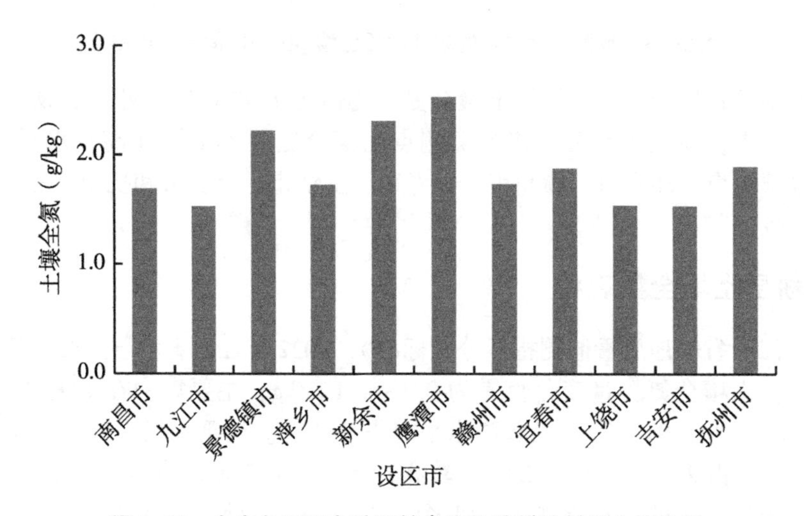

图 2-18　全省各设区市种植粮食作物的耕地耕层土壤全氮

二、耕层土壤全氮演变趋势

2016—2022 年，全省种植粮食作物的耕地耕层土壤全氮有效监测数据 4 355个，其中以水田监测点为主，占比 93.2%；7 个年度江西省耕地质量监测点土壤全氮含量平均值分别是 1.67 g/kg、1.67 g/kg、1.80 g/kg、1.87 g/kg、1.90 g/kg、1.97 g/kg 和 1.87 g/kg；与 2016 年相比，2017—2022 年监测点土壤全氮均表现出增加的趋势。2022 年全省监测点耕层土壤全氮含量较 2016 年增加了 12.0%，较 2021 年减少了 5.1%。总体而言，全省种植粮食作物的耕地耕层土壤全氮呈现缓慢增加的趋势，年增幅为 0.05 g/kg(图 2-19)。

2022 年，全省水田耕层土壤全氮含量为 1.90 g/kg，旱地耕层土壤全氮含量为 1.12 g/kg。2016—2022 年，全省水田耕层土壤全氮含量平均值为 1.85 g/kg，旱地耕层土壤全氮含量平均值为 1.17 g/kg，水田土壤全氮含量比旱地增加 58.1%。水田耕层土壤全

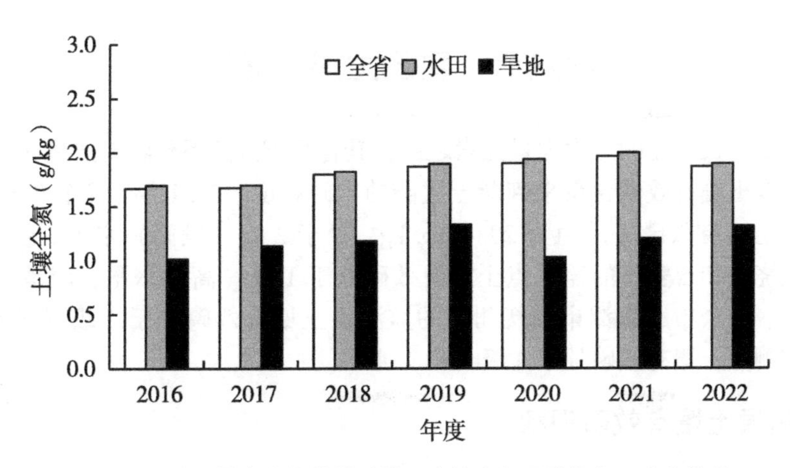

图 2-19　种植粮食作物的耕地耕层土壤全氮平均值年际变化趋势

氮含量逐年增加，至2021年达到最大值，2.00 g/kg，2022年则降低至1.90 g/kg。旱地耕层土壤全氮含量呈现先升高后降低再升高的趋势，2022年耕层土壤全氮含量最高，达1.32 g/kg，其次是2019年。总体而言，耕层土壤全氮含量呈现缓慢增加的趋势。

2016—2022年，全省监测点耕层土壤全氮含量变化较大，2019年以前主要集中在2级（较高）水平，占比为28.3%~37.4%，之后以1级（高）水平为主，占比为27.9%~31.0%。总体变化趋势表现为处于2级（较高）和3级（中）的监测点占比随着年限的增加而减少，而处于1级（高）、4级（较低）和5级（低）的监测点占比随着年限的增加而增加。7个年度全省耕层土壤全氮含量2级（较高）以上的监测点占比分别为57.0%、56.0%、54.6%、53.6%、51.2%、52.0%和52.2%，土壤全氮含量2级（较高）以上的监测点占比逐年下降，年降幅为0.9个百分点，反之，全省土壤全氮含量2级（较高）以下的监测点占比在增加（图2-20）。

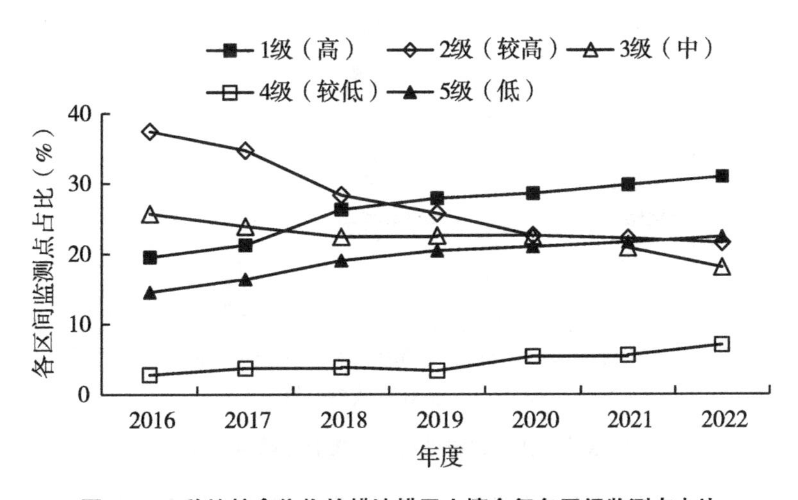

图 2-20　种植粮食作物的耕地耕层土壤全氮各区间监测点占比

第六节 耕层土壤有效磷

磷是植物生长必需的三大大量元素之一，其含量直接关系作物的产量和品质。农业生产中通常以土壤有效磷含量来判断土壤磷的丰缺程度。2021 年，全省种植粮食作物的耕地耕层土壤有效磷平均值为 28.4 mg/kg，处于 2 级（较高）水平。各设区市中，赣州市、上饶市和吉安市的监测点土壤有效磷处于 1 级（高）水平，南昌市、景德镇市、萍乡市、新余市、鹰潭市和抚州市的监测点土壤有效磷处于 2 级（较高）水平，九江市的监测点土壤有效磷处于 3 级（中）水平。

一、耕层土壤有效磷现状

根据《江西省耕地质量监测指标分级标准》，2022 年全省耕层土壤有效磷的有效监测数据 599 个，土壤有效磷含量变化范围为 1.2～45.8 mg/kg，主要集中在 3 级（中）水平，土壤有效磷平均值为 23.1 mg/kg（图 2-21）。分析结果表明，处于 1 级（高）水平的有效监测点有 119 个，占 19.9%；处于 2 级（较高）水平的有效监测点有 130 个，占 27.0%；处于 3 级（中）水平的有效监测点有 219 个，占 36.6%；处于 4 级（较低）水平的有效监测点有 67 个，占 11.2%；处于 5 级（低）水平的有效监测点有 32 个，占 5.3%。2022 年全省耕层土壤有效磷在 2 级（较高）水平以上的监测点占比为 46.9%，较 2016 年的 47.8%减少了 0.9 个百分点，较 2021 年的 46.2%增加了 0.7 个百分点。结果表明，江西省耕层土壤有效磷含量较为稳定。

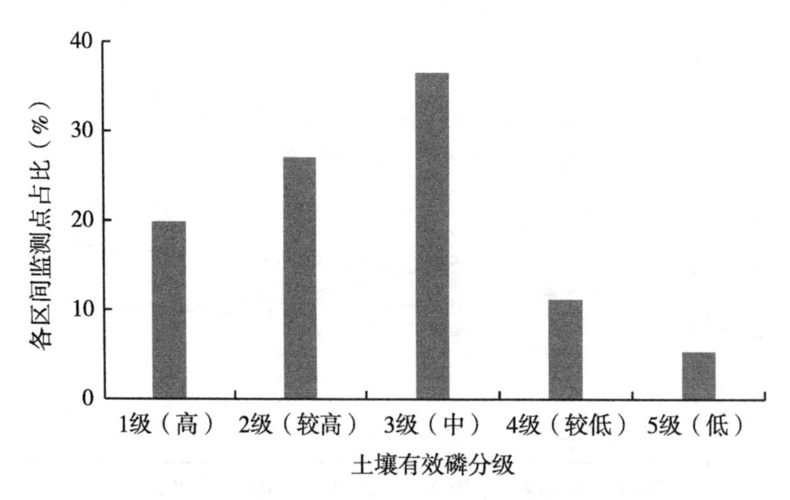

图 2-21 种植粮食作物的耕地耕层土壤有效磷各区间监测点占比

2022 年，在 11 个设区市，种植粮食作物监测点耕层土壤有效磷含量平均值处于 2 级（较高）水平的有南昌市（26.7 mg/kg）、鹰潭市（24.7 mg/kg）、赣州市

(30.5 mg/kg)、宜春市（23.9 mg/kg)、上饶市（28.8 mg/kg)、吉安市(29.2 mg/kg)和抚州市（22.3 mg/kg)。处于3级（中）水平的有九江市(16.4 mg/kg)、景德镇市（19.5 mg/kg)、萍乡市（15.0 mg/kg）和新余市（17.7 mg/kg）（图2-22)。2022年各设区市土壤有效磷含量较2021年均呈现降低趋势，降低幅度8.6%~32.3%，其中萍乡市耕层土壤有效磷含量降低幅度最大。

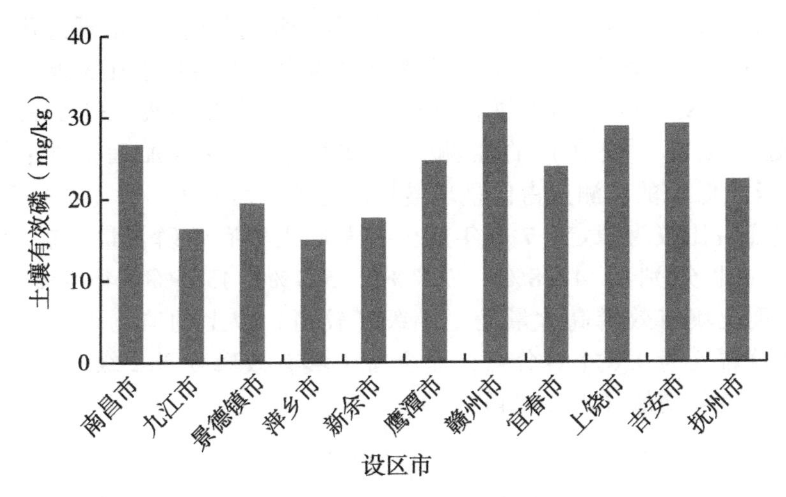

图2-22　全省各设区市种植粮食作物的耕地耕层土壤有效磷

二、耕层土壤有效磷演变趋势

2016—2022年，全省种植粮食作物的耕地耕层土壤有效磷的有效监测数据4 470个，其中以水田监测点为主，占比94.2%；7个年度江西省耕地质量监测点土壤有效磷含量分别为22.9 mg/kg、23.7 mg/kg、23.3 mg/kg、24.5 mg/kg、26.9 mg/kg、28.4 mg/kg和23.1 mg/kg；耕层土壤有效磷含量随着种植年限增加先升高后降低，2021年土壤有效磷含量最高。2022年耕层土壤有效磷含量较2016年升高0.9%，较2021年降低18.7%。总体而言，全省种植粮食作物的耕地耕层土壤有效磷呈现缓慢升高趋势（图2-23)。

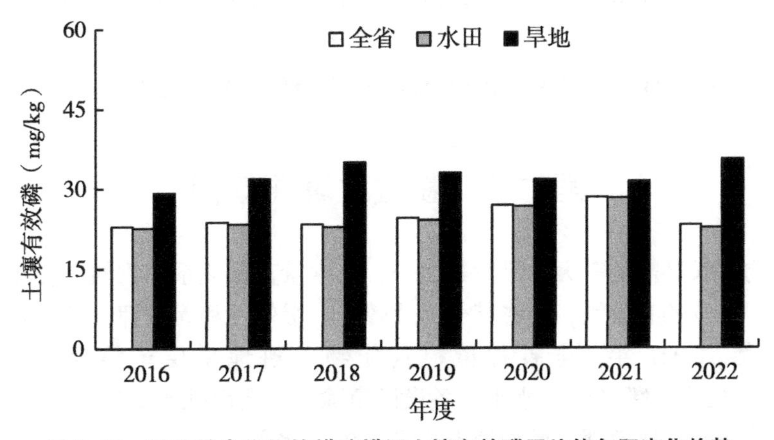

图2-23　种植粮食作物的耕地耕层土壤有效磷平均值年际变化趋势

2022 年，全省水田耕层土壤有效磷含量为 22.6 mg/kg，旱地耕层土壤有效磷含量为 35.5 mg/kg。2016—2022 年，全省水田耕层土壤有效磷含量平均值为 24.3 mg/kg，旱地为 32.5 mg/kg，水田比旱地降低 25.2%。水田耕层土壤有效磷含量变化趋势同样为先升高后降低，2021 年耕层土壤有效磷含量最大，为 28.3 mg/kg，2022 年降低至 22.62 mg/kg。旱地土壤表现为先升高后降低然后又升高的趋势，2022 年土壤有效磷含量达到最大值，35.5 mg/kg。总体而言，全省耕层土壤有效磷含量表现为升高的趋势。

2016—2022 年，全省监测点耕层土壤有效磷含量主要集中在 3 级（中）水平，占比为 35.1%~38.1%；其次是 2 级（较高），占比为 21.9%~34.2%。总体的变化趋势：处于 2 级（较高）的监测点占比随着年限增加而减少；处于 1 级（高）和 5 级（低）的监测点占比呈现增加的趋势；而处于 3 级（中）和 4 级（较低）的监测点占比较为稳定。7 个年度全省耕层土壤有效磷含量 2 级(较高)以上的监测点占比分别为 47.8%、47.7%、45.7%、43.5%、45.2%、42.3% 和 44.4%，表明土壤有效磷高含量处于 2 级（较高）以上的监测点占比逐年下降，平均每年下降幅度为 0.8 个百分点；而全省土壤有效磷处于 2 级（较高）以下的监测点占比在逐年增加（图 2-24）。

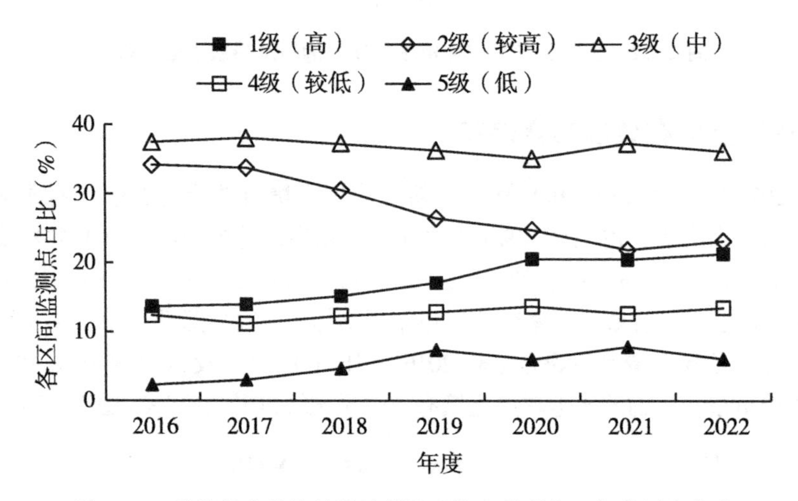

图 2-24　种植粮食作物的耕地耕层土壤有效磷各区间监测点占比

第七节　耕层土壤速效钾

钾是植物生长必需的三大大量元素之一，其含量直接关系作物的产量和品质。根据钾在土壤中对作物的有效性，可将其分为速效钾、缓效钾和无效钾，各形态钾在土壤中处于动态平衡。2021 年，全省种植粮食作物的耕地耕层土壤速效钾平均值为 105.3 mg/kg，处于 3 级（中）水平。各设区市除了新余市处于 2 级（较高）水平，其他设区市监测点土壤速效钾含量均处于 3 级（中）水平。

一、耕层土壤速效钾现状

根据《江西省耕地质量监测指标分级标准》，2022年江西省耕层土壤速效钾的有效监测数据607个，土壤速效钾含量变化范围为10.0~486.0 mg/kg，主要集中在4级（较低）水平，土壤速效钾平均值为96.9 mg/kg，处3级（中）水平（图2-25）。分析结果表明，处于1级（高）水平的有效监测点有43个，占7.1%；处于2级（较高）水平的有效监测点有88个，占14.5%；处于3级（中）水平的有效监测点有203个，占33.4%；处于4级（较低）水平的有效监测点有229个，占37.7%；处于5级（低）水平的有效监测点有44个，占7.2%。2022年全省耕层土壤有效钾在2级（较高）以上的监测点占比为21.6%，较2016年的19.6%增加了2.0个百分点，较2021年的20.5%增加了1.1个百分点。结果表明，全省耕地土壤速效钾含量变化不大，且仍存在速效钾含量严重偏低的现象。

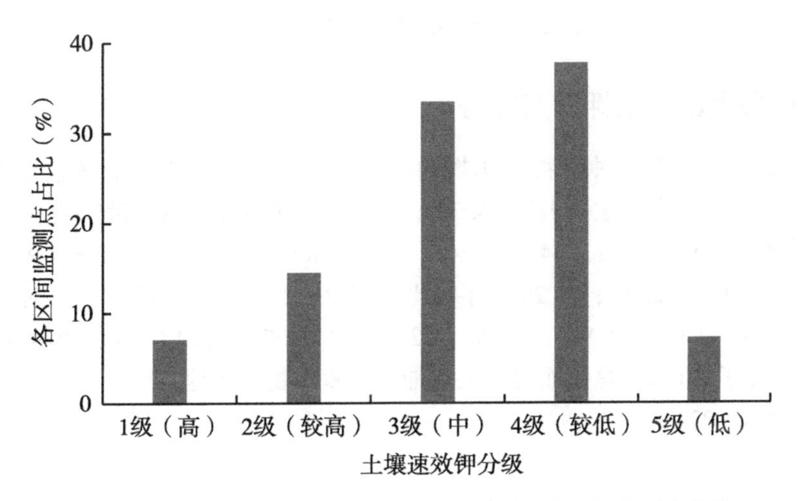

图2-25　种植粮食作物的耕地耕层土壤速效钾各区间监测点占比

2022年，在11个设区市，种植粮食作物监测点耕层土壤速效钾含量平均值处于3级（中）水平的有南昌市（111.0 mg/kg）、九江市（95.1 mg/kg）、景德镇市（104.6 mg/kg）、新余市（113.9 mg/kg）鹰潭市（109.1 mg/kg）、赣州市（104.6 mg/kg）、宜春市（84.7 mg/kg）、上饶市（83.3 mg/kg）、吉安市（85.3 mg/kg）和抚州市（101.9 mg/kg）；处于4级（较低）水平的有萍乡市（72.4 mg/kg）（图2-26）。其中，景德镇市、萍乡市、新余市、宜春市、上饶市、吉安市和抚州市监测点的耕层土壤速效钾含量平均值较2021年分别降低了0.4%、26.5%、16.1%、16.6%、14.3%、13.8%和1.5%，而其他设区市监测点上升了0.3%~3.1%。

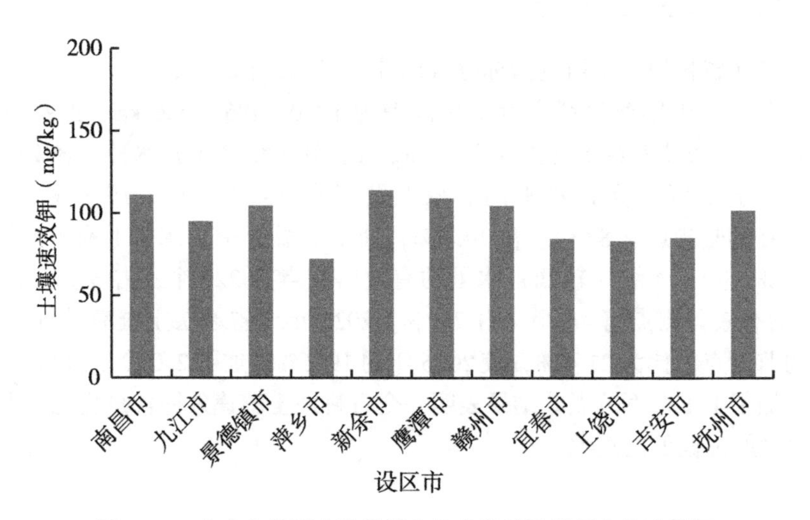

图 2-26　全省各设区市种植粮食作物的耕地耕层土壤速效钾

二、耕层土壤速效钾演变趋势

2016—2022 年，全省种植粮食作物的耕地耕层土壤速效钾的有效监测数据 4 657 个，其中以水田监测点为主，占比 94.7%；7 个年度江西省耕地质量监测点土壤速效钾含量分别为 93.8 mg/kg、94.4 mg/kg、96.5 mg/kg、98.4 mg/kg、95.2 mg/kg、105.3 mg/kg和 96.9 mg/kg；与 2016 年相比，2017—2022 年 6 个年度土壤速效钾含量分别增加了 0.6%、2.9%、4.9%、1.5%、12.3%和 3.3%。2022 年耕层土壤速效钾含量较 2021 年降低了 8.0%。总体而言，全省种植粮食作物的耕地耕层土壤速效钾呈现缓慢上升趋势（图 2-27）。

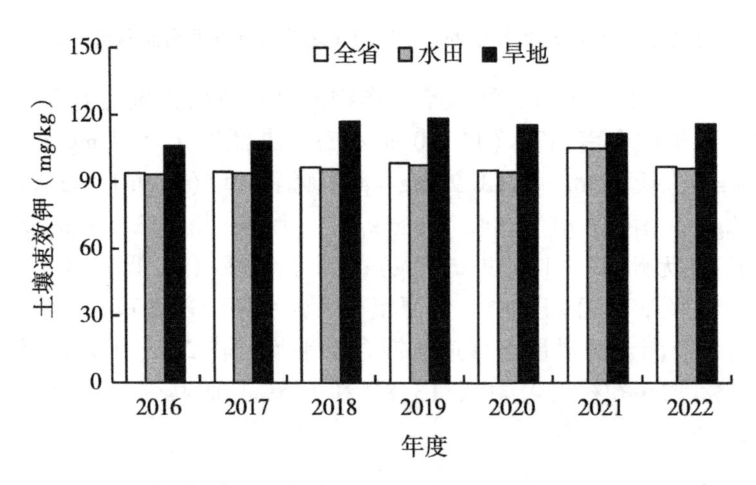

图 2-27　种植粮食作物的耕地耕层土壤速效钾平均值年际变化趋势

2022 年，全省水田耕层土壤速效钾含量为 96. 0 mg/kg，旱地耕层土壤速效钾含量为 116. 0 mg/kg。2016—2022 年，全省水田的耕层土壤速效钾含量平均值为96. 5 mg/kg，旱地的耕层土壤速效钾含量平均值为 113. 2 mg/kg，水田比旱地低了 14. 8%。水田耕层土壤呈现先升高后降低趋势，2021 年达到最大值（105. 0 mg/kg），之后 2022 年降低至 96. 0 mg/kg，而旱地耕层土壤速效钾平均值呈现先增加后又波动变化，整体而言，呈现缓慢增加趋势。

2016—2022 年，全省监测点耕层土壤速效钾含量主要集中在 3 级（中），占比 30. 4%~38. 5%，其次是 4 级（较低），占比 28. 2%~31. 7%。7 个年度 3 级（中）和 4 级（较低）的占比之和分别为 68. 1%、67. 2%、64. 7%、65. 5%、62. 6%、57. 3% 和 59. 2%，呈现随年限增加而减少的趋势；而处于 1 级（高）、2 级（较高）和 5 级（低）水平的监测点占比则呈现增加的趋势。7 个年度全省耕层土壤速效钾含量高于 2 级以上（>120. 0 mg/kg）的监测点占比分别为 19. 6%、21. 4%、23. 5%、24. 9%、26. 2%、30. 1%和 29. 8%，表明土壤速效钾>120. 0 mg/kg 的监测点占比逐年增加，平均每年增加幅度为 1. 8 个百分点。尽管处于 1 级（高）和 2 级（较高）水平的监测点占比不断增加，在 30. 0%左右，全省监测点耕层土壤速效钾含量仍然以 2 级（较高）以下水平为主（图 2-28）。

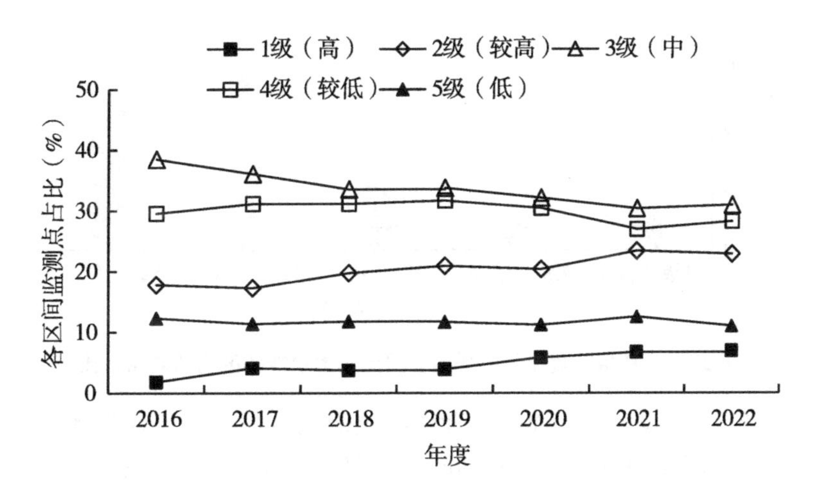

图 2-28　种植粮食作物的耕地耕层土壤速效钾各区间监测点占比

第八节　耕层土壤缓效钾

土壤缓效钾是土壤钾的储备库，对于大多数土壤而言，通过施肥进入土壤的钾只有小部分被植物吸收利用，大部分都被土壤固定转化为缓效钾，缓效钾是土壤速效钾的补给源，是评价土壤供钾潜力的指标。2021 年，全省种植粮食作物的耕地耕层土壤缓效钾平均值为 265. 7 mg/kg。各设区市监测点土壤缓效钾平均值均在 200~400. 0 mg/kg，处于 4 级（较低）水平。

一、耕层土壤缓效钾现状

根据《江西省耕地质量监测指标分级标准》，2022 年全省耕层土壤缓效钾的有效监测数据 532 个，土壤缓效钾含量变化范围为 19.0~1 085 mg/kg，主要集中在 5 级（低）水平，全省土壤缓效钾平均值为 237.4 mg/kg，处于 4 级（较低）水平（图 2-29）。分析结果表明，处于 1 级（高）水平的有效监测点有 25 个，占 4.7%；处于 2 级（较高）水平的有效监测点有 27 个，占 5.1%；处于 3 级（中）水平的有效监测点有 58 个，占 10.9%；处于 4 级（较低）水平的有效监测点有 161 个，占 30.3%；处于 5 级（低）水平的有效监测点有 261 个，占 49.0%。2022 年全省耕层土缓效钾在 2 级（较高）以上的监测点占比为 9.8%，较 2016 年的 5.0%增加了 4.8 个百分点，较 2021 年的 16.3%减少了 6.5 个百分点。总体趋势说明，全省监测点耕层土壤缓效钾仍存在缺乏严重的现象。

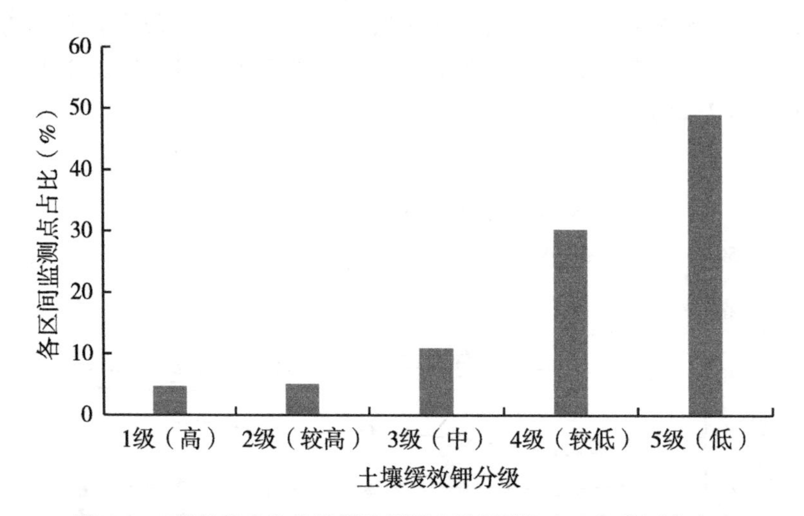

图 2-29　种植粮食作物的耕地耕层土壤缓效钾各区间监测点占比

2022 年，在 11 个设区市，种植粮食作物监测点耕层土壤速效钾平均值处于 4 级（较低）水平的有南昌市（259.2 mg/kg）、九江市（331.7 mg/kg）、赣州市（345.0 mg/kg）、宜春市（297.9 mg/kg）、上饶市（211.8 mg/kg）、吉安市（209.1 mg/kg）和抚州市（278.9 mg/kg）；处于 5 级（低）水平的有景德镇市（183.9 mg/kg）、萍乡市（164.0 mg/kg）、新余市（170.0 mg/kg）和鹰潭市（165.9 mg/kg）（图 2-30）。其中，景德镇市、萍乡市、新余市、鹰潭市、宜春市、上饶市和吉安市监测点的耕层土壤缓效钾平均值较 2021 年分别降低了 5.1%、37.5%、35.3%、29.4%%、9.0%、9.3%和 11.9%，而南昌市、九江市、赣州市和抚州市监测点的土壤缓效钾含量较 2021 年分别增加了 0.2%、2.9%、1.0%和 10.2%。

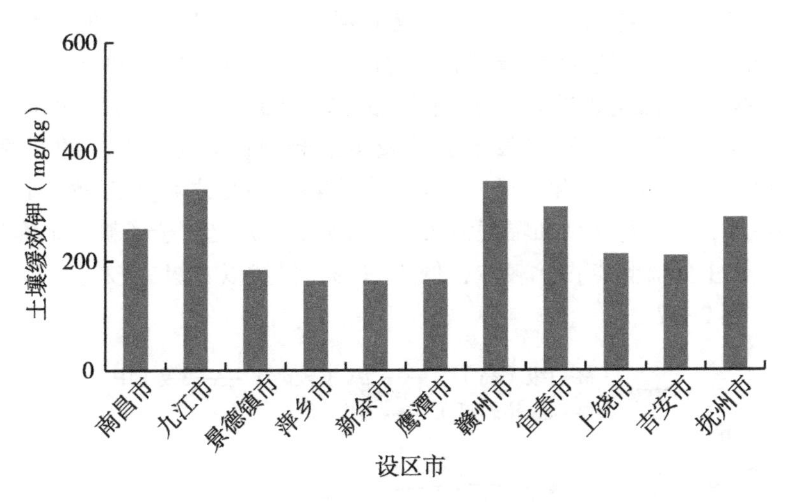

图 2-30　全省各设区市种植粮食作物的耕地耕层土壤缓效钾

二、耕层土壤缓效钾演变趋势

2016—2022 年，全省种植粮食作物土壤缓效钾的有效监测数据 3 716个，其中以水田监测点为主，占比 97.2%；7 个年度江西省耕地质量监测点土壤缓效钾含量分别为 222.0 mg/kg、219.3 mg/kg、217.5 mg/kg、218.2 mg/kg、235.3 mg/kg、265.7 mg/kg 和 237.4 mg/kg。2022 年土壤缓效钾含量较 2016 年增加了 6.9%，较 2021 年减少了 10.7%。

2022 年，全省水田耕层土壤缓效钾含量为 234.8 mg/kg，旱地耕层土壤缓效钾含量为 296.1 mg/kg。2016—2022 年，全省水田耕层土壤缓效钾含量平均值为 227.8 mg/kg，旱地耕层土壤缓效钾含量平均值为 296.6 mg/kg，尽管旱地比水田的土壤缓效钾含量高，但均处于 4 级（较低）水平，说明水田和旱地均存在土壤缓效钾缺乏现象（图 2-31）。

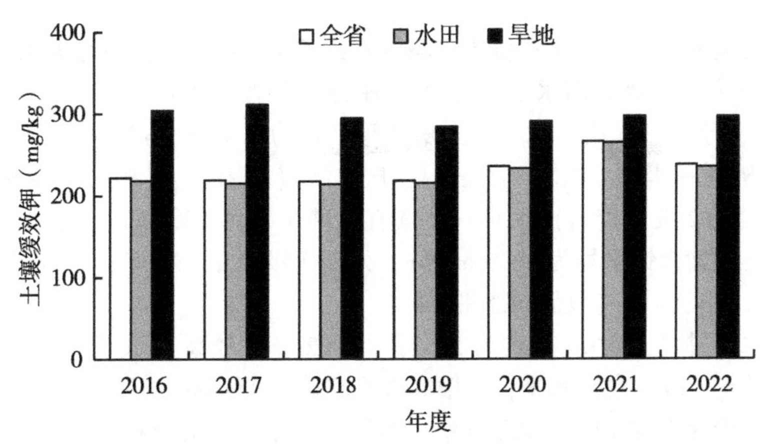

图 2-31　种植粮食作物的耕地耕层土壤缓效钾平均值年际变化趋势

2016—2022 年，全省监测点耕层土壤缓效钾含量仍然以 5 级（低）水平为主，占比 44.2%~49.6%，其次是 4 级（较低），占比 26.4%~35.5%；经统计，7 个年度 4 级（较低）和 5 级（低）的占比之和分别为 83.5%、80.2%、78.9%、77.4%、75.0%、71.6%和 70.2%，表现出随着年限增加而减少的趋势；3 级（中）的监测点占比为 10.8%~13.0%；1 级（高）和 2 级（较高）的监测点占比之和为 5.5%~18.1%，且表现出增加的趋势，平均每年增加幅度为 2.2 个百分点。总之，全省耕层土壤缓效钾处于 2 级（较高）以上的监测点占比较少，低于 20%，仍然以 2 级（较高）以下为主，需要引起关注（图 2-32）。

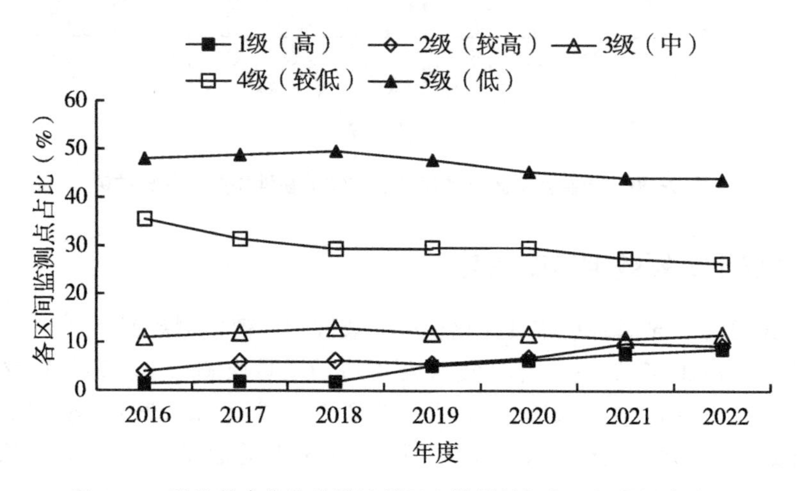

图 2-32 种植粮食作物的耕地耕层土壤缓效钾各区间监测点占比

第九节 全省耕地质量监测主要结果及现状分析

一、主要结果

监测数据显示，2022 年全省耕层土壤 pH 变幅为 3.6~7.8，平均为 5.59，比 2021 年增加 0.07 个单位，处较高水平。其中，pH<5.5 的监测点占 53.2%。耕层厚度平均为 20.1 cm，处于 1 级（高）水平；土壤容重平均为 1.14 g/cm^3，处于 1 级（高）水平；土壤有机质平均为 33.25 g/kg，处于 2 级（较高）水平；土壤全氮平均为 1.87 g/kg，处于 2 级（较高）水平；土壤有效磷平均为 23.1 mg/kg，处于 2 级（较高）水平；土壤速效钾平均为 96.9 mg/kg，处于 3 级（中）水平；土壤缓效钾平均为 237.4 mg/kg，处于 4 级（较低）水平。

其中，水田耕层土壤 pH 平均为 5.61，处于 2 级（较高）水平；耕层厚度平均为 20.20 cm，处于 1 级（高）水平；土壤容重平均为 1.1 g/cm^3，处于 1 级（高）水平；土壤有机质平均为 33.4 g/kg，处于 2 级（较高）水平；土壤全氮平均为 1.90 g/kg，处于 2 级（较高）水平；土壤有效磷平均为 22.6 mg/kg，处于 2 级（较高）水平；土壤速效钾平均为 96.0 mg/kg，处于 3 级（中）水平；土壤缓效钾平均为 234.8 mg/kg，处于4级（较低）水平。

旱地耕层土壤pH平均为5.52，处于2级（较高）水平；耕层厚度平均为24.0 cm，处于1级（高）水平；土壤容重平均为1.27 g/cm^3，处于2级（较高）水平；土壤有机质平均为29.5 g/kg，处于3级（中）水平；土壤全氮平均为1.12 g/kg，处于3级（中）水平；土壤有效磷平均为35.5 mg/kg，处于1级（高）水平；土壤速效钾平均为116.0 mg/kg，处于3级（中）水平；土壤缓效钾平均为296.1 mg/kg，处于4级（较低）水平。

二、现状分析

（一）耕层厚度略有增加，土壤浅化仍然普遍

2022年，全省耕地长期定位监测站点的耕层厚度平均值为20.1 cm，处于1级（高）水平，全省监测点耕层厚度>20.0 cm的监测点占比较2021年有所增加，从22.1%增加到22.8%；尽管2022年全省监测点耕层厚度较2021年略有增加，但耕层厚度≤20.0 cm的监测点占比仍高达77.2%，耕层浅化现象仍然普遍。全省耕层土壤容重平均值为1.14 g/cm^3，处于1级（高）水平，耕层土壤容重在2级（较高）以上的监测点占比为82.7%，比2021年增加了9.5个百分点，土壤有机质平均值为33.25 g/kg，处于2级（较高）水平；耕层土壤有机质在2级（较高）以上的监测点占比为57.4%，较2021年增加3.3个百分点。因此，耕层土壤容重和有机质状况良好。

2022年，全省各设区市监测点耕层厚度≤20 cm的有景德镇市（16.6 cm）、宜春市（19.0 cm）和抚州市（18.9 cm），处于2级（较高）水平，其他各设区市均处于1级（高）水平；各设区市监测点耕层土壤容重均处于1级（高）水平；各设区市土壤有机质均处于3级（中）以上水平，处于3级（中）水平的主要有九江市（28.0 g/kg）、鹰潭市（26.9 g/kg）和赣州市（26.0 g/kg）。

2016—2022年，全省水田耕层土壤有机质平均含量33.6 g/kg，处于2级（较高）水平，高于旱地土壤有机质平均含量（27.2 g/kg）；全省水田的耕层土壤容重平均值为1.20 g/cm^3，处于1级（高）水平，旱地耕层土壤容重平均值为1.25 g/cm^3，处于2级（较高）水平；全省水田的耕层厚度平均值为19.9 cm，处于2级（较高）水平，低于旱地的耕层厚度（23.5 cm）。

（二）土壤pH有所提升，土壤酸化仍然存在

2022年，江西省耕地质量监测点土壤pH平均值为5.59，比2021年增加0.07个单位，处于2级（较高）水平；全省监测点土壤pH变化范围为4.6~7.8，主要集中在3级（中）水平，占比37.8%，2022年全省监测点耕层土壤pH>5.5的监测点占比为46.8%，较2021年增加2.8个百分点，耕层土壤pH整体水平提高。全省各设区市监测点土壤pH<5.5的有南昌市（5.38）、景德镇市（5.41）、鹰潭市（5.49）、宜春市（5.43）、上饶市（5.42）、吉安市（5.34）和抚州市（5.43），但各设区市较2021年均有不同程度的增加，增加0.01~0.18个单位。2016—2022年，江西省耕地质量监测点

旱地土壤 pH 平均值为 5. 34，低于水田耕层土壤 pH 平均值（5. 42），且水田和旱地监测点的土壤 pH 均随着年限增加表现为增加的趋势，增幅分别为 0. 04 个单位/年和 0. 03 个单位/年。耕层土壤 pH 的增加与全省持续推进耕地质量提升、秸秆还田、酸化治理等项目密切相关。虽然土壤酸化得到一定遏制，但从 2016 年以来，全省种植粮食作物的耕地耕层土壤 pH 仍然以 5. 0~5. 5 为主，即土壤仍然以酸化为主，需要持续不断地进行土壤酸化改良。

（三）土壤养分不均衡，有效养分缺乏

2022 年，江西省耕地质量监测点土壤全氮平均值为 1. 87 g/kg，处于 2 级（较高）水平。全省监测点耕层土壤全氮含量主要集中在 1 级（高）水平，占比 28. 2%；全省耕层土壤全氮含量在 2 级（较高）以上水平的监测点占比为 50. 5%，较 2021 年增加了 2. 9 个百分点，且土壤全氮自 2016 年呈现缓慢增加趋势。全省监测点土壤有效磷含量主要集中在 3 级（中）水平，占比 36. 6%；全省耕层土壤有效磷在 2 级（较高）以上水平的监测点占比为 46. 9%，较 2021 年的 46. 2%增加了 0. 7 个百分点，且 2016 年以来耕层土壤有效磷含量较为稳定。2022 年全省监测点土壤全氮和土壤有效磷含量均维持在 2 级（较高）的水平，但是，全省耕层土壤速效钾和缓效钾含量却严重缺乏。土壤速效钾平均值为 96. 9 mg/kg，处 3 级（中）水平，其中土壤速效钾处于 3 级（中）及以下水平的监测点占比高达 78. 3%，土壤速效钾较为缺乏。全省监测点耕层土壤缓效钾平均值为 237. 4 mg/kg，处于 4 级（较低）水平，且全省监测点土壤缓效钾含量主要集中在 5 级（低）水平，占比达 49. 0%，土壤缓效钾含量极度缺乏。总体来说，全省监测点土壤全氮含量较高，磷含量较为稳定，但速效钾和缓效钾含量偏低甚至缺乏。

2022 年，江西省 11 个设区市监测点耕层土壤全氮含量平均值均在 2 级（较高）以上水平；九江市、景德镇市、萍乡市和新余市土壤有效磷含量平均值处于 3 级（中）水平，其他设区市则均在 2 级（较高）以上水平；土壤速效钾含量处于 4 级（较低）水平的有萍乡市（72. 4 mg/kg），其他各设区市则处于 3 级（中）及以上水平；各设区市土壤缓效钾含量均处于 4 级（较低）及以下水平。总体来说，各设区市监测点土壤全氮分布情况较好，均在 2 级（较高）水平，土壤有效磷仅个别地区处于 3 级（中）水平，土壤速效钾主要分布在 3 级（中）水平，而各设区市耕层土壤缓效钾缺乏普遍存在。

2016—2022 年，江西省旱地土壤有效磷平均值（32. 5 mg/kg）、土壤速效钾平均值（113. 2 mg/kg）和土壤缓效钾平均值（296. 6 mg/kg）分别比水田土壤有效磷（24. 3 mg/kg）、土壤速效钾（96. 5 mg/kg）和土壤缓效钾平均值（227. 8 mg/kg）增加 32. 7%、17. 3%和 30. 2%，而旱地土壤全氮平均值（1. 17 g/kg）比水田土壤全氮平均值（1. 85 g/kg）减少 36. 8%。水田土壤速效钾和缓效钾更为缺乏，且旱地和水田均需要加大钾肥投入。

第三章　各设区市耕地质量监测结果

江西省下辖11个设区市，分别是南昌市、九江市、景德镇市、萍乡市、新余市、鹰潭市、赣州市、宜春市、上饶市、吉安市和抚州市。本章主要对各设区市耕地质量主要现状、肥料投入情况、肥料利用率（偏生产力）等进行阐述。其中，耕地质量采用土壤基础肥力指标进行阐述，主要包括耕层厚度、土壤容重、土壤有机质、土壤pH、土壤全氮、土壤有效磷、土壤速效钾、土壤缓效钾。

各设区市土壤基础肥力指标根据《江西省耕地质量监测指标分级标准》进行分级，其主要指标分级标准见表2-1。

第一节　南昌市

南昌市，简称“洪”或“昌”，别称“洪州”，古称“豫章”，是江西省省会。南昌市地处江西省中部偏北，赣江、抚河下游，鄱阳湖西南岸；下辖3县（南昌、进贤、安义）、6区（东湖、西湖、青云谱、青山湖、新建、红谷滩）、3个国家级开发区（南昌国家经济技术开发区、南昌国家高新技术产业开发区、南昌小蓝经济技术开发区）以及临空经济区、湾里管理局，面积7 195 km^2。全市以鄱阳湖平原为主，占35.8%，岗地低丘占34.4%，水域面积占29.8%。南昌市属于亚热带季风气候，气候湿润温和，日照充足，一年中夏冬季长、春秋季短。

2022年江西省土地利用现状统计资料表明，南昌市耕地面积374.05万亩，其中水田面积294.75万亩、水浇地面积3.04万亩、旱地面积76.26万亩。南昌市共有耕地质量监测点46个，其中国家级监测点6个、省级监测点40个，主要分布在南昌县、新建区、进贤县和安义县。

一、耕地质量主要现状

（一）土壤有机质现状及演变趋势

1. 土壤有机质现状

2016—2022年，南昌市耕地质量监测数据分析结果表明（图3-1），土壤有机质含量有效监测点数377个，平均含量31.5 g/kg，处于2级（较高）水平，其中水田土壤有机质平均含量31.6 g/kg，旱地土壤有机质平均含量28.5 g/kg。2016—2022年，南昌市水田土壤有机质表现为增加，年增幅为0.41 g/kg。与2016年相比，2022年水田的土壤有机质含量增加 7.0%；与土壤有机质平均值比较，2022 年水田土壤有机质含量增加 3.7%。南昌市旱地土壤有机质表现为增加，年增幅为 0.49 g/kg。与 2016 年相比，2022 年南昌市旱地土壤有机质含量增加 12.0%；与土壤有机质平均值比较，2022 年南昌市旱地土壤有机质含量增加 6.0%。

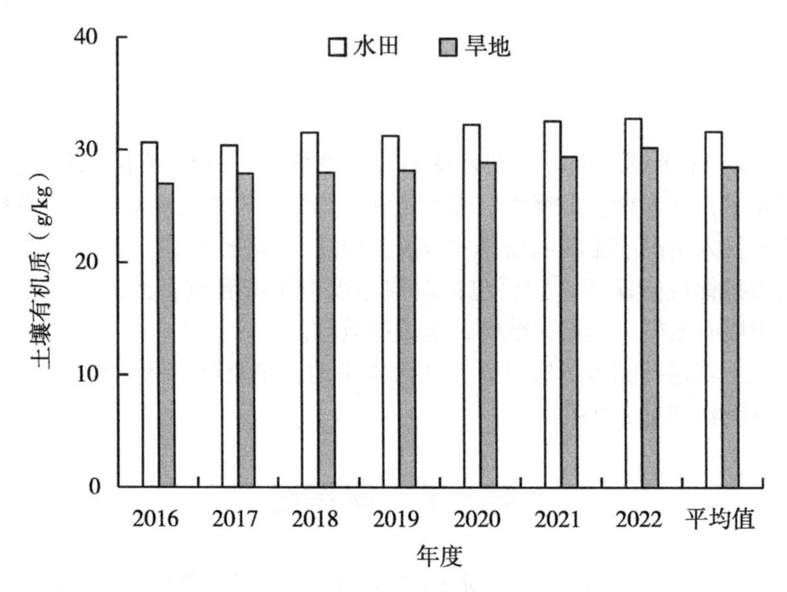

图 3-1　南昌市耕层土壤有机质含量及变化趋势

2. 土壤有机质分级情况

南昌市耕层土壤有机质含量主要集中在 3 级（中）水平（图 3-2）。根据《江西省耕地质量监测指标分级标准》，处于 1 级（高）水平的监测点有 54 个，占 14.3%；处

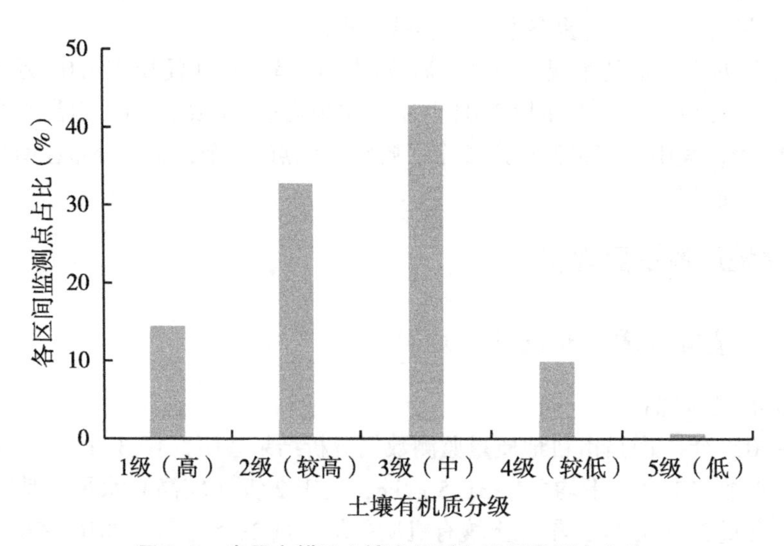

图 3-2　南昌市耕层土壤有机质各区间监测点占比

于2级（较高）水平的监测点有123个，占32.6%；处于3级（中）水平的监测点有161个，占42.8%；处于4级（较低）水平的监测点有37个，占9.8%；处于5级（低）水平的监测点有2个，占0.5%。

（二）土壤全氮现状及演变趋势

1. 土壤全氮现状

2016—2022年，南昌市耕地质量监测数据分析结果表明（图3-3），土壤全氮含量有效监测点数377个，平均含量1.63 g/kg，处于2级（较高）水平，其中水田土壤全氮平均含量1.63 g/kg，旱地是1.64 g/kg。2016—2022年，南昌市水田土壤全氮表现为增加，年增幅为0.02 g/kg。与2016年相比，2022年水田的全氮含量增加6.9%；与全氮平均值比较，2022年水田土壤全氮含量增加3.7%。南昌市旱地土壤全氮表现为增加，年增幅为0.01 g/kg。与2016年相比，2022年南昌市旱地土壤全氮含量增加4.8%；与全氮平均值比较，2022年南昌市旱地土壤全氮含量增加1.8%。

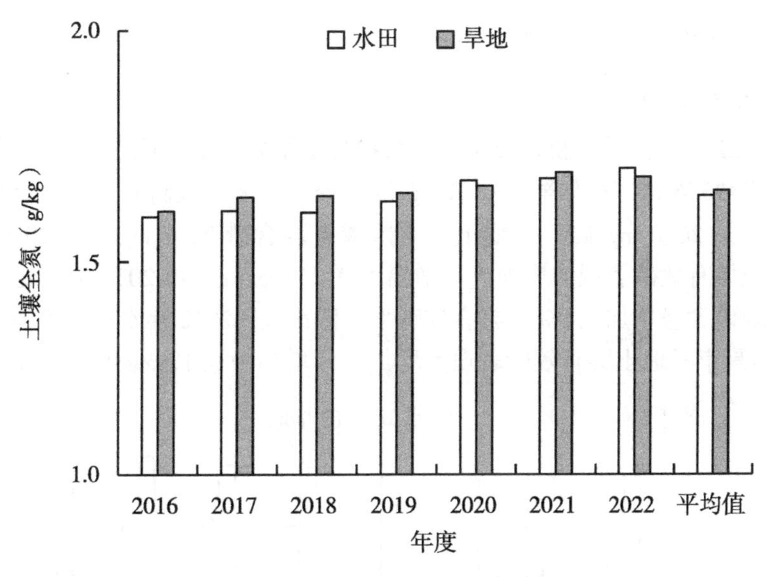

图3-3　南昌市耕层土壤全氮含量及变化趋势

2. 土壤全氮分级情况

南昌市耕层土壤全氮含量主要集中在2级（较高）水平（图3-4）。根据《江西省耕地质量监测指标分级标准》，处于1级（高）水平的监测点有93个，占24.7%；处于2级（较高）水平的监测点有134个，占35.6%；处于3级（中）水平的监测点有123个，占32.6%；处于4级（较低）水平的监测点有8个，占2.1%；处于5级（低）水平的监测点有19个，占5.0%。

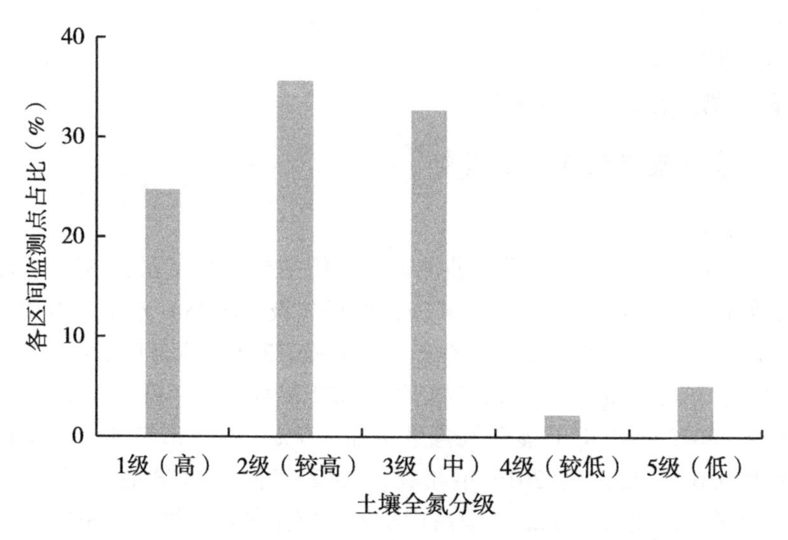

图 3-4　南昌市耕层土壤全氮各区间监测点占比

（三）土壤有效磷现状及演变趋势

1. 土壤有效磷现状

2016—2022 年，南昌市耕地质量监测数据分析结果表明（图 3-5），土壤有效磷含量有效监测点数376个，平均含量 25.8 mg/kg，处于 2 级（较高）水平，其中水田土壤有效磷平均含量 26.0 mg/kg，旱地土壤有效磷平均含量 22.1 mg/kg。2016—2022 年，南昌市水田土壤有效磷表现为增加，年增幅为 0.22 mg/kg。与 2016 年相比，2022 年水田的土壤有效磷含量增加 5.0%；与有效磷平均值比较，2022 年水田土壤有效磷含量增加 3.7%。南昌市旱地土壤有效磷表现为增加，年增幅为 0.17 mg/kg。与 2016 年相比，

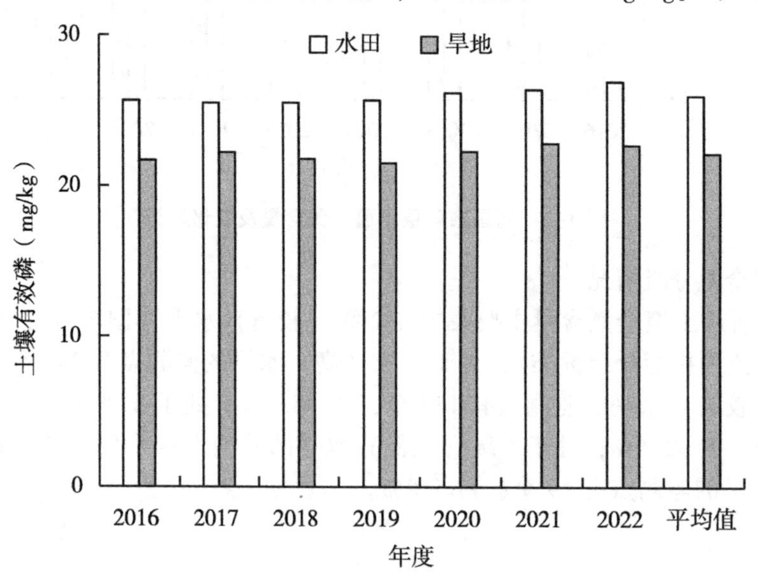

图 3-5　南昌市耕层土壤有效磷含量及变化趋势

2022 年监测点旱地土壤有效磷含量增加 4.6%；与有效磷平均值比较，2022 年监测点旱地土壤有效磷含量增加 2.5%。

2. 土壤有效磷分级情况

南昌市耕层土壤有有效磷量主要集中在 2 级（较高）水平（图 3-6）。根据《江西省耕地质量监测指标分级标准》，处于 1 级（高）水平的监测点有 50 个，占 13.3%；处于 2 级（较高）水平的监测点有 159 个，占 42.3%；处于 3 级（中）水平的监测点有 146 个，占 38.8%；处于 4 级（较低）水平的监测点有 18 个，占 4.8%；处于 5 级（低）水平的监测点有 3 个，占 0.8%。

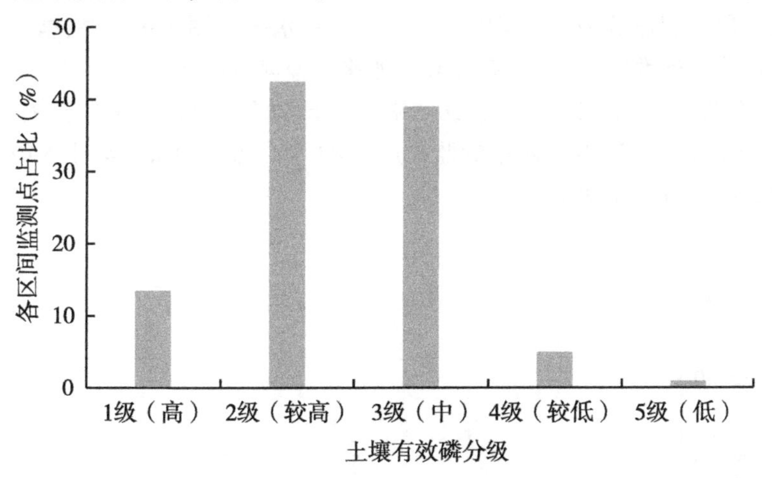

图 3-6　南昌市耕层土壤有效磷各区间监测点占比

（四）土壤速效钾现状及演变趋势

1. 土壤速效钾现状

2016—2022 年，南昌市耕地质量监测数据分析结果表明（图 3-7），土壤速效钾含

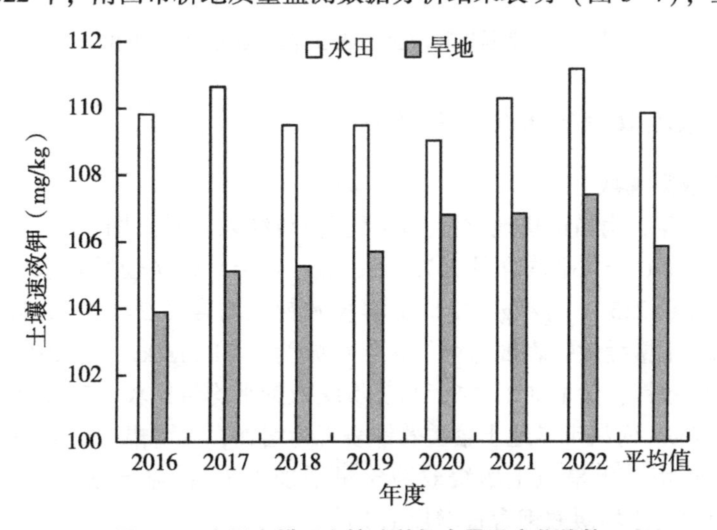

图 3-7　南昌市耕层土壤速效钾含量及变化趋势

量有效监测点数376个，平均含量 109.7 mg/kg，处于 3 级（中）水平，其中水田土壤速效钾平均含量 109.8 mg/kg，旱地土壤速效钾平均含量 105.9 mg/kg。2016—2022 年，南昌市水田土壤速效钾表现为增加，年增幅为 0.10 mg/kg。与 2016 年相比，2022 年水田土壤速效钾含量增加 1.2%；与速效钾平均值比较，2022 年水田土壤速效钾含量增加 1.2%。南昌市旱地土壤速效钾表现为增加，年增幅为 0.55 mg/kg。与 2016 年相比，2022 年南昌市旱地土壤速效钾含量增加 3.4%；与速效钾平均值比较，2022 年南昌市旱地土壤速效钾含量增加 1.5%。

2. 土壤速效钾分级情况

南昌市耕层土壤速效钾主要集中在 3 级（中）水平（图 3-8）。根据《江西省耕地质量监测指标分级标准》，处于 1 级（高）水平的监测点有 19 个，占 5.1%；处于 2 级（较高）水平的监测点有 107 个，占 28.5%；处于 3 级（中）水平的监测点有 112 个，占 29.7%；处于 4 级（较低）水平的监测点有 82 个，占 21.8%；处于 5 级（低）水平的监测点有 56 个，占 14.9%。

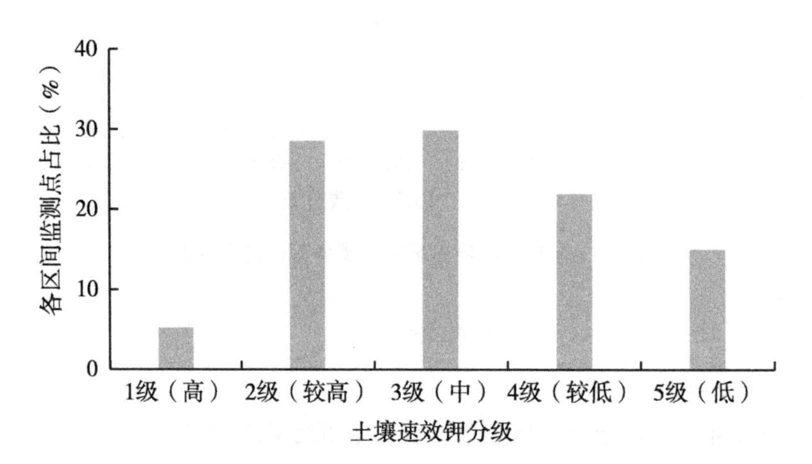

图 3-8　南昌市耕层土壤速效钾各区间监测点占比

（五）土壤缓效钾现状及演变趋势

1. 土壤缓效钾现状

2016—2022 年，南昌市耕地质量监测数据分析结果表明（图 3-9），土壤缓效钾含量有效监测点数 170 个，平均含量 257.3 mg/kg，处于 4 级（较低）水平，其中水田土壤缓效钾平均含量 255.4 mg/kg，旱地土壤缓效钾平均含量 293.9 mg/kg。2016—2022 年，南昌市水田土壤缓效钾表现为增加，年增幅为 0.51 mg/kg。与 2016 年相比，2022 年水田的土壤缓效钾含量增加 1.2%；与土壤缓效钾平均值比较，2022 年水田土壤缓效钾含量增加 0.7%。南昌市旱地土壤缓效钾表现为增加，年增幅为 1.20 mg/kg。与 2016 年相比，2022 年南昌市旱地土壤缓效钾含量增加 1.7%；与土壤缓效钾平均值比较，2022 年南昌市旱地土壤缓效钾含量增加 1.1%。

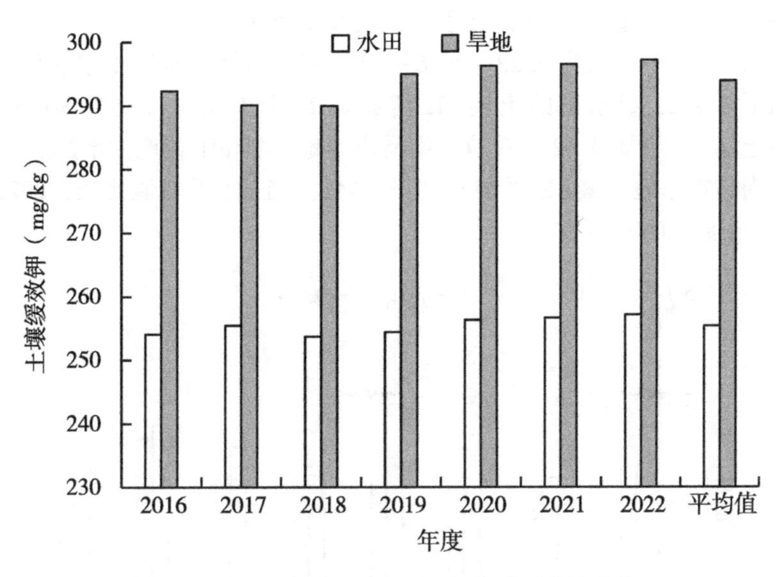

图 3-9　南昌市耕层土壤缓效钾含量及变化趋势

2. 土壤缓效钾分级情况

南昌市耕层土壤缓效钾主要集中在 5 级（低）水平（图 3-10）。根据《江西省耕地质量监测指标分级标准》，处于 1 级（高）水平的监测点有 4 个，占 2.4%；处于 2 级（较高）水平的监测点有 1 个，占 0.6%；处于 3 级（中）水平的监测点有 32 个，占 18.8%；处于 4 级（较低）水平的监测点有 65 个，占 38.2%；处于 5 级（低）水平的监测点有 68 个，占 40.0%。

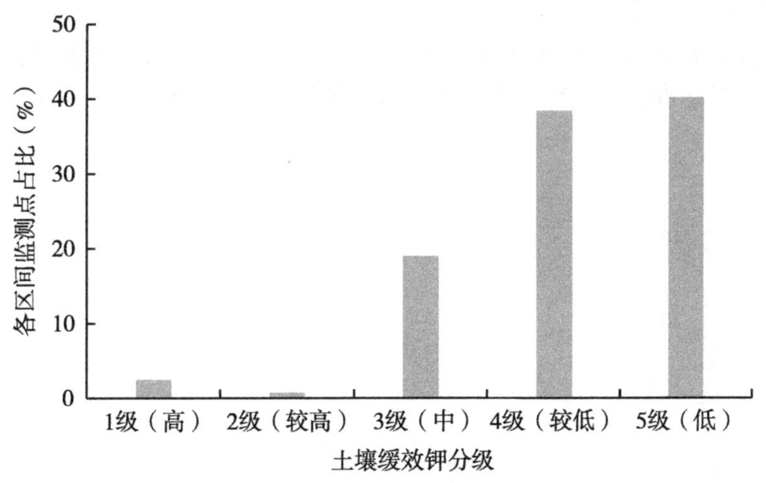

图 3-10　南昌市土壤缓效钾各区间监测点占比

（六）土壤 pH 现状及演变趋势

1. 土壤 pH 现状

2016—2022 年，南昌市耕地质量监测数据分析结果表明（图 3-11），土壤 pH 有效监测点数 377 个，平均值为 5.26，处于 3 级（中）水平，其中水田土壤 pH 平均值为 5.26，旱地土壤 pH 平均值为 5.22。2016—2022 年，南昌市水田土壤 pH 表现为增加。与 2016 年相比，2022 年水田的土壤 pH 增加 0.04 个单位；与土壤 pH 平均值比较，2022 年水田土壤 pH 增加 0.02 个单位。南昌市旱地土壤 pH 表现为增加。与 2016 年相比，2022 年南昌市旱地土壤 pH 增加 0.11 个单位；与 pH 平均值比较，2022 年南昌市旱地土壤 pH 增加 0.05 个单位。

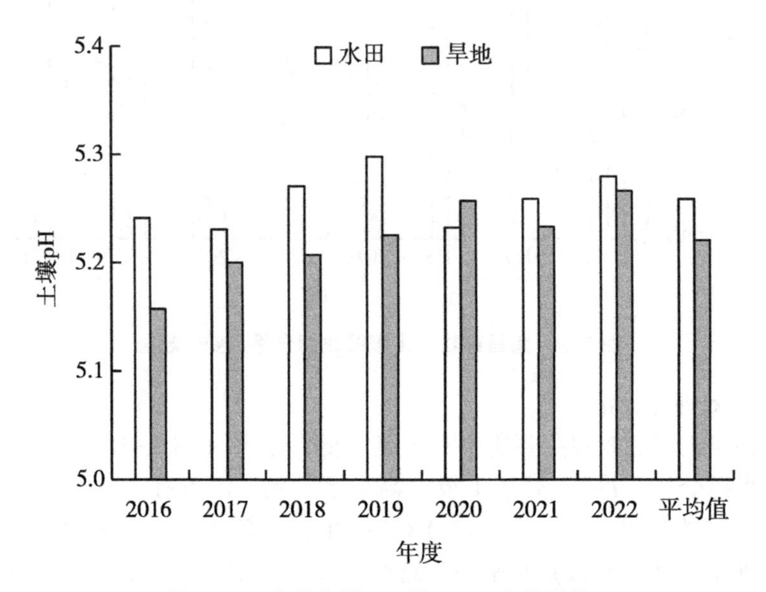

图 3-11　南昌市耕层土壤 pH 及变化趋势

2. 土壤 pH 分级情况

南昌市耕层土壤 pH 主要集中在 3 级（中）水平（图 3-12）。根据《江西省耕地质量监测指标分级标准》，处于 1 级（高）水平的监测点有 15 个，占 4.0%；处于 2 级

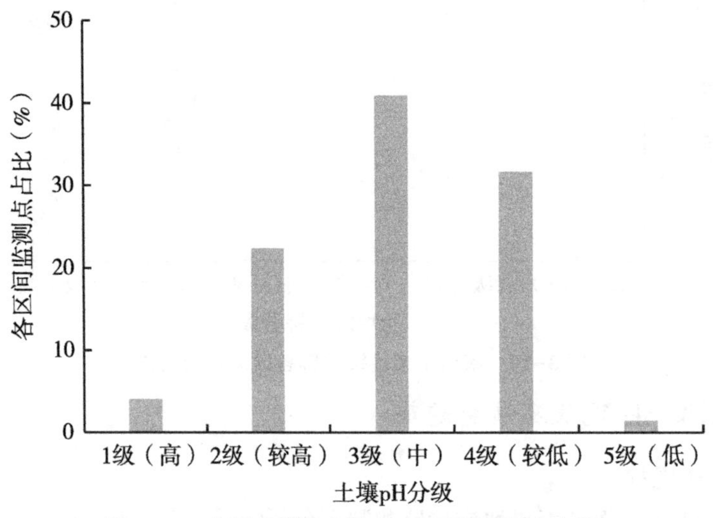

图 3-12　南昌市耕层土壤 pH 各区间监测点占比

（较高）水平的监测点有 84 个，占 22.3%；处于 3 级（中）水平的监测点有 154 个，占 40.8%；处于 4 级（较低）水平的监测点有 119 个，占 31.6%；处于 5 级（低）水平的监测点有 5 个，占 1.3%。

（七）土壤耕层厚度现状及演变趋势

1. 土壤耕层厚度现状

2016—2022 年，南昌市耕地质量监测数据分析结果表明（图 3-13），土壤耕层厚度有效监测点数 350 个，平均值为 21.4 cm，处于 1 级（高）水平，其中水田耕层厚度平均值为 21.5 cm，旱地耕层厚度平均值为 21.2 cm。2016—2022 年，南昌市水田土壤耕层厚度表现为增加，年增幅为 0.16 cm。与 2016 年相比，2022 年水田耕层厚度增加 5.1%；与耕层厚度平均值比较，2022 年水田耕层厚度增加 3.2%。南昌市旱地土壤耕层厚度表现为增加，年增幅为 0.37 cm。与 2016 年相比，2022 年南昌市旱地土壤耕层厚度增加 11.8%；与耕层厚度平均值比较，2022 年南昌市旱地土壤耕层厚度增加 4.3%。

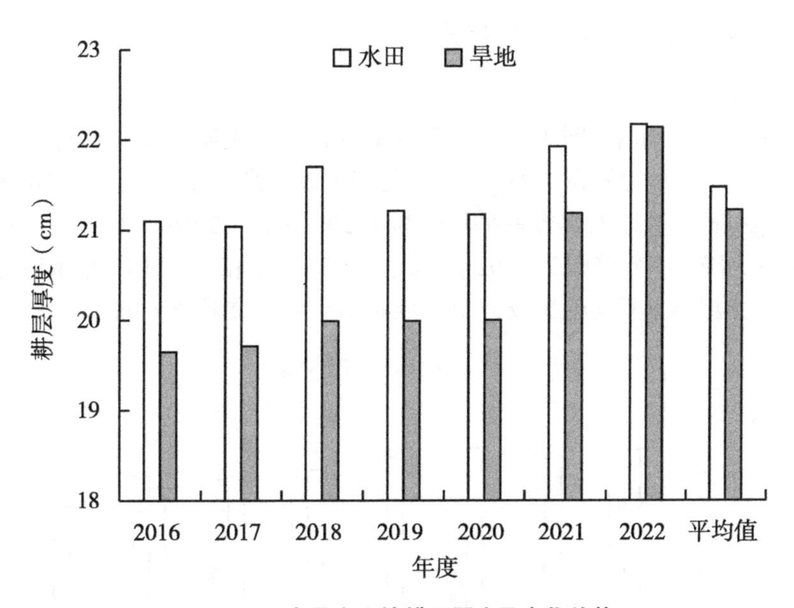

图 3-13　南昌市土壤耕层厚度及变化趋势

2. 土壤耕层厚度分级情况

土壤耕层厚度主要集中在 2 级（较高）水平（图 3-14）。根据《江西省耕地质量监测指标分级标准》，处于 1 级（高）水平的监测点有 150 个，占 42.9%；处于 2 级（较高）水平的监测点有 164 个，占 46.8%；处于 3 级（中）水平的监测点有 36 个，占 10.3%；无处于 4 级（较低）、5 级（低）水平的监测点。

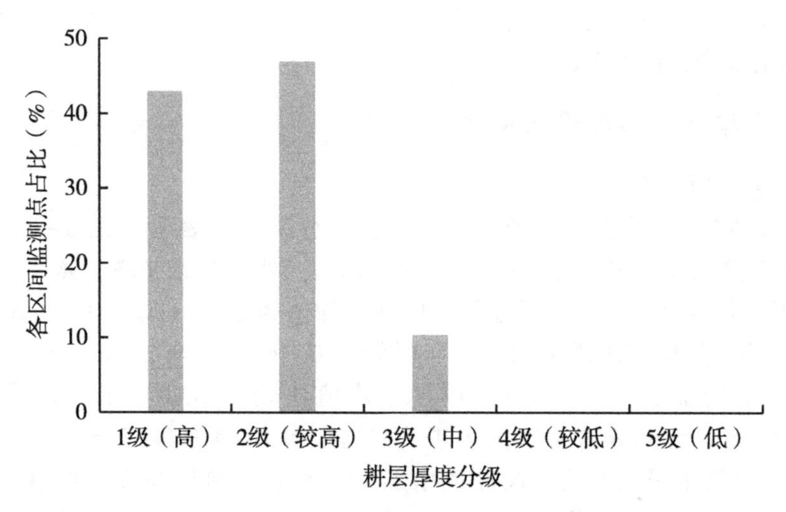

图 3-14　南昌市土壤耕层厚度各区间监测点占比

（八）土壤容重现状及演变趋势

1. 土壤容重现状

2016—2022 年，南昌市耕地质量监测数据分析结果表明（图 3-15），土壤容重有效监测点数 347 个，平均值为 1.22 g/cm³，处于 1 级（高）水平，其中水田土壤容重平均值为 1.22 g/cm³，旱地土壤容重平均值为 1.20 g/cm³。2016—2022 年，南昌市水田土壤容重表现为降低，年降幅为 0.02 g/cm³。与 2016 年相比，2022 年水田土壤容重降低 11.0%；与土壤容重平均值比较，2022 年水田土壤容重下降 7.4%。南昌市旱地土壤

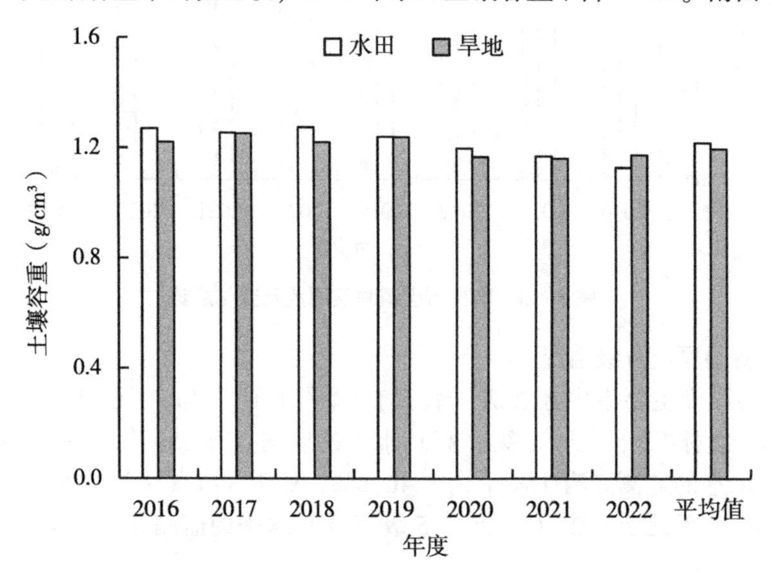

图 3-15　南昌市耕层土壤容重及变化趋势

容重表现为降低，年降幅为 0.01 g/cm^3。与 2016 年相比，2022 年南昌市耕层的土壤容重降低 3.7%；与土壤容重平均值比较，2022 年南昌市耕层土壤容重降低 1.9%。

2. 土壤容重分级情况

根据《江西省耕地质量监测指标分级标准》，南昌市耕层土壤容重主要集中在 1 级（高）水平（图 3-16）。处于 1 级（高）水平的监测点有 170 个，占 48.9%；处于 2 级（较高）水平的监测点有 103 个，占 29.7%；处于 3 级（中）水平的监测点有 54 个，占 15.6%；处于 4 级（较低）水平的监测点有 20 个，占 5.8%；处于 5 级（低）水平的监测点有 0 个，占 0%。

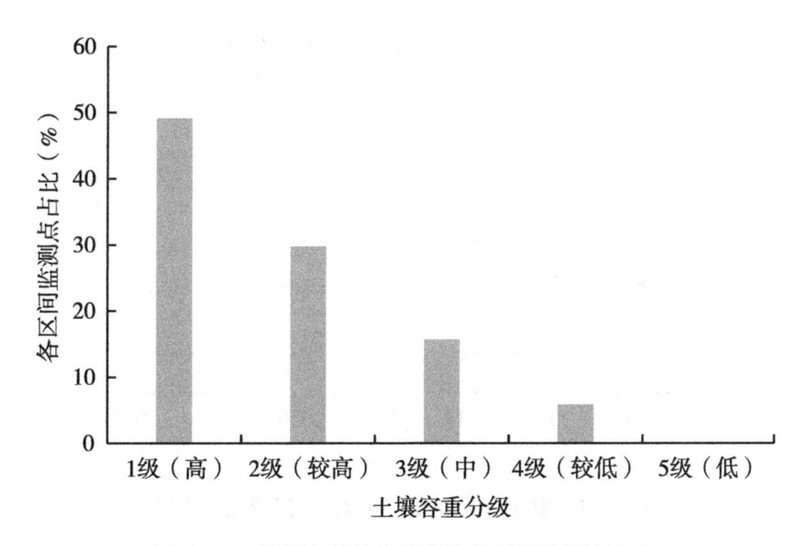

图 3-16　南昌市耕层土壤容重各区间监测点占比

二、肥料投入与利用情况

（一）肥料投入现状

南昌市区监测点肥料投入总量（折纯，下同）平均值 636.6 kg/hm^2，其中，有机肥投入量 150.1 kg/hm^2，化肥投入量 486.5 kg/hm^2，有机肥和化肥之比为 1∶3.2。肥料总投入中氮肥（N）投入 236.0 kg/hm^2，磷肥（P_2O_5）投入 133.0 kg/hm^2，钾肥（K_2O）投入 253.5 kg/hm^2，投入量依次为肥料钾>肥料氮>肥料磷，氮∶磷∶钾为 1∶0.56∶1.07。其中，化肥投入中氮肥（N）投入 185.2 kg/hm^2，磷肥（P_2O_5）投入 116.3 kg/hm^2，钾肥（K_2O）投入 185.0 kg/hm^2，投入量依次为肥料氮>肥料钾>肥料磷，氮∶磷∶钾为 1∶0.63∶1。

（二）主要粮食作物肥料投入和产量变化趋势

1. 早稻肥料投入和产量变化趋势

2016—2022 年，南昌市区监测点早稻肥料总投入量呈波动下降趋势，2022 年早稻肥料总投入量为 584. 6 kg/hm^2，比 2016 年降低 47. 0 kg/hm^2，下降了 7. 4%，年际波动范围为 584. 6~633. 4 kg/hm^2。

其中，化肥投入量呈波动下降趋势，2022 年早稻化肥投入量为 417. 4 kg/hm^2，比 2016 年降低 43. 6 kg/hm^2，下降了 9. 5%，年际波动范围为 417. 4~462. 8 kg/hm^2；有机肥投入量总体水平较低，2016—2020 年平均投入水平为 168. 2 kg/hm^2，远低于化肥投入水平（平均值 456. 3 kg/hm^2）。有机肥料占总投入的比重为 26. 6%~28. 6%，平均为 26. 9%（图 3-17），近些年呈现缓慢下降后缓慢上升最后持续下降的趋势。

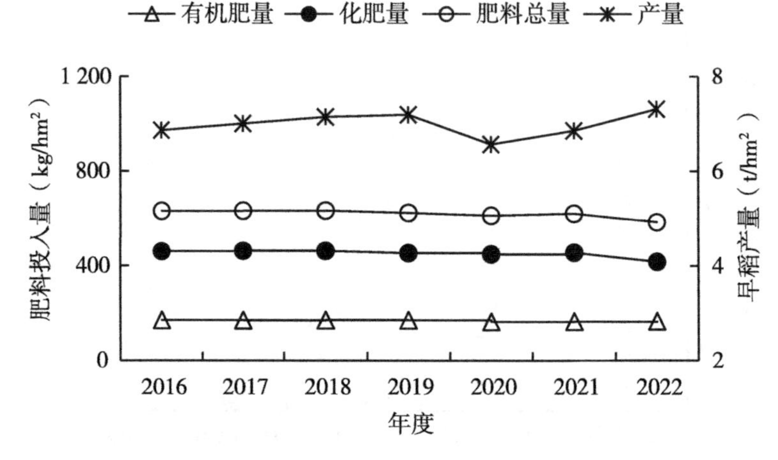

图 3-17 南昌市区早稻肥料投入与产量变化趋势

2016—2022 年，南昌市区早稻产量为 6. 6~7. 3 t/hm^2，波动幅度较小，早稻产量呈现先上升后下降最后上升趋势，2022 年水稻产量为 7. 3 t/hm^2。另外，比较分析 2016—2022 年南昌市区肥料投入与早稻产量之间关系，两者相关性不高。

2. 中稻肥料投入和产量变化趋势

2016—2022 年，南昌市区监测点中稻肥料总投入量呈波动下降趋势，2022 年中稻肥料总投入量为 497. 5 kg/hm^2，比 2016 年降低 32. 0 kg/hm^2，下降了 6. 0%，年际波动范围为 497. 5~541. 7 kg/hm^2。

其中，化肥投入量呈现先上升后快速下降趋势，2022 年中稻化肥投入量为 375. 4 kg/hm^2，比 2016 年降低 20. 2 kg/hm^2，下降了 5. 1%，年际波动范围为 375. 4~405. 0 kg/hm^2；有机肥投入量总体水平较低，2016—2022 年平均投入水平为 131. 9 kg/hm^2，远低于化肥投入水平（平均值 390. 2 kg/hm^2）。有机肥料占总投入的比重为 24. 7%~26. 3 %，平均为 25. 3%（图 3-18），近些年呈波动下降趋势。

2016—2022 年，南昌市区中稻产量为 7. 84~8. 37 t/hm^2，波动幅度较小，水稻产量呈现先上升后下降最后上升趋势，2022 年水稻产量为 8. 07 t/hm^2。另外，比较分析 2016—2022 年南昌市区肥料投入与中稻产量之间关系，两者相关性不高。

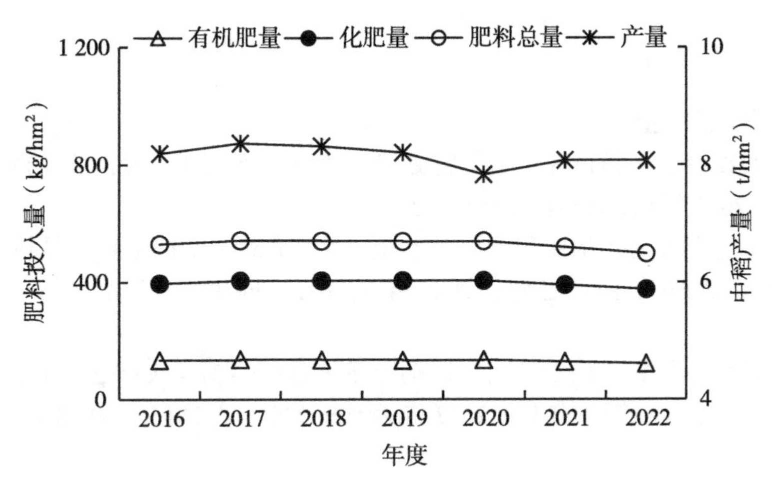

图 3-18　南昌市区中稻肥料投入与产量变化趋势

3. 晚稻肥料投入和产量变化趋势

2016—2022 年，南昌市区监测点晚稻肥料总投入量呈波动下降趋势，2022 年水稻肥料总投入量为 912.2 kg/hm^2，比 2016 年降低 20.7 kg/hm^2，下降了 2.2%，年际波动范围为 893.7~934.9 kg/hm^2。

其中，化肥投入量呈现先下降后上升的趋势，2022 年晚稻化肥投入总量为 717.1 kg/hm^2，比 2016 年降低 24.0 kg/hm^2，下降了 3.2%，年际波动范围为 698.1~741.1 g/hm^2；有机肥投入量总体水平较低，2016—2022 年平均投入水平为 196.8 kg/hm^2，远低于化肥投入水平（平均值 725.2 kg/hm^2）。有机肥料占总投入的比重为 20.7%~21.9%，平均值为 21.3%（图 3-19），近些年呈波动上升的趋势。

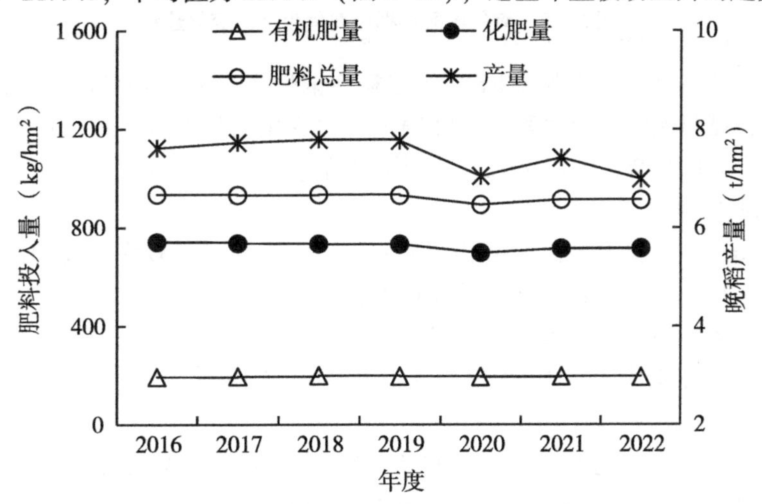

图 3-19　南昌市区晚稻肥料投入与产量变化趋势

2016—2022 年，南昌市区晚稻产量为 6.99~7.99 t/hm^2，波动幅度较大，晚稻产量呈波动下降趋势，2022 年晚稻产量为 6.99 t/hm^2。另外，比较分析 2016—2022 年南昌市区肥料投入与晚稻产量之间关系，两者相关性很高。

（三）偏生产力

1. 早稻肥料偏生产力

2016—2022 年，南昌市区早稻肥料氮偏生产力变化幅度较大，波动范围为 24.7～27.4 kg/kg，2022 年比 2016 年上升了 8.3%。

肥料磷偏生产力变化幅度很大，波动范围为 55.5～61.9 kg/kg，具体变化情况为 2016—2022 年呈波动上升趋势，2022 年达 61.6 kg/kg，相比 2016 年上升幅度为 10.2%。

肥料钾偏生产力变化幅度较大，波动范围为 29.2～31.4 kg/kg，具体变化情况为 2016—2022 年呈波动上升的趋势，2022 年达到最高峰，比 2016 年的 28.8 kg/kg 增加了 9.3%（图 3-20）。

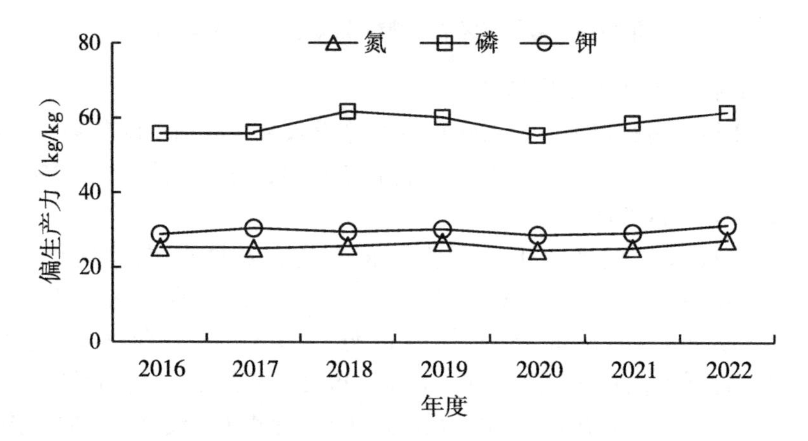

图 3-20　南昌市区早稻肥料偏生产力变化趋势

南昌市区总体上，肥料磷偏生产力>肥料钾偏生产力>肥料氮偏生产力，三者变化幅度都较大，肥料氮偏生产力和肥料钾偏生产力变化趋势大体一致，2022 年以来，三者均是波动上升的趋势，均在 2022 年达到最高值。

2. 中稻肥料偏生产力

2016—2022 年，南昌市区中稻肥料氮偏生产力变化幅度较大，波动范围为 35.6～42.3 kg/kg，2022 年比 2016 年上升了 10.4%。

肥料磷偏生产力变化幅度较大，波动范围为 81.6～88.5 kg/kg，具体变化情况为 2016—2020 年呈下降趋势，2020 年达最低值（81.6 kg/kg），之后呈现上升的趋势，2022 年达 100.7 kg/kg，与 2016 年持平。

肥料钾偏生产力变化幅度较大，波动范围为 45.0～47.4 kg/kg，具体变化情况为 2016—2022 年呈波动上升趋势，2022 年为 47.4 kg/kg，比 2016 年的 46.7 kg/kg 增加了 1.4%（图 3-21）。

南昌市区总体上，肥料磷偏生产力>肥料钾偏生产力>肥料氮偏生产力，三者变化幅度都较大，肥料氮偏生产力和肥料磷偏生产力变化趋势大体一致，2022 年以来，肥料氮偏生产力和肥料磷偏生产力先下降后上升，肥料钾偏生产力则是呈波动上升趋势，

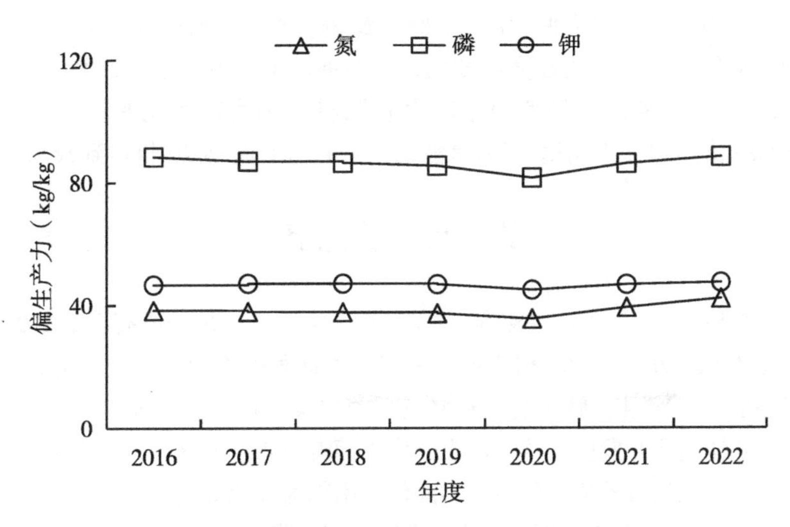

图 3-21　南昌市区中稻肥料偏生产力变化趋势

肥料氮偏生产力和肥料钾偏生产力在 2022 年达到最大值。

3. 晚稻肥料偏生产力

2016—2022 年，南昌市区晚稻肥料氮偏生产力变化幅度较小，波动范围为 30. 2～34. 5 kg/kg，2022 年和 2016 年相比基本保持不变。

肥料磷偏生产力变化幅度很大，波动范围为 65. 0～69. 8 kg/kg，具体变化情况为 2016—2022 年呈波动下降趋势，2018 年达最高值 69. 8 kg/kg，2022 年为 65. 0 kg/kg，相比 2016 年下降幅度为 4. 0%。

肥料钾偏生产力变化幅度较大，波动范围为 43. 4～44. 3 kg/kg，具体变化情况为 2016—2022 年呈波动下降趋势，2022 年为 43. 4 kg/kg，比 2016 年的 44. 0 kg/kg 减少了 1. 4%（图 3-22）。

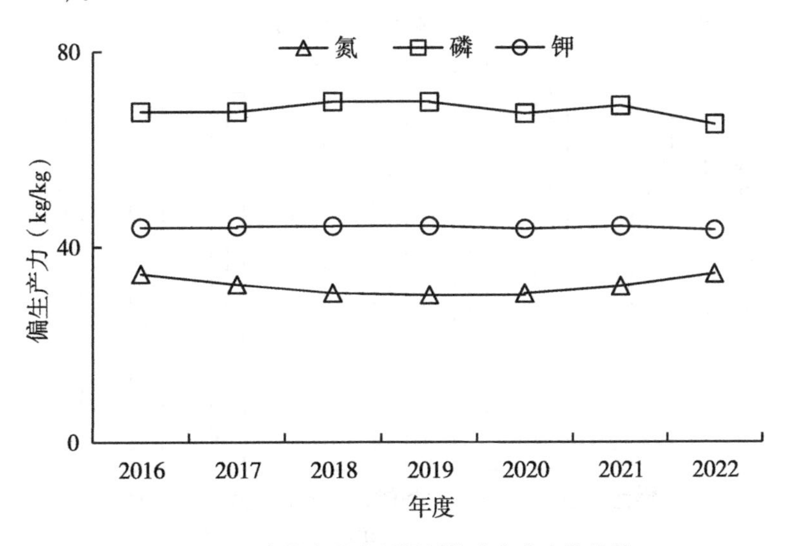

图 3-22　南昌市区晚稻肥料偏生产力变化趋势

南昌市区总体上，肥料磷偏生产力>肥料氮偏生产力>肥料钾偏生产力，肥料钾偏生产力和肥料磷偏生产力变化幅度都较大，肥料钾偏生产力和肥料磷偏生产力变化趋势大体一致，2016 年以来，肥料钾偏生产力和肥料磷偏生产力均是波动下降趋势，在 2022 年达到最低值，肥料钾偏生产力呈波动上升趋势，在 2020 年达到最高峰。

第二节　九江市

九江市，简称“浔”，古称“柴桑”“江州”“浔阳”，是一座有着 2 200多年历史的江南名城。九江市总面积19 084. 61 km^2，占江西省总面积的 11. 3%。九江市下辖浔阳区、濂溪区、柴桑区、武宁县、修水县、永修县、德安县、都昌县、湖口县、彭泽县、瑞昌市，庐山市、九江经济开发区、共青城市、庐山西海风景名胜区、八里湖新区和鄱阳湖生态科技城管委会。九江市地势东西高、中间低，南部偏高而向北倾斜，全市属亚热带季风气候，四季分明，气候温和，光照充足，热量丰富，降水充沛。2022 年江西省土地利用现状统计资料表明，九江市耕地面积 394. 09 万亩，其中水田面积 254. 81 万亩、水浇地面积0. 31 万亩、旱地面积 138. 97 万亩。九江市共有耕地质量监测点 57 个，其中国家级监测点 8 个、省级监测点 49 个，主要分布在柴桑区、濂溪区、德安县、共青城市、永修县、瑞昌县、武宁县、修水县、庐山市、湖口县、彭泽县和都昌县。

一、耕地质量主要现状

（一）土壤有机质现状及演变趋势

1. 土壤有机质现状

2016—2022 年，九江市耕地质量监测数据分析结果表明（图 3-23），土壤有机质

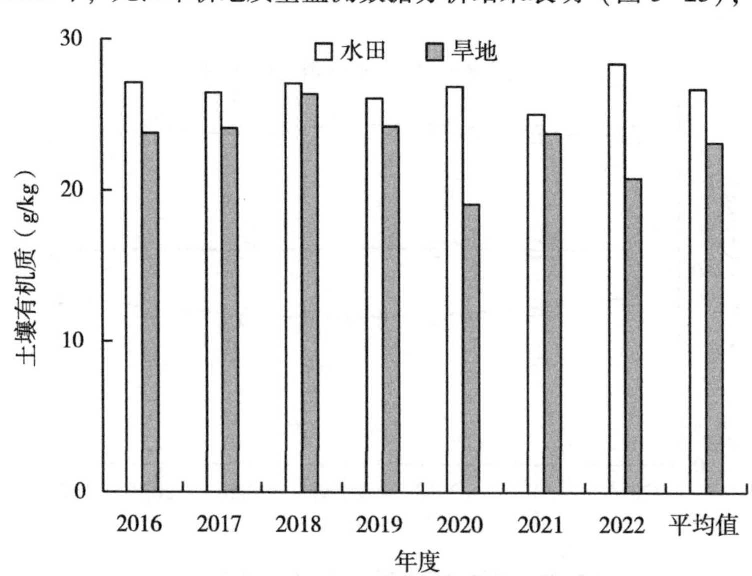

图 3-23　九江市耕层土壤有机质含量及变化趋势

含量有效监测点数435个，平均含量26.5 g/kg，处于3级（中）水平，其中水田土壤有机质平均含量26.7 g/kg，旱地土壤有机质平均含量是23.2 g/kg。2016—2022年，九江市水田土壤有机质表现为缓慢增加，年增幅为0.03 g/kg。与2016年相比，2022年水田土壤有机质含量增加4.7%；与土壤有机质平均值比较，2022年水田土壤有机质含量降低6.2%。九江市旱地土壤有机质表现为降低，年降幅为0.60 g/kg。与2016年相比，2022年九江市旱地土壤有机质含量降低12.5%；与土壤有机质平均值比较，2022年九江市旱地土壤有机质含量降低10.2%。

2. 土壤有机质分级情况

据《江西省耕地质量监测指标分级标准》，九江市耕层土壤有机质含量主要集中在3级（中）水平（图3-24）。处于1级（高）水平的监测点有26个，占6.0 %；处于2级（较高）水平的监测点有91个，占20.9%；处于3级（中）水平的监测点有220个，占50.5%；处于4级（较低）水平的监测点有96个，占22.1%；处于5级（低）水平的监测点有2个，占0.5%。

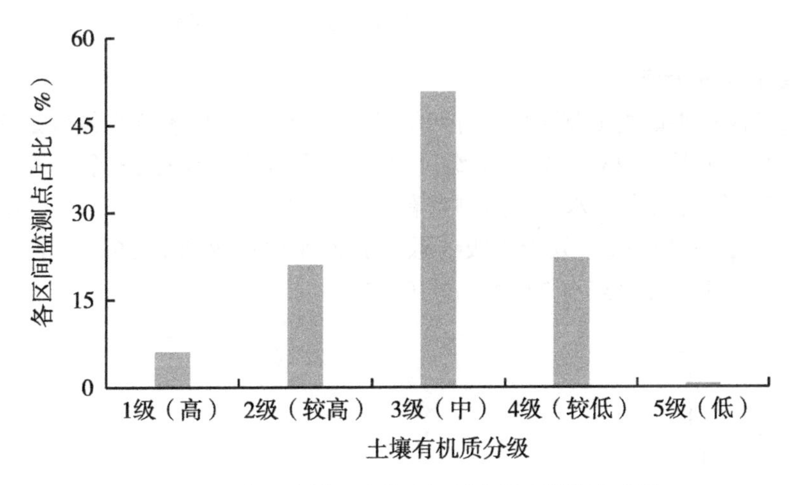

图3-24　九江市耕层土壤有机质各区间监测点占比

（二）土壤全氮现状及演变趋势

1. 土壤全氮现状

2016—2022年，九江市耕地质量监测数据分析结果表明（图3-25），土壤全氮含量有效监测点数220个，平均含量1.62 g/kg，处于2级（较高）水平，其中水田土壤全氮平均含量1.60 g/kg，旱地土壤全氮平均含量1.21 g/kg。2016—2022年，九江市水田土壤全氮表现为降低，年降幅为0.02 g/kg。与2016年相比，2022年水田土壤全氮含量降低4.5%；与全氮平均值比较，2022年水田土壤全氮含量降低4.5%。九江市旱地土壤全氮表现为先升高后降低趋势。与2016年相比，2022年九江市旱地土壤全氮含量增加10.3%；与土壤全氮平均值比较，2022年九江市旱地土壤全氮含量降低0.01%。

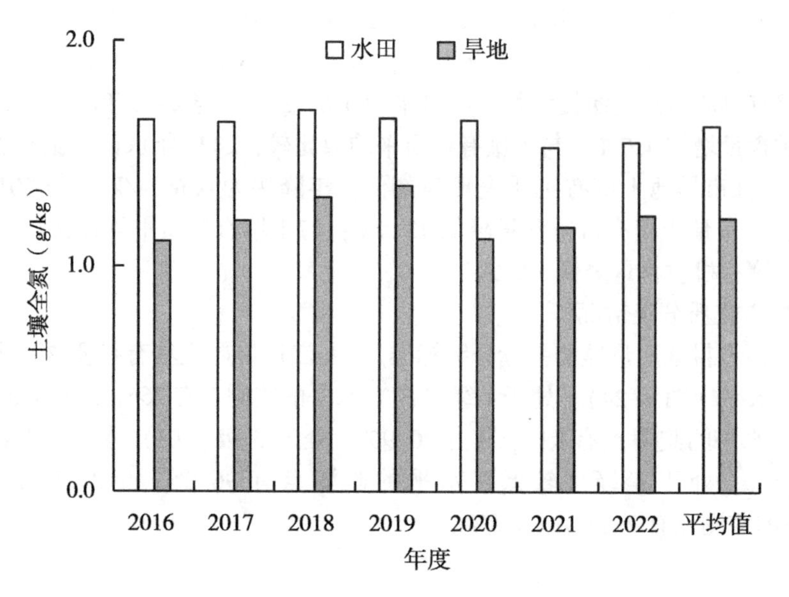

图 3-25　九江市耕层土壤全氮含量及变化趋势

2. 土壤全氮分级情况

根据《江西省耕地质量监测指标分级标准》，九江市耕层土壤全氮含量主要集中在 3 级（中）水平（图 3-26）。处于 1 级（高）水平的监测点有 23 个，占监测点总数 10.5%；处于 2 级（较高）水平的监测点有 55 个，占 25.0%；处于 3 级（中）水平的监测点有 64 个，占 29.0%；处于 4 级（较低）水平的监测点有 56 个，占 25.5%；处于 5 级（低）水平的监测点有 22 个，占 10.0%。

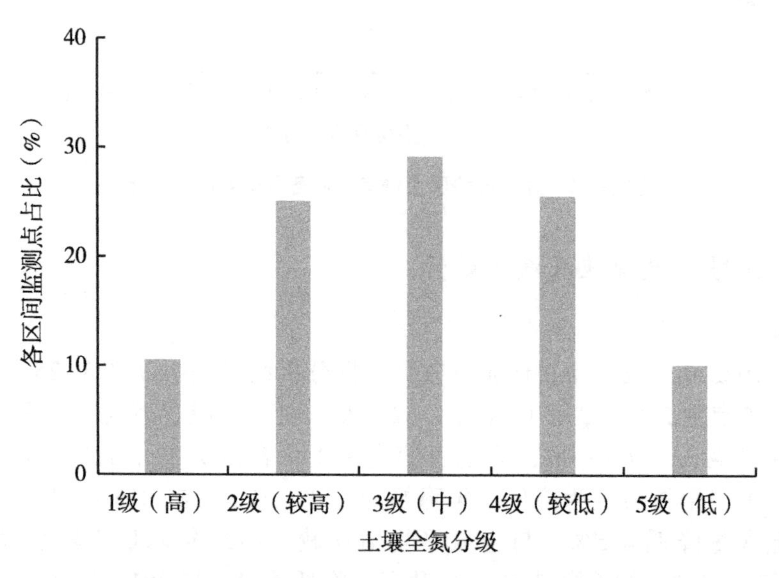

图 3-26　九江市耕层土壤全氮各区间监测点占比

（三）土壤有效磷现状及演变趋势

1. 土壤有效磷现状

2016—2022 年，九江市耕地质量监测数据分析结果表明（图 3-27），土壤有效磷含量有效监测点数 432 个，平均含量 19.7 mg/kg，处于 3 级（中）水平，其中水田土壤有效磷平均含量 19.3 mg/kg，旱地土壤有效磷平均含量 27.5 mg/kg。2016—2022 年，九江市水田土壤有效磷表现为降低，年降幅为 0.72 mg/kg。与 2016 年相比，2022 年水田土壤有效磷含量降低 23.3%；与有效磷平均值比较，2022 年水田土壤有效磷含量降低 19.1%。九江市旱地土壤有效磷表现为增加，年增幅为 1.05 mg/kg。与 2016 年相比，2022 年九江市旱地土壤有效磷含量增加 22.9%；与土壤有效磷平均值比较，2022 年九江市旱地土壤有效磷含量增加 13.5%。

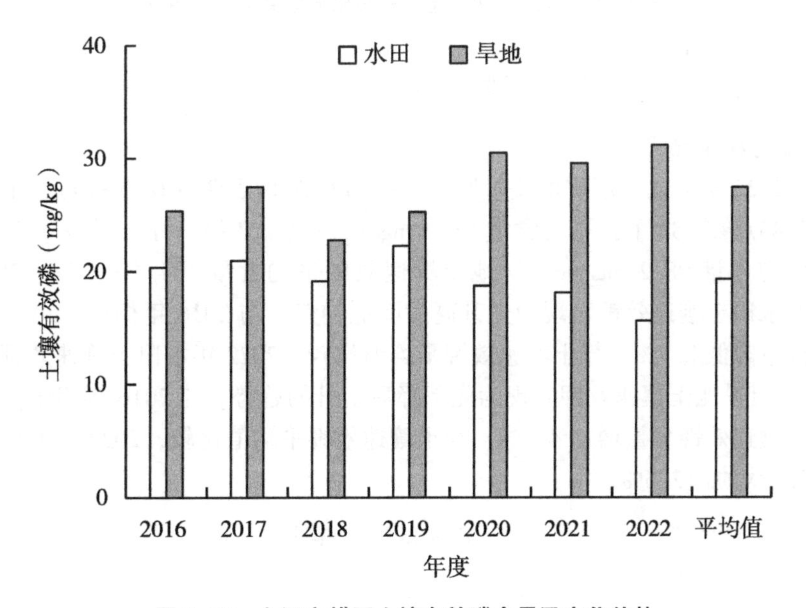

图 3-27　九江市耕层土壤有效磷含量及变化趋势

2. 土壤有效磷分级情况

根据《江西省耕地质量监测指标分级标准》，九江市耕层土壤有效磷含量主要集中在 3 级（中）水平（图 3-28）。处于 1 级（高）水平的监测点有 40 个，占 9.3%；处于 2 级（较高）水平的监测点有 123 个，占 28.5%；处于 3 级（中）水平的监测点有 146 个，占 33.7%；处于 4 级（较低）水平的监测点有 95 个，占 22.0%；处于 5 级（低）水平的监测点有 28 个，占 6.5%。

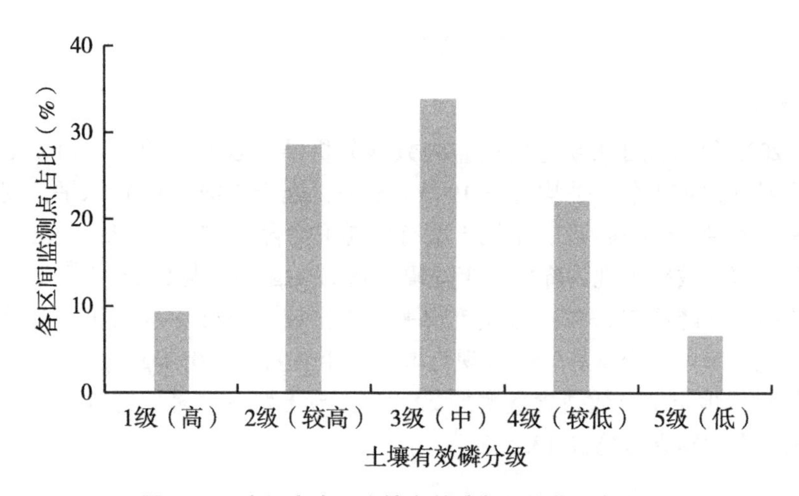

图 3-28　九江市水田土壤有效磷各区间监测点占比

（四）土壤速效钾现状及演变趋势

1. 土壤速效钾现状

2016—2022 年，九江市耕地质量监测数据分析结果表明（图 3-29），土壤速效钾含量有效监测点数 582 个，平均含量 98.5 mg/kg，处于 3 级（中）水平，其中水田土壤速效钾平均含量 98.2 mg/kg，旱地土壤速效钾平均含量 104.4 mg/kg。2016—2022年，九江市水田土壤速效钾表现为先升高后降低趋势。与 2016 年相比，2022 年水田土壤速效钾含量降低 2.7%；与土壤速效钾平均值比较，2022 年水田土壤速效钾含量降低 4.4%。九江市旱地土壤速效钾表现为先下降后上升的趋势。与 2016 年相比，2022 年九江市旱地土壤速效钾含量增加 4.8%；与土壤速效钾平均值比较，2022 年九江市旱地土壤速效钾含量增加 12.6%。

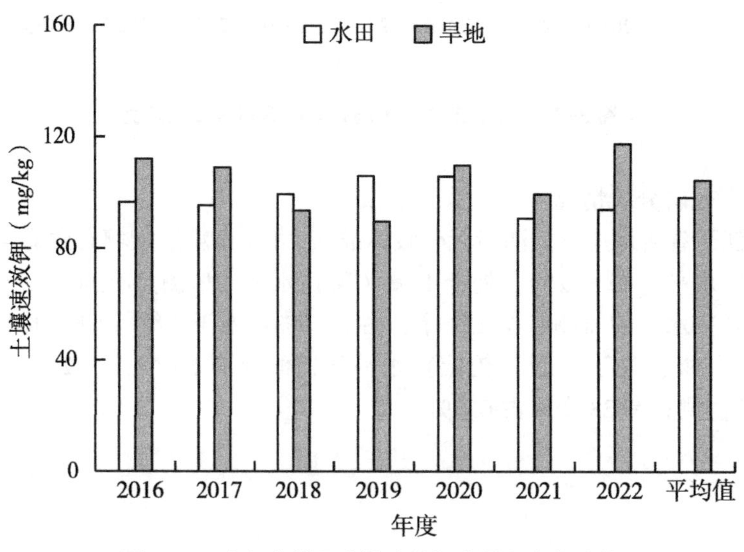

图 3-29　九江市耕层土壤速效钾含量及变化趋势

2. 土壤速效钾分级情况

根据《江西省耕地质量监测指标分级标准》，九江市耕层土壤速效钾含量主要集中在2级（高）水平（图3-30）。处于1级（高）水平的监测点有21个，占监测点总数3.6%；处于2级（较高）水平的监测点有253个，占43.5%；处于3级（中）水平的监测点有142个，占24.4%；处于4级（较低）水平的监测点有148个，占25.4%；处于5级（低）水平的监测点有18个，占3.1%。

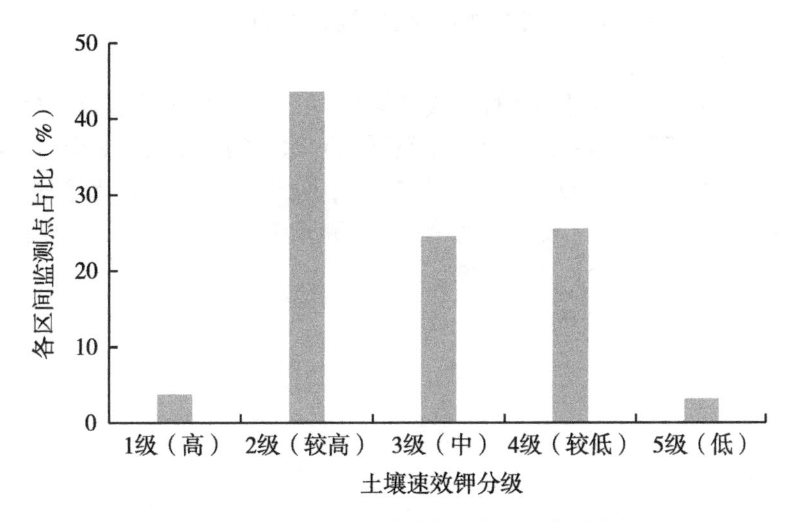

图3-30　九江市水田土壤速效钾各区间监测点占比

（五）土壤缓效钾现状及演变趋势

1. 土壤缓效钾现状

2016—2022年，九江市耕地质量监测数据分析结果表明（图3-31），土壤缓效钾

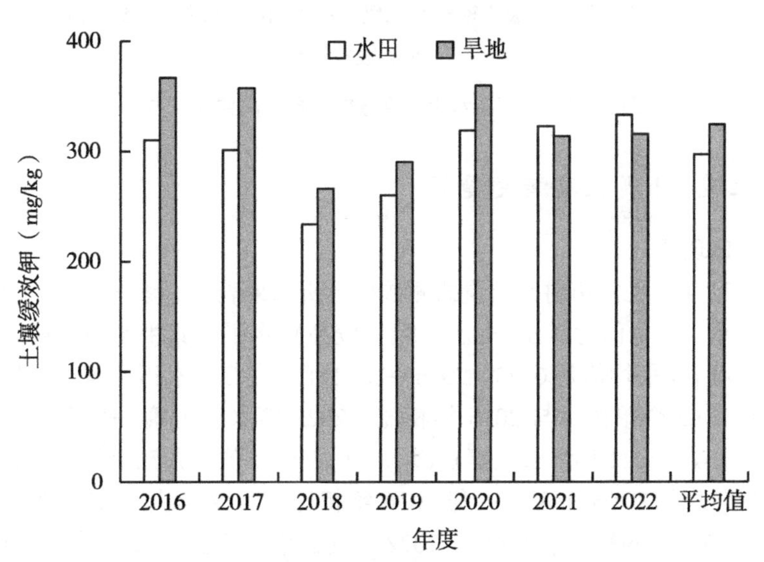

图3-31　九江市耕层土壤缓效钾含量及变化趋势

含量有效监测点数169个，平均含量298.2 mg/kg，处于4级（较低）水平，其中水田土壤缓效钾平均含量296.8 mg/kg，旱地土壤缓效钾平均含量323.9 mg/kg。2016—2022年，九江市水田土壤缓效钾表现为先降低后上升的趋势。与2016年相比，2022年水田土壤缓效钾含量增加7.3%；与土壤缓效钾平均值比较，2022年水田土壤缓效钾含量降低4.3%。九江市旱地土壤缓效钾表现为先降低后上升的趋势。与2016年相比，2022年九江市旱地土壤缓效钾含量降低4.8%；与土壤缓效钾平均值比较，2022年九江市旱地土壤缓效钾含量增加12.6%。

2. 土壤缓效钾分级情况

根据《江西省耕地质量监测指标分级标准》，九江市耕层土壤缓效钾含量主要集中在4级（较低）水平（图3-32）。处于1级（高）水平的监测点有8个，占4.8%；处于2级（较高）水平的监测点有9个，占5.3%；处于3级（中）水平的监测点有29个，占17.4%；处于4级（较低）水平的监测点有89个，占53.3%；处于5级（低）水平的监测点有32个，占19.2%。

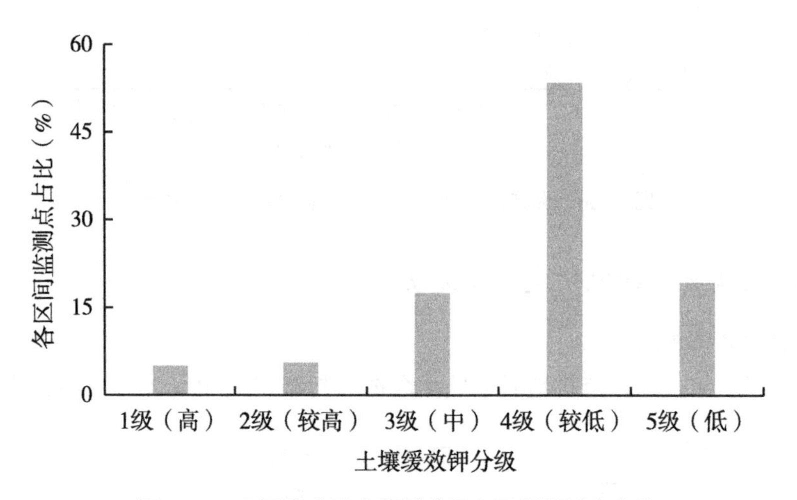

图3-32　九江市水田土壤缓效钾各区间监测点占比

（六）土壤pH现状及演变趋势

1. 土壤pH现状

2016—2022年，九江市耕地质量监测数据分析结果表明（图3-33），土壤pH有效监测点数432个，平均值为5.8，处于2级（较高）水平，其中水田土壤pH平均值是5.72，旱地土壤pH平均值是6.23。2016—2022年，九江市水田土壤pH表现为增加趋势，每年增加0.05个单位。与2016年相比，2022年水田土壤pH增加0.22个单位；与pH平均值比较，2022年水田土壤pH增加0.09个单位。九江市旱地土壤pH表现为增加趋势，每年增加0.08个单位。与2016年相比，2022年九江市旱地土壤pH增加0.50个单位；与土壤pH平均值比较，2022年九江市旱地土壤pH增加0.24个单位。

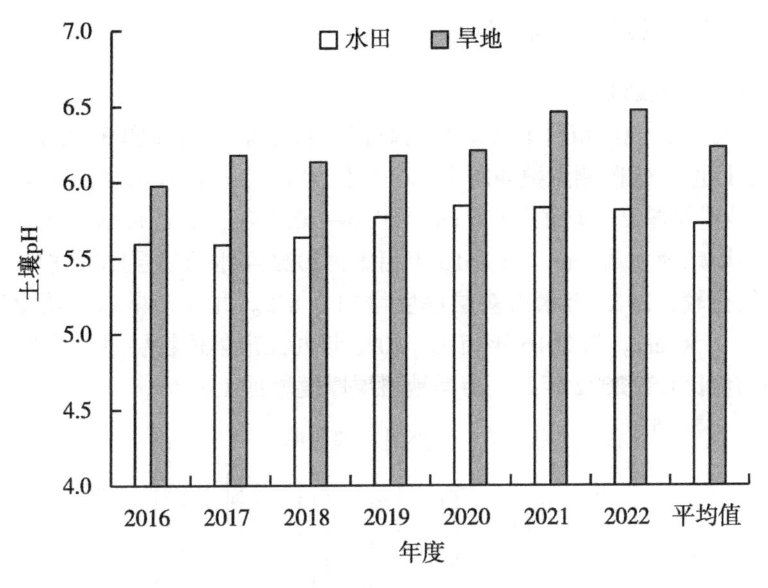

图 3-33　九江市耕层土壤 pH 及变化趋势

2. 土壤 pH 分级情况

根据《江西省耕地质量监测指标分级标准》，九江市耕层土壤 pH 主要集中在 2 级（较高）水平（图 3-34）。处于 1 级（高）水平的监测点有 42 个，占 9.7%；处于 2 级（较高）水平的监测点有 208 个，占 48.1%；处于 3 级（中）水平的监测点有 170 个，占 39.4%；处于 4 级（较低）水平的监测点有 12 个，占 2.8%；无处于 5 级（低）水平的监测点。

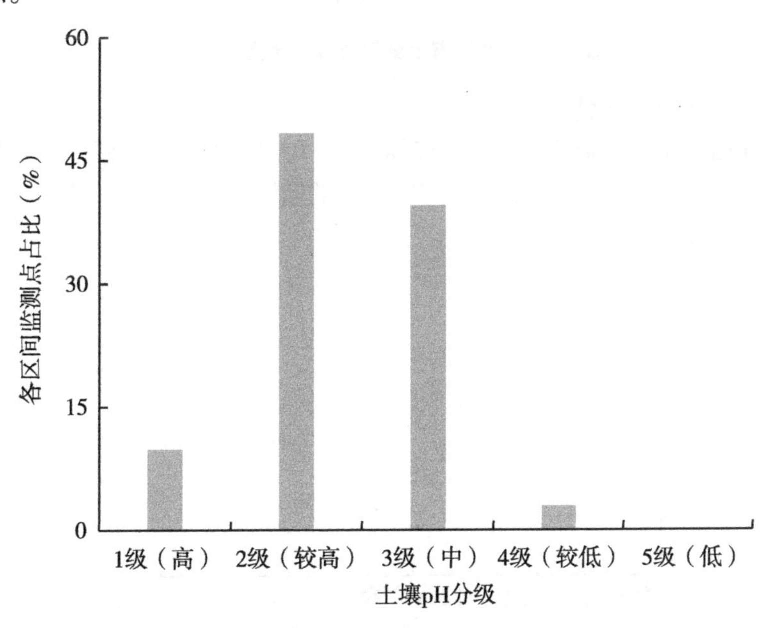

图 3-34　九江市耕层土壤 pH 各区间监测点占比

（七）土壤耕层厚度现状及演变趋势

1. 土壤耕层厚度现状

2016—2022 年，九江市耕地质量监测数据分析结果表明（图 3-35），种植粮食作物的耕地耕层厚度有效监测点数 404 个，平均值为 21. 3 cm，其中水田耕层厚度平均值 21. 2 cm，旱地耕层厚度平均值 21. 6 cm。2016—2022 年，九江市水田土壤耕层厚度表现为增加，年增幅为 0. 08 cm。与 2016 年相比，2022 年水田耕层厚度增加 2. 1%；与耕层厚度平均值比较，2022 年水田耕层厚度增加 0. 8%。九江市旱地耕层厚度表现为增加，年增幅为 0. 50 cm。与 2016 年相比，2022 年九江市旱地耕层厚度增加 17. 5 %；与耕层厚度平均值比较，2022 年九江市旱地耕层厚度增加 13. 5%。

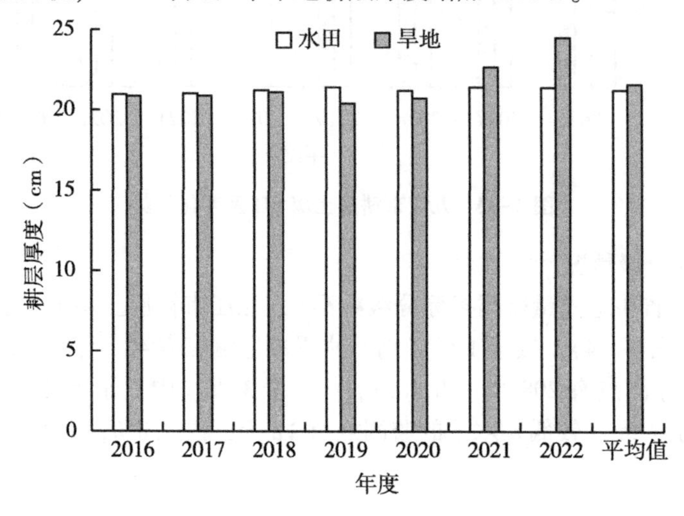

图 3-35　九江市土壤耕层厚度及变化趋势

2. 土壤耕层厚度分级情况

根据《江西省耕地质量监测指标分级标准》，九江市耕地耕层厚度主要集中在 2 级（较高）水平（图 3-36）。处于 1 级（高）水平的监测点有 132 个，占 32. 7%；处于 2

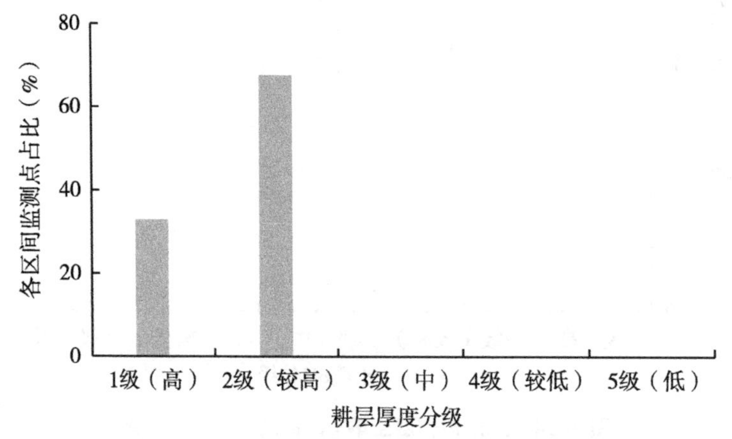

图 3-36　九江市土壤耕层厚度各区间监测点占比

级（较高）水平的监测点有 272 个，占 67.3%；无处于 3 级（中）、4 级（较低）水平、5 级（低）水平的监测点。

（八）土壤容重现状及演变趋势

1. 土壤容重现状

2016—2022 年，九江市耕地质量监测数据分析结果表明（图 3-37），种植粮食作物的耕地土壤容重有效监测点数 157 个，平均值为 1.33 g/cm^3，处于 2 级（较高）水平，其中水田土壤容重平均值为 1.32 g/cm^3，旱地土壤容重平均值为 1.40 g/cm^3。2016—2022 年，九江市水田土壤容重表现为降低，年降幅为 0.020 g/cm^3。与 2016 年相比，2022 年水田土壤容重降低 8.3%；与容重平均值比较，2022 年水田土壤容重降低了 4.2%。九江市旱地土壤容重表现为降低，年降幅为 0.024 g/cm^3。与 2016 年相比，2022 年九江市耕层土壤容重降低 10.1%；与土壤容重平均值比较，2022 年九江市耕层土壤容重降低 4.9%。

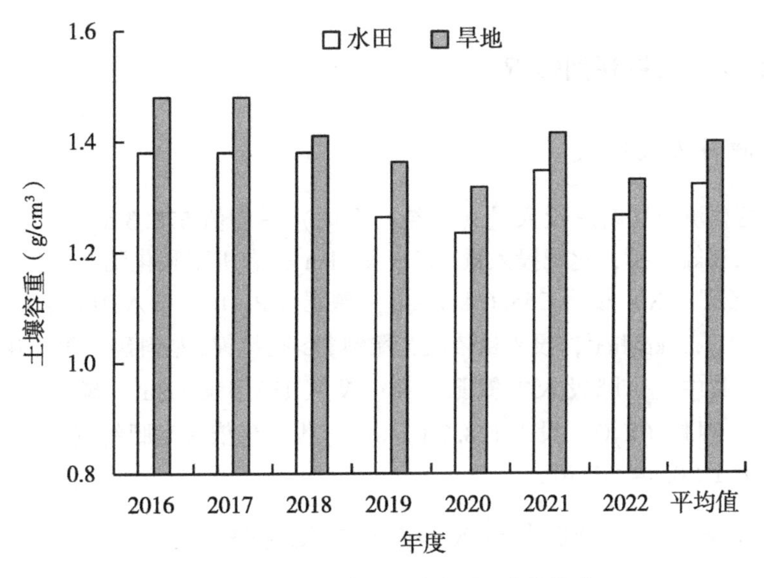

图 3-37　九江市耕层土壤容重及变化趋势

2. 土壤容重分级情况

根据《江西省耕地质量监测指标分级标准》，九江市耕层土壤容重主要集中在 1 级（高）水平（图 3-38）。处于 1 级（高）水平的监测点有 84 个，占监测点总数 53.5%；处于 2 级（较高）水平的监测点有 16 个，占 10.2%；处于 3 级（中）水平的监测点有 38 个，占 24.2%；处于 4 级（较低）水平的监测点有 2 个，占 1.3%；处于 5 级（低）水平的监测点有 17 个，占 10.8%。

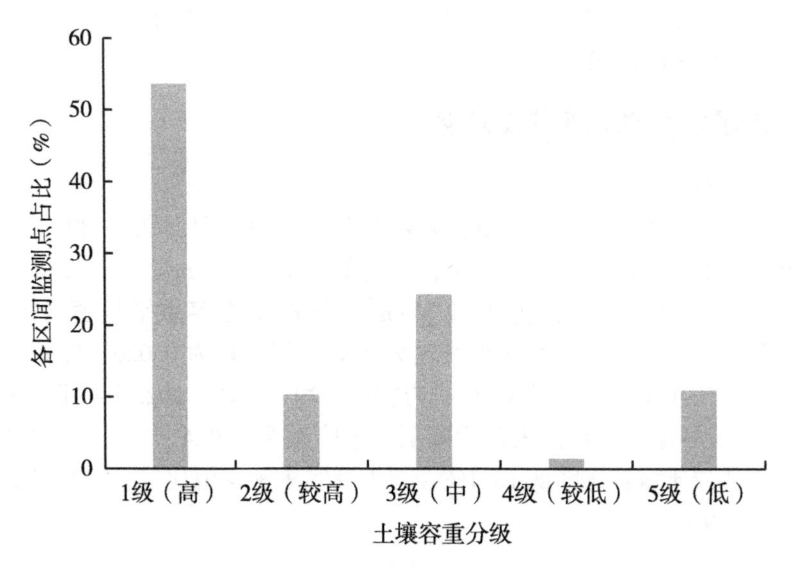

图 3-38　九江市耕层土壤容重各区间监测点占比

二、肥料投入与利用情况

（一）肥料投入现状

九江市区监测点肥料总投入量（折纯，下同）平均值 578.3 kg/hm²，其中，有机肥投入量 182.6 kg/hm²，化肥投入量 395.7 kg/hm²，有机肥和化肥之比为 1：2.17。肥料总投入中氮肥（N）投入 258.6 kg/hm²，磷肥（P_2O_5）投入 108.4 kg/hm²，钾肥（K_2O）投入 211.3 kg/hm²，投入量依次为肥料氮>肥料钾>肥料磷，氮：磷：钾为 1：0.42：0.82。其中，化肥投入中氮肥（N）投入 185.5 kg/hm²，磷肥（P_2O_5）投入 81.5 kg/hm²，钾肥（K_2O）投入 128.7 kg/hm²，投入量依次为肥料氮>肥料钾>肥料磷，氮：磷：钾为 1：0.44：0.70。

（二）主要粮食作物肥料投入和产量变化趋势

1. 早稻肥料投入和产量变化趋势

2016—2022 年，九江市区监测点早稻肥料总投入量呈现先上升后下降再缓慢上升趋势，2022 年早稻肥料总投入量为 602.6 kg/hm²，与 2016 年相比无明显变化，年际波动范围为 582.4~709.8 kg/hm²（图 3-39）。

其中，化肥投入量呈波动下降趋势，2022 年早稻化肥投入量为 440.1 kg/hm²，比 2016 年降低 29.4 kg/hm²，下降了 6.3%，年际波动范围为 419.3~550.5 kg/hm²。

有机肥投入量总体水平较低，平均投入水平为 156.1 kg/hm²，远低于化肥投入水平（平均值 473.3 kg/hm²），近些年呈缓慢上升趋势。

2016—2022 年，九江市区早稻产量为 5.9~6.6 t/hm²，波动幅度较小，早稻产量呈波动上升趋势，2022 年早稻产量为 6.6 t/hm²。另外，比较分析 2016—2022 年九江市市

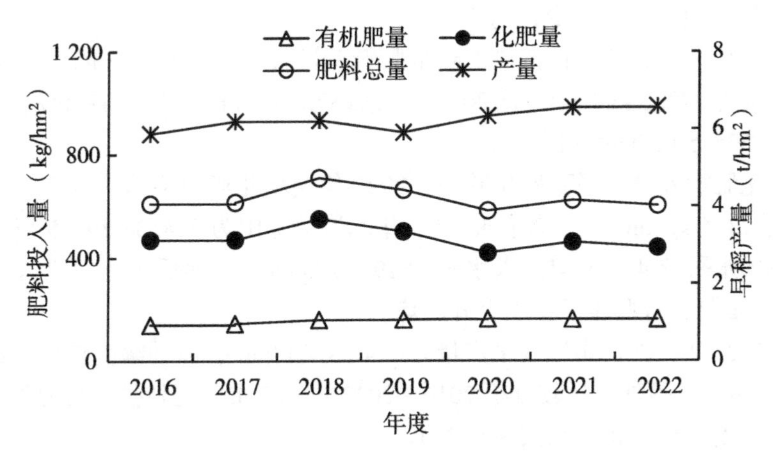

图 3-39　九江市区早稻肥料投入与产量变化趋势

区肥料投入与早稻产量之间关系，两者相关性不高。

2. 中稻肥料投入和产量变化趋势

2016—2022 年，九江市区监测点中稻肥料总投入量呈波动下降趋势，2022 年中稻肥料总投入量为 568.1 kg/hm^2，比 2016 年增加 43.2 kg/hm^2，增幅 8.2%，年际波动范围为 484.0~568.1 kg/hm^2（图 3-40）。

其中，化肥投入量呈波动下降趋势，2022 年中稻化肥投入量为 328.4 kg/hm^2，比 2016 年下降了 33.7 kg/hm^2，降幅 10.3%，年际波动范围为 319.7~362.1 kg/hm^2；有机肥投入量总体水平较低，平均投入水平为 173.7 kg/hm^2，远低于化肥投入水平（平均值 336.5 kg/hm^2），近些年呈现波动上升趋势。

2016—2022 年，九江市区中稻产量为 7.4~8.1 t/hm^2，波动幅度较小，中稻产量呈波动上升趋势，2022 年中稻产量为 8.1 t/hm^2。另外，比较分析 2016—2022 年九江市区肥料投入与中稻产量之间关系，两者相关性较高（相关系数 0.59）。

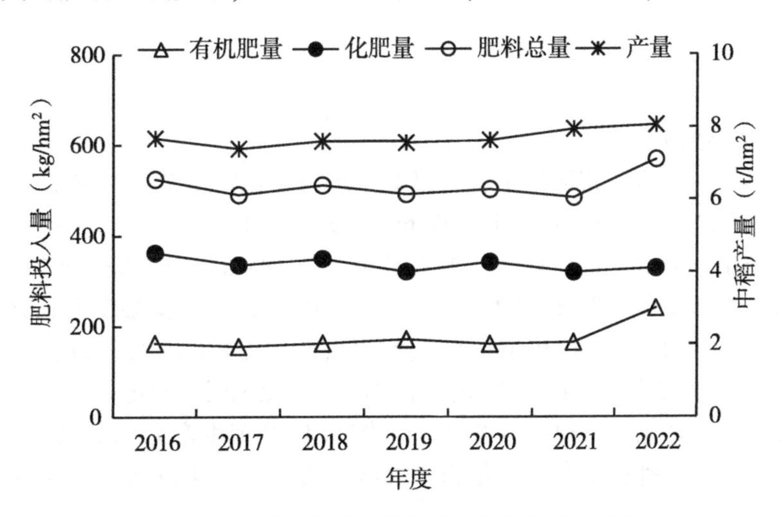

图 3-40　九江市区中稻肥料投入与产量变化趋势

3. 晚稻肥料投入和产量变化趋势

2016—2022 年，九江市区监测点晚稻肥料总投入量呈波动上升趋势，2022 年晚稻肥料总投入量为 570.6 kg/hm^2，比 2016 年增加 87.2 kg/hm^2，增幅 18.0%，年际波动范围为 469.8~575.5 kg/hm^2（图 3-41）。

其中，化肥投入量呈平稳变化趋势，2022 年晚稻化肥投入量为 327.8 kg/hm^2，比 2016 年降低 14.5 kg/hm^2，下降了 4.2%，年际波动范围为 314.3~362.5 kg/hm^2；有机肥投入量总体水平较低，平均投入水平为 193.4 kg/hm^2，远低于化肥投入水平（平均值 342.7 kg/hm^2），近些年呈稳步上升趋势。

2016—2022 年，九江市区晚稻产量为 7.4~8.4 t/hm^2，波动幅度较小，2022 年晚稻产量为 7.7 t/hm^2。另外，比较分析 2016—2022 年九江市区肥料投入与晚稻产量之间关系，两者相关度不高（相关系数为 0.23）。

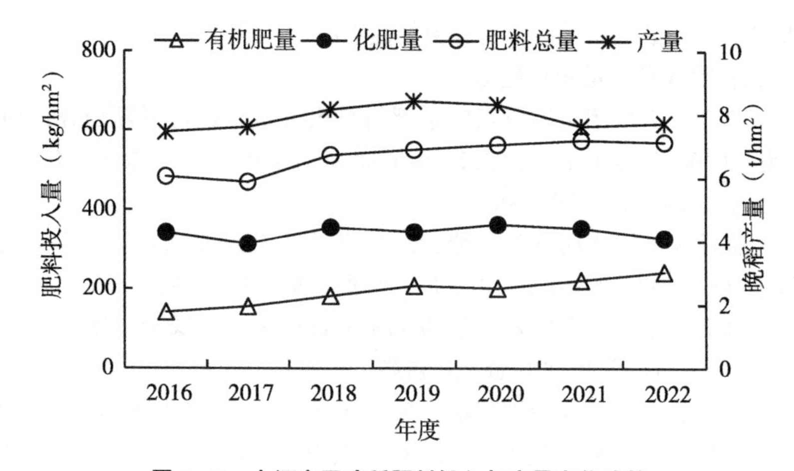

图 3-41　九江市区晚稻肥料投入与产量变化趋势

（三）偏生产力

1. 早稻肥料偏生产力

2016—2022 年，九江市区早稻肥料氮偏生产力变化幅度较小，波动范围为 18.0~25.7 kg/kg，2022 年比 2016 年上升了 27.6%（图 3-42）。

肥料磷偏生产力变化幅度较大，波动范围为 62.8~67.7 kg/kg，2017 年达最高值（67.7 kg/kg），2022 年为低谷（62.8 kg/kg），相比 2016 年下降幅度为 6.1%。

肥料钾偏生产力变化幅度较小，波动范围为 28.6~34.4 kg/kg，以 2020 年为波峰，2018 年为波谷，2022 年为 30.9 kg/kg，与 2016 年相比无明显变化。

九江市市区总体上，早稻肥料磷偏生产力>肥料钾偏生产力>肥料氮偏生产力，肥料氮偏生产力和肥料钾偏生产力变化趋势大体一致，2016 年以来，二者均是波动上升趋势。

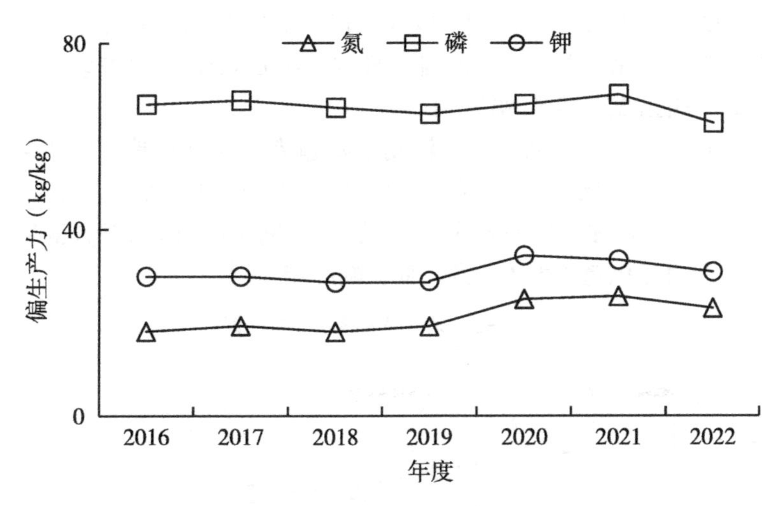

图 3-42　九江市区早稻肥料偏生产力变化趋势

2. 中稻肥料偏生产力

2016—2022 年，九江市区中稻肥料氮偏生产力变化幅度较小，波动范围为 33. 8～37. 5 kg/kg，2022 年肥料氮偏生产力为 35. 8 kg/kg，相比 2016 年增幅为 5. 9%。

肥料磷偏生产力变化幅度较小，呈波动上升趋势，波动范围为 67. 9～86. 8 kg/kg，2022 年肥料磷偏生产力为 84. 0 kg/kg，相比 2016 年增幅为 23. 7%。

肥料钾偏生产力变化幅度较小，波动范围为 32. 6～44. 0 kg/kg，2022 年肥料钾偏生产力为 32. 6 kg/kg，相比 2016 年（41. 8 kg/kg）降幅为 22. 0%（图 3-43）。

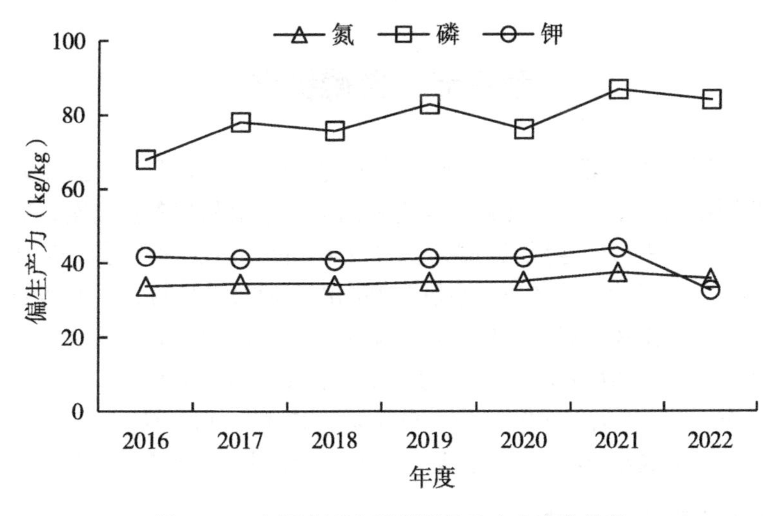

图 3-43　九江市区中稻肥料偏生产力变化趋势

九江市区总体上，中稻肥料磷偏生产力>肥料钾偏生产力>肥料氮偏生产力，三者变化幅度都小，肥料钾偏生产力和肥料氮偏生产力变化趋势大体一致，呈波动上升趋势。

3. 晚稻肥料偏生产力

2016—2022 年，九江市区晚稻肥料氮偏生产力变化幅度较小，波动范围为 31. 7～

36. 6 kg/kg，2022 年为 35. 0 kg/kg，与 2016 年相比无明显变化趋势。

肥料磷偏生产力变化较大，波动范围为 60. 4～87. 6 kg/kg，呈波动下降趋势，2022 年达 60. 4 kg/kg，相比 2016 年降幅为 31. 1%。

肥料钾偏生产力变化幅度较小，呈波动下降趋势，波动范围为 34. 8～43. 8 kg/kg，2022 年为 34. 8 kg/kg，相比 2016 年（41. 3 kg/kg）下降了 15. 7%（图 3-44）。

九江市区总体上，晚稻肥料磷偏生产力>肥料钾偏生产力>肥料氮偏生产力，氮偏生产力和钾偏生产力变化趋势大体一致，变化幅度较小。

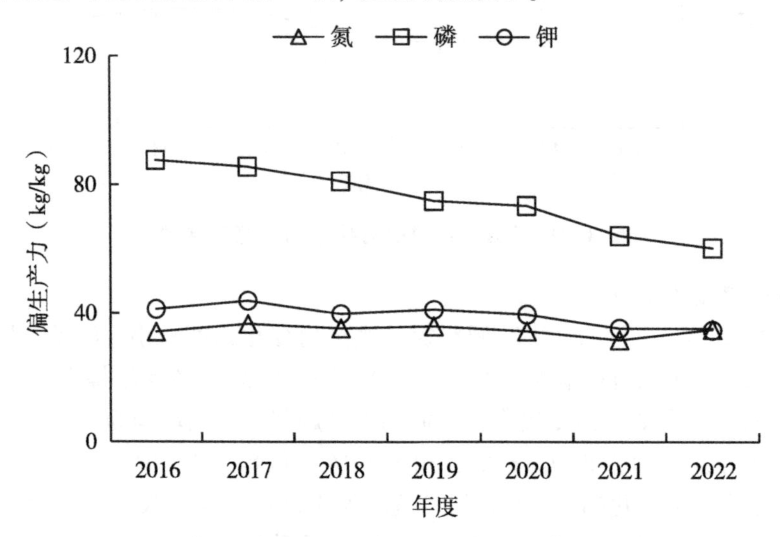

图 3-44　九江市区晚稻肥料偏生产力变化趋势

第三节　景德镇市

景德镇市，别称“瓷都”，位于江西省东北部，西北与安徽省东至县交界，南与万年县为邻，西同鄱阳县接壤，东北倚安徽省祁门县，东南和婺源县毗连。景德镇市下辖珠山区、昌江区、乐平市、浮梁县，总面积 5 256 km²，占江西省总面积的 3. 14%。全市属丘陵地带，坐落于黄山、怀玉山余脉与鄱阳湖平原过渡地带，是典型的江南红壤丘陵区；全市属亚热带季风气候，光照充足，雨量充沛，温和湿润，四季分明。

2022 年江西省土地利用现状统计资料表明，景德镇市耕地面积 122. 15 万亩，其中水田面积 104. 97 万亩、水浇地面积 0. 01 万亩、旱地面积 17. 17 万亩。景德镇市共有耕地质量监测点 17 个，其中国家级监测点 1 个、省级监测点 16 个，主要分布在浮梁县和乐平县。

一、耕地质量主要现状

（一）土壤有机质现状及演变趋势

1. 土壤有机质现状

2016—2022 年，景德镇市耕地质量监测数据分析结果表明（图 3-45），土壤有机质含量有效监测点数 206 个，平均含量 30.8 g/kg，处于 2 级（较高）水平。2016—2022 年，水田土壤有机质表现为升高，年增幅为 0.79 g/kg。与 2016 年相比，2022 年景德镇市水田土壤有机质含量增加 21.4%；与有机质平均值比较，2022 年景德镇市水田土壤有机质含量增加 13.4%。

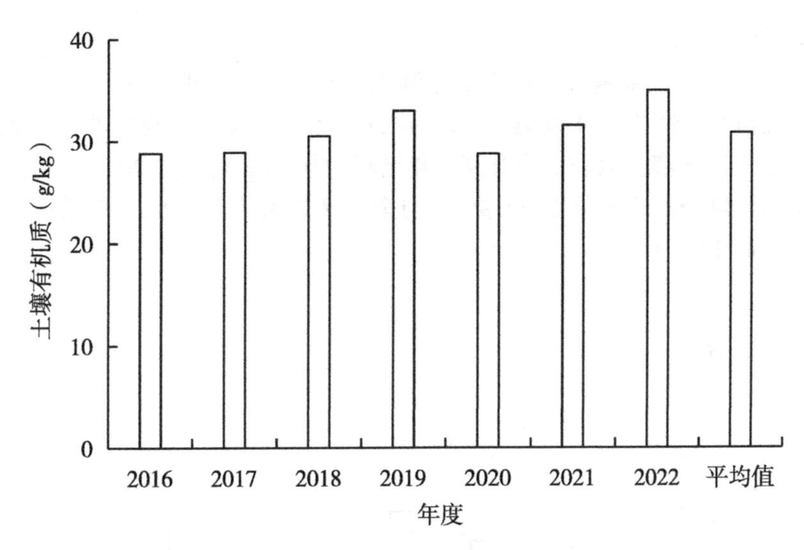

图 3-45　景德镇市水田土壤有机质含量及变化趋势

2. 土壤有机质分级情况

根据《江西省耕地质量监测指标分级标准》，景德镇市土壤有机质含量主要集中在 2 级（较高）水平（图 3-46）。处于 1 级（高）水平的监测点有 30 个，占 14.6%；处

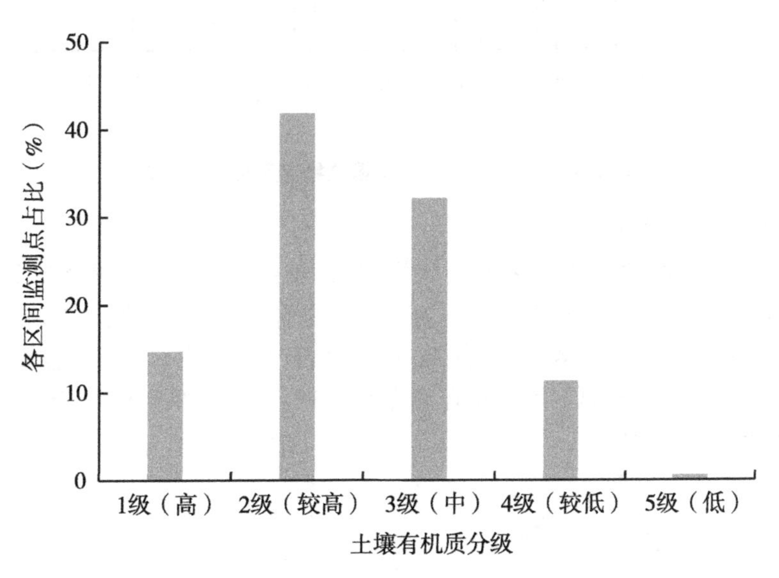

图 3-46　景德镇市水田土壤有机质各区间监测点占比

于2级（较高）水平的监测点有86个，占41.7%；处于3级（中）水平的监测点有66个，占32.0%；处于4级（较低）水平的监测点有23个，占11.2%；处于5级（低）水平的监测点有1个，占0.5%。

（二）土壤全氮现状及演变趋势

1. 土壤全氮现状

2016—2022年，景德镇市耕地质量监测数据分析结果表明（图3-47），土壤全氮含量有效监测点数157个，平均含量1.9 g/kg，处于2级（较高）水平。2016—2022年，景德镇市水田土壤全氮表现为升高，年增幅为0.10 g/kg。与2016年相比，2022年景德镇市水田土壤全氮含量增加32.9%；与全氮平均值比较，2022年景德镇市水田土壤全氮含量升高14.8%。

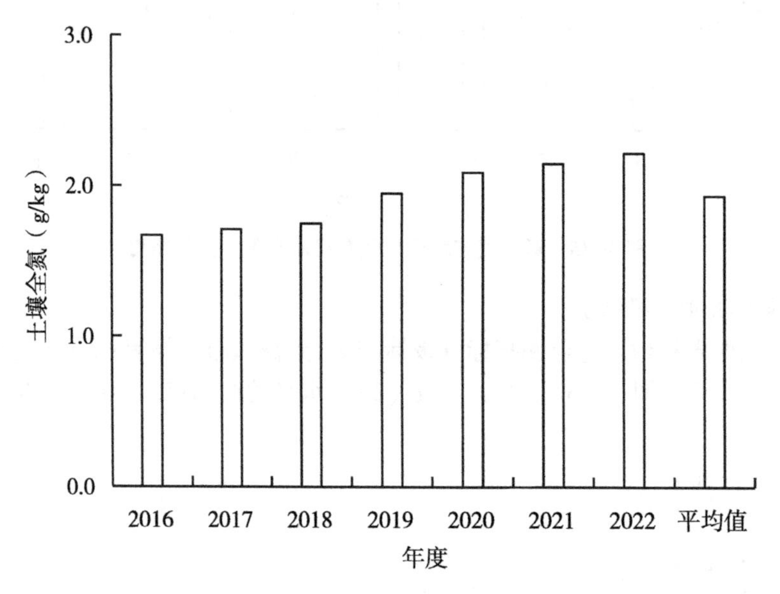

图3-47　景德镇市水田土壤全氮含量及变化趋势

2. 土壤全氮分级情况

根据《江西省耕地质量监测指标分级标准》，景德镇市耕层土壤全氮主要集中在1级（高）水平（图3-48）。处于1级（高）水平的监测点有68个，占43.3%；处于2级（较高）水平的监测点有41个，占26.1%；处于3级（中）水平的监测点有43个，占27.4%；处于4级（较低）水平的监测点有4个，占2.6%；处于5级（低）水平的监测点有1个，占0.6%。

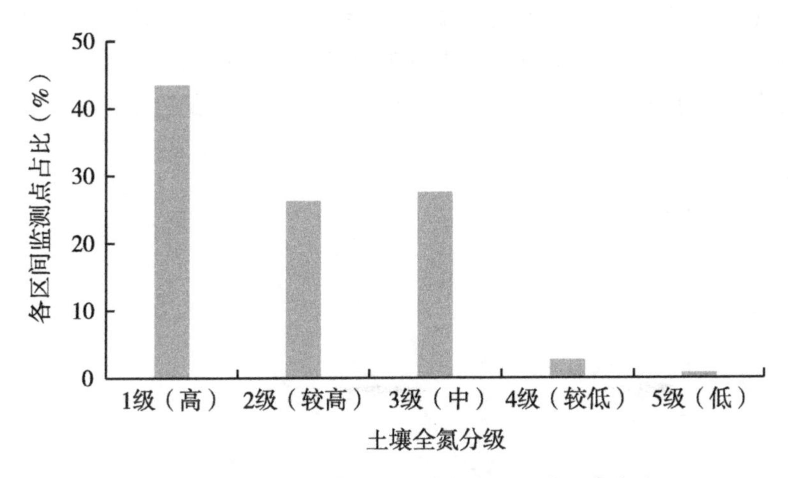

图 3-48　景德镇市水田土壤全氮各区间监测点占比

（三）土壤有效磷现状及演变趋势

1. 土壤有效磷现状

2016—2022 年，景德镇市耕地质量监测数据分析结果表明（图 3-49），土壤有效磷含量有效监测点数 205 个，平均含量 25.9 mg/kg，处于 2 级（较高）水平。2016—2022 年，景德镇市水田土壤有效磷表现为降低，年降幅为 2.06 mg/kg。与 2016 年相比，2022 年水田的有效磷含量降低 40.3%；与有效磷平均值比较，2022 年水田有效磷含量降低 24.7%。

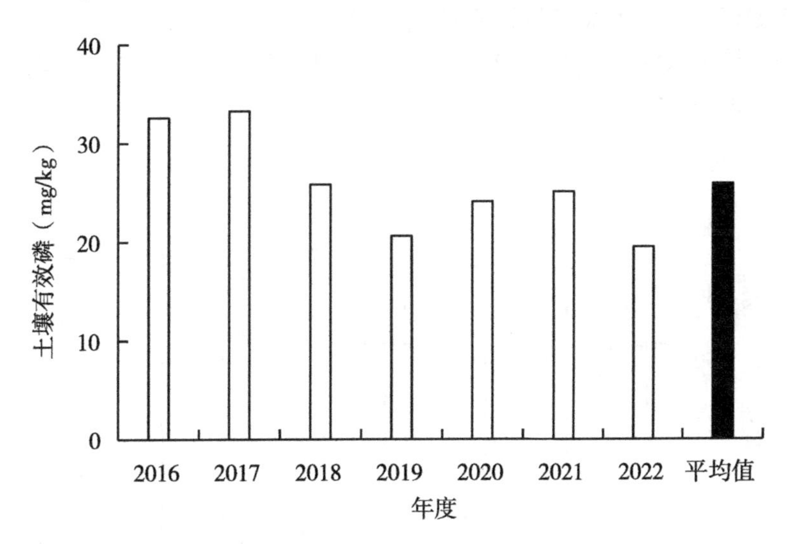

图 3-49　景德镇市水田土壤有效磷含量及变化趋势

2. 土壤有效磷分级情况

根据《江西省耕地质量监测指标分级标准》，景德镇市土壤有效磷含量有效监测点数 205 个，平均含量 19.4 mg/kg，主要集中在 3 级（中）水平（图 3-50）。处于 1 级

（高）水平的监测点有 40 个，占监测点总数 19.5%；处于 2 级（较高）水平的监测点有 63 个，占 30.7%；处于 3 级（中）水平的监测点有 72 个，占 35.1%；处于 4 级（较低）水平的监测点有 26 个，占 12.7%；处于 5 级（低）水平的监测点有 4 个，占 2.0%。

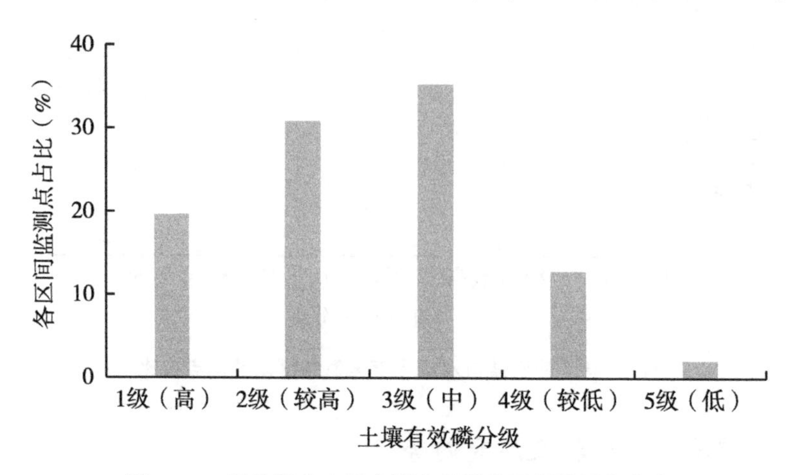

图 3-50　景德镇市水田土壤有效磷各区间监测点占比

（四）土壤速效钾现状及演变趋势

1. 土壤速效钾现状

2016—2022 年，景德镇市耕地质量监测数据分析结果表明（图 3-51），土壤速效钾含量有效监测点数 208 个，平均含量 91.7 mg/kg，处于 3 级（中）水平。2016—2022 年，景德镇市水田土壤速效钾表现为增加，年增幅 4.4 mg/kg。与 2016 年相比，2022 年水田土壤速效钾含量增加 30.1%；与土壤速效钾平均值比较，2022 年水田土壤速效钾含量增加 14.1%。

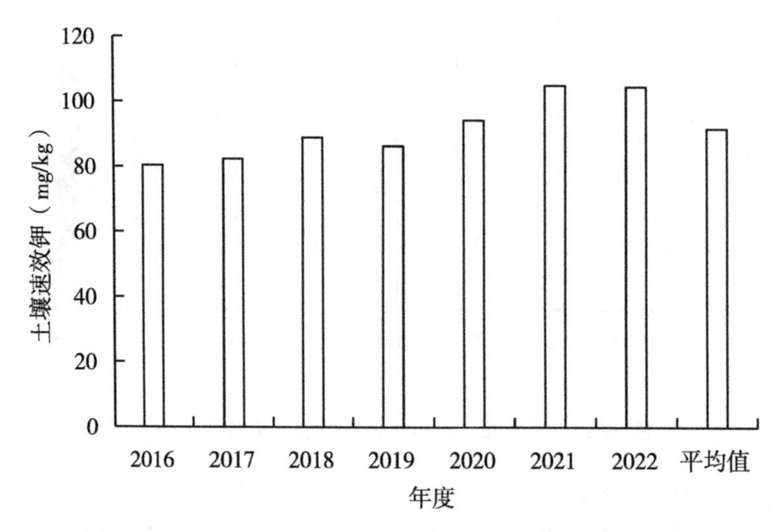

图 3-51　景德镇市水田土壤速效钾含量及变化趋势

2. 土壤速效钾分级情况

根据《江西省耕地质量监测指标分级标准》，景德镇市土壤速效钾主要集中在3级（中）水平。处于1级（高）水平的监测点有6个，占2.9%；处于2级（较高）水平的监测点有38个，占18.3%；处于3级（中）水平的监测点有75个，占36.0%；处于4级（较低）水平的监测点有69个，占33.2%；处于5级（低）水平的监测点有20个，占9.6%（图3-52）。

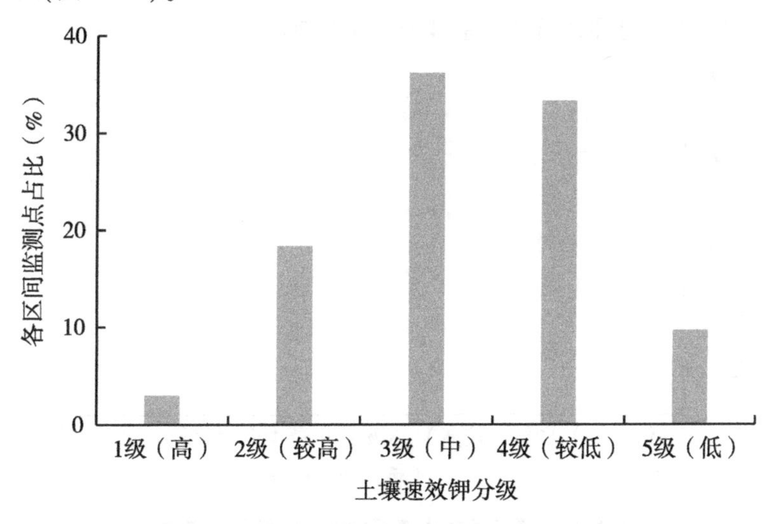

图3-52　景德镇市水田土壤速效钾各区间监测点占比

（五）土壤缓效钾现状及演变趋势

1. 土壤缓效钾现状

2016—2022年，景德镇市耕地质量监测数据分析结果表明（图3-53），土壤缓效钾含量有效监测点数117个，平均含量165.9 mg/kg，处于5级（低）水平。2016—2022年，景德

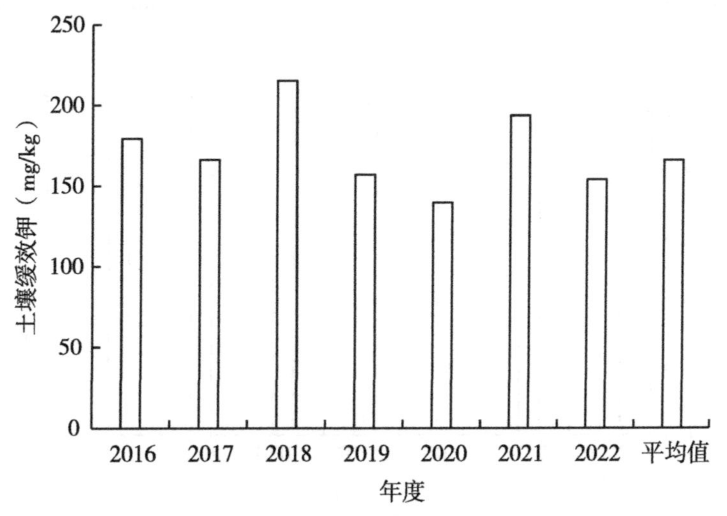

图3-53　景德镇市水田土壤缓效钾含量及变化趋势

镇市水田土壤缓效钾表现为降低，年降幅为3.46 mg/kg。与2016年相比，2022年水田土壤缓效钾含量降低14.2%；与土壤缓效钾平均值比较，2022年水田土壤缓效钾含量降低7.2%。

2. 土壤缓效钾分级情况

根据《江西省耕地质量监测指标分级标准》，景德镇市土壤缓效钾主要集中在5级（低）水平（图3-54）。无处于1级（高）水平的监测点；无处于2级（较高）水平的监测点；处于3级（中）水平的监测点有1个，占0.9%；处于4级（较低）水平的监测点有32个，占27.4%；处于5级（低）水平的监测点有84个，占71.7%。

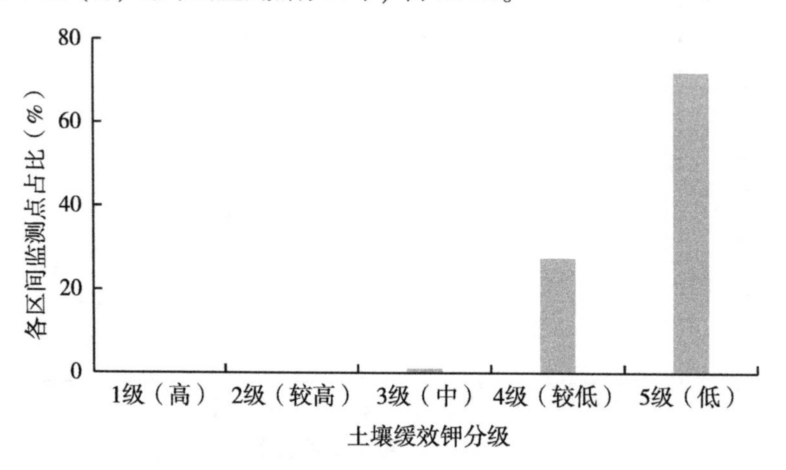

图3-54　景德镇市土壤缓效钾各区间监测点占比

（六）土壤pH现状及演变趋势

1. 土壤pH现状

2016—2022年，景德镇市耕地质量监测数据分析结果表明（图3-55），土壤pH有效监测点数206个，平均值为5.3，处于3级（中）水平。2016—2022年，水田土壤pH表现为降低，年降幅为0.01个单位。与2016年相比，2022年水田土壤pH降低

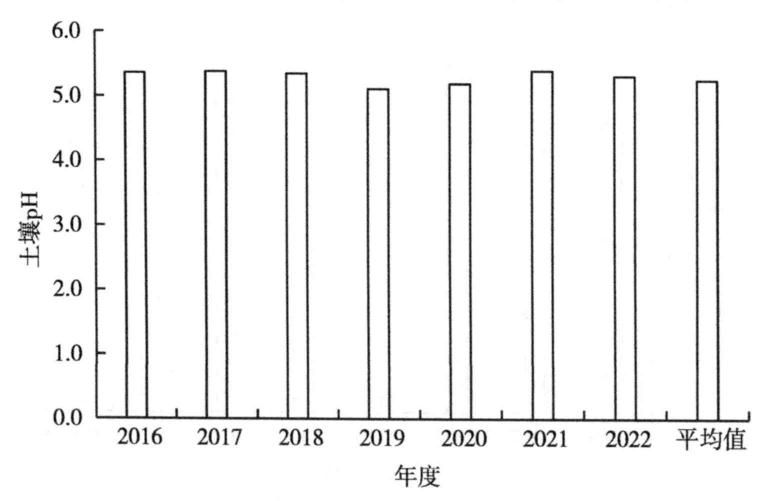

图3-55　景德镇市水田土壤pH及变化趋势

0.05个单位；与土壤pH平均值比较，2022年水田土壤pH增加0.06个单位。

2. 土壤pH分级情况

根据《江西省耕地质量监测指标分级标准》，景德镇市土壤pH主要集中在3级（中）水平（图3-56）。无处于1级（高）水平的监测点；处于2级（较高）水平的监测点有47个，占22.9%；处于3级（中）水平的监测点有87个，占42.2%；处于4级（较低）水平的监测点有67个，占32.5%；处于5级（低）水平的监测点有5个，占2.4%。

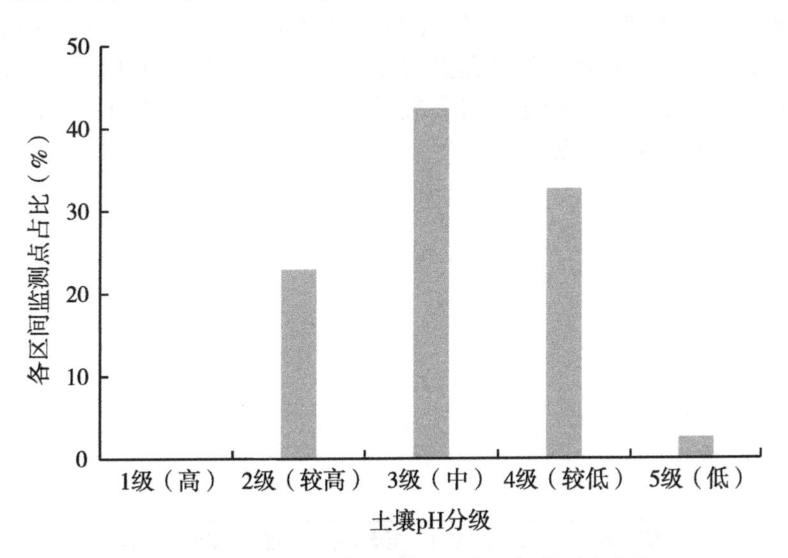

图3-56　景德镇市耕层土壤pH各区间监测点占比

（七）土壤耕层厚度现状及演变趋势

1. 土壤耕层厚度现状

2016—2022年，景德镇市耕地质量监测数据分析结果表明（图3-57），种植粮食

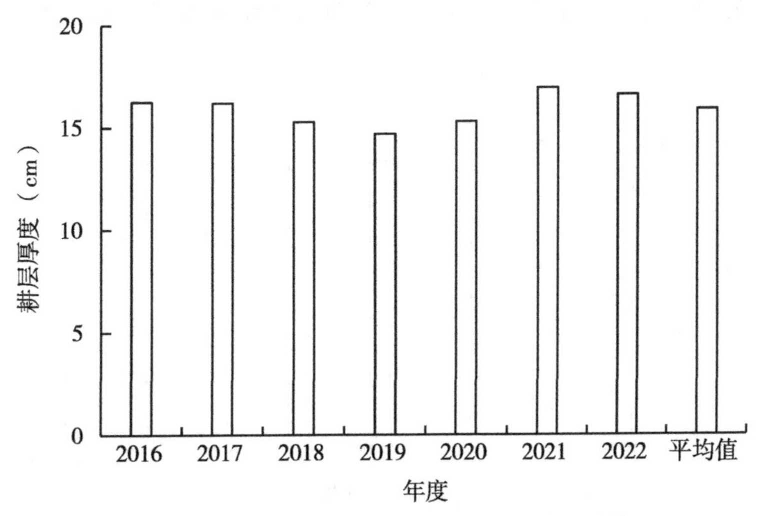

图3-57　景德镇市水田土壤耕层厚度及变化趋势

作物的耕地土壤耕层厚度有效监测点数162个，平均值为15.9 cm，处于3级（中）水平。2016—2022年，水田土壤耕层厚度变化不明显，每年增加仅0.09 cm。与2016年相比，2022年水田土壤耕层厚度升高2.2%；与土壤耕层厚度平均值比较，2022年水田土壤耕层厚度增高4.5%。

2. 土壤耕层厚度分级情况

根据《江西省耕地质量监测指标分级标准》，景德镇市土壤耕层厚度主要集中在3级（中）水平（图3-58）。处于1级（高）水平的监测点有7个，占监测点总数4.3%；处于2级（较高）水平的监测点有28个，占17.3%；处于3级（中）水平的监测点有97个，占59.9%；处于4级（较低）水平的监测点有30个，占18.5%；无处于5级（低）水平的监测点。

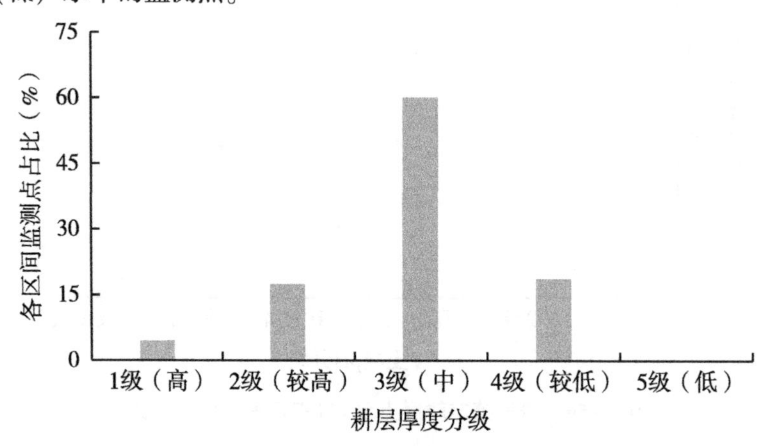

图3-58　景德镇市土壤耕层厚度各区间监测点占比

（八）土壤容重现状及演变趋势

1. 土壤容重现状

2016—2022年，景德镇市耕地质量监测数据分析结果表明（图3-59），种植粮食

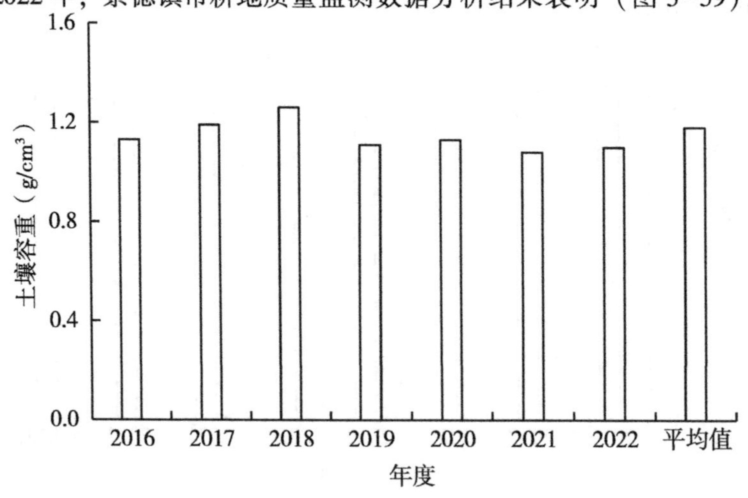

图3-59　景德镇市水田土壤容重及变化趋势

作物的耕地土壤容重有效监测点数85个，平均值为1.18 g/cm^3，处于1级（高）水平。2016—2022年，景德镇市水田土壤容重表现为降低，年降幅为0.016 g/cm^3。与2016年相比，2022年水田土壤容重降低2.7%；与土壤容重平均值比较，2022年水田土壤容重降低6.8%。

2. 土壤容重分级情况

根据《江西省耕地质量监测指标分级标准》，景德镇市耕层土壤容重主要集中在1级（高）水平（图3-60）。处于1级（高）水平的监测点有72个，占监测点总数84.7%；处于2级（较高）水平的监测点有12个，占14.1%；无处于3级（中）水平的监测点；处于4级（较低）水平的监测点有0个，占0%；处于5级（低）水平的监测点有1个，占1.2%。

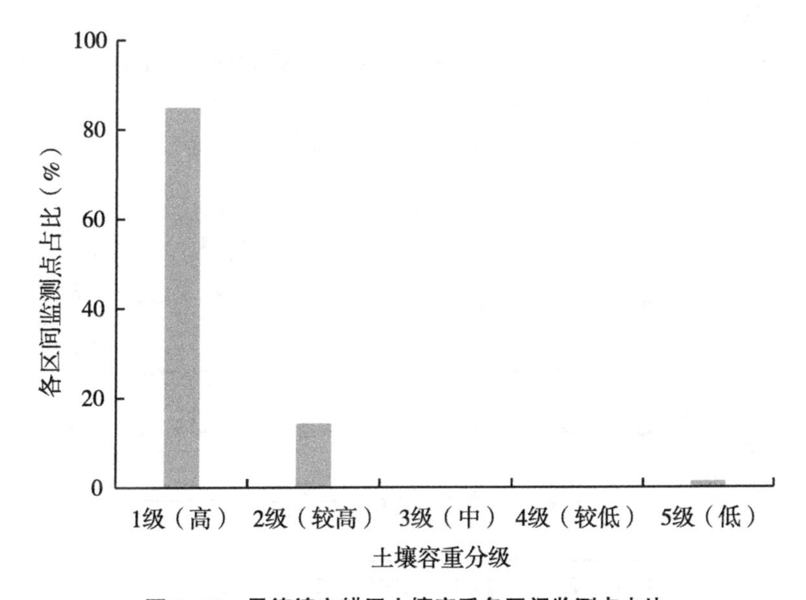

图3-60　景德镇市耕层土壤容重各区间监测点占比

二、肥料投入与利用情况

（一）肥料投入现状

景德镇市区监测点肥料总投入量（折纯，下同）平均值518.0 kg/hm^2，其中，有机肥投入量平均值168.7 kg/hm^2，化肥投入量平均值349.3 kg/hm^2，有机肥和化肥之比为1∶2.1。肥料总投入中，氮肥（N）投入219.1 kg/hm^2，磷肥（P_2O_5）投入92.4 kg/hm^2，钾肥（K_2O）投入206.6 kg/hm^2，投入量依次为肥料氮>肥料钾>肥料磷，氮∶磷∶钾为1∶0.42∶0.94。其中，化肥投入中氮肥（N）投入157.5 kg/hm^2，磷肥（P_2O_5）投入81.1 kg/hm^2，钾肥（K_2O）投入110.7 kg/hm^2，投入量依次为化肥氮>化肥钾>化肥磷，氮∶磷∶钾为1∶0.51∶0.70。

（二）主要粮食作物肥料投入和产量变化趋势

1. 早稻肥料投入和产量变化趋势

2016—2022 年，景德镇市区监测点早稻肥料总投入量呈波动下降趋势，2022 年早稻肥料总投入量为 444.4 kg/hm^2，比 2016 年降低 11.5 kg/hm^2，下降了 2.5%，年际波动范围为 437.0~459.2 kg/hm^2。

其中，化肥投入量呈波动下降趋势，2022 年早稻化肥投入量为 299.5 kg/hm^2，比 2016 年降低 12.5 kg/hm^2，下降了 4.0%，年际波动范围为 299.5~312.0 kg/hm^2；有机肥投入量总体水平较低，平均投入水平为 144.2 kg/hm^2，远低于化肥投入水平（平均值 306.3 kg/hm^2）。有机肥料占总投入的比重为 31.3%~32.9%，平均值为 32.0%（图 3-61），近些年呈波动上升趋势。

2016—2022 年，景德镇市区早稻产量为 7.49~7.83 t/hm^2，波动幅度较小，早稻产量呈现先上升后下降趋势，2022 年早稻产量为 7.71 t/hm^2。另外，比较分析 2016—2022 年景德镇市区肥料投入与早稻产量之间关系，两者相关性较弱。

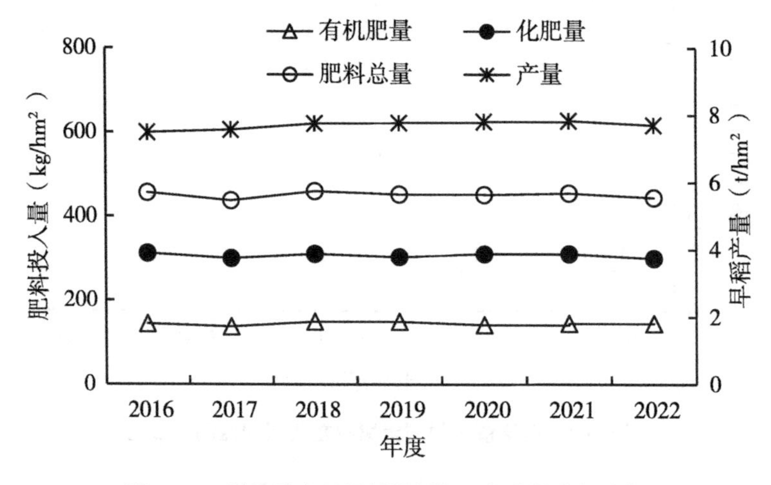

图 3-61　景德镇市区早稻肥料投入与产量变化趋势

2. 中稻肥料投入和产量变化趋势

2016—2022 年，景德镇市区监测点中稻肥料总投入量呈现先上升后波动下降趋势，2022 年中稻肥料总投入量为 540.4 kg/hm^2，比 2016 年降低 1.8 kg/hm^2，下降了 0.3%，年际波动范围为 533.3~568.8 kg/hm^2（图 3-62）。

其中，化肥投入量呈现波动下降趋势，2022 年中稻化肥投入量为 351.1 kg/hm^2，比 2016 年降低 33.2 kg/hm^2，下降了 8.6%，年际波动范围为 341.2~403.8 kg/hm^2；有机肥投入量呈现先缓慢上升后波动下降趋势，平均投入水平为 177.7 kg/hm^2，低于化肥投入水平（平均值 368.0 kg/hm^2），有机肥料占总投入的比重为 29.0%~36.3%，平均值为 32.6%，近些年呈波动上升趋势。

2016—2022 年，景德镇市区中稻产量为 8.30~8.59 t/hm^2，波动幅度较小，中稻产量呈先波动下降后上升又下降的趋势，2022 年中稻产量为 8.53 t/hm^2。另外，比较分析 2016—2022 年景德镇市区肥料投入与中稻产量之间关系，两者相关性较弱。

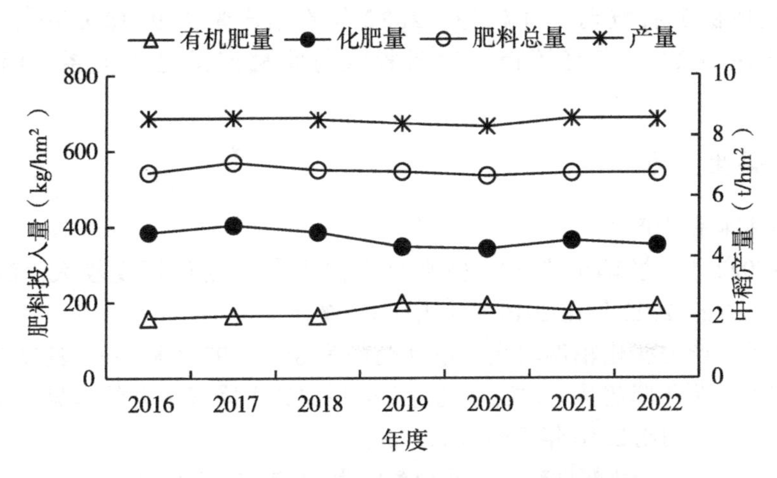

图 3-62　景德镇市区中稻肥料投入与产量变化趋势

3. 晚稻肥料投入和产量变化趋势

2016—2022 年，景德镇市区监测点晚稻肥料总投入量呈波动下降趋势，2022 年晚稻肥料总投入量为 551.7 kg/hm^2，比 2016 年降低 7.4 kg/hm^2，下降了 1.3%，年际波动范围为 534.7~577.4 kg/hm^2。

其中，化肥投入量呈基本稳定后波动下降趋势，2022 年晚稻化肥投入量为 363.4 kg/hm^2，比 2016 年降低 24.0 kg/hm^2，下降了 6.2%，年际波动范围为 351.2~387.4 kg/hm^2；有机肥投入量总体水平较低，平均投入水平为 184.3 kg/hm^2，远低于化肥投入水平（平均值 373.6 kg/hm^2）。有机肥料占总投入的比重为 30.7%~34.3%，平均值为 33.0%（图 3-63），近些年呈缓慢上升趋势。

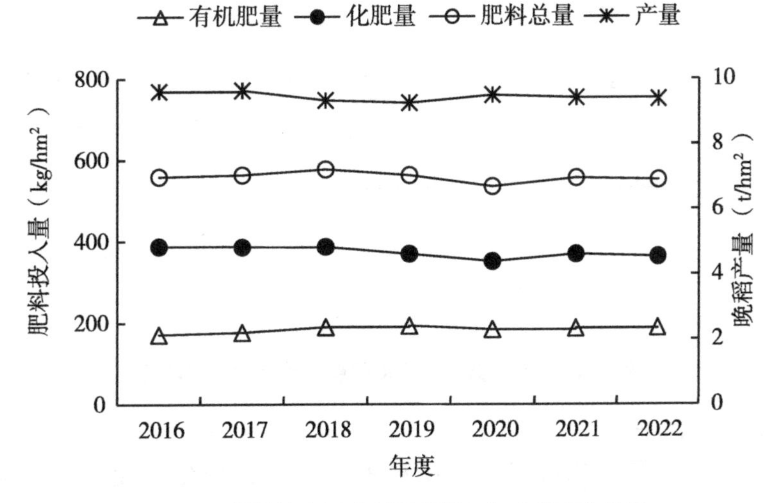

图 3-63　景德镇市区晚稻肥料投入与产量变化趋势

2016—2022 年，景德镇市区晚稻产量为 9.26～9.65 t/hm²，波动幅度较小，晚稻产量呈现稳定后波动下降趋势，2022 年晚稻产量为 9.38 t/hm²。另外，比较分析 2016—2022 年景德镇市区肥料投入与晚稻产量之间关系，两者相关性较弱。

（三）偏生产力

1. 早稻肥料偏生产力

2016—2022 年，景德镇市区早稻肥料氮偏生产力变化幅度较大，波动范围为 37.6～43.9 kg/kg，2022 年比 2016 年上升了 6.6%。

肥料磷偏生产力变化幅度较大，波动范围为 85.7～97.4 kg/kg，具体变化情况为 2016—2018 呈缓慢下降趋势，之后呈现先上升后快速下降又上升的趋势，2020 年达最低值 85.7 kg/kg，相比 2016 年降幅为 12.0%。

肥料钾偏生产力变化幅度较小，波动范围为 51.7～56.2 kg/kg，以 2019 年为波峰、2016 年为波谷，之后呈现下降后又上升的趋势，2022 年为 56.0 kg/kg，比 2016 年的 51.7 kg/kg增加了 8.3%（图 3-64）。

景德镇市区总体上，肥料磷偏生产力>肥料钾偏生产力>肥料氮偏生产力，肥料氮偏生产力和肥料磷偏生产力变化幅度较大，肥料钾偏生产力变化幅度较小，2016 年以来，肥料氮偏生产力和肥料钾偏生产力均是呈波动上升趋势，肥料磷偏生产力呈波动下降趋势。

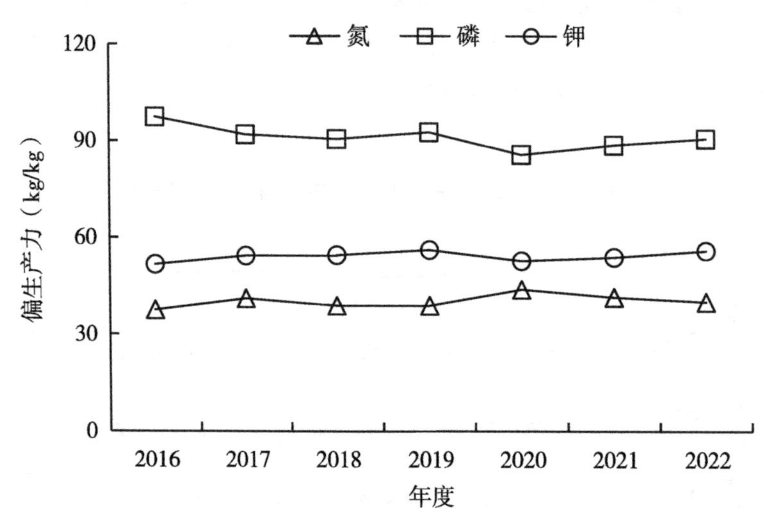

图 3-64　景德镇市区早稻肥料偏生产力变化趋势

2. 中稻肥料偏生产力

2016—2022 年，景德镇市区中稻肥料氮偏生产力变化幅度较小，波动范围为 35.4～38.9 kg/kg，2022 年比 2016 年上升了 4.9%。

肥料磷偏生产力变化幅度很大，波动范围为 72.4～99.2 kg/kg，具体变化情况为

2016—2020 呈下降趋势，之后呈上升后又下降趋势，2022 年达最低值 72. 4 kg/kg，相比 2016 年降幅为 27. 0%。

肥料钾偏生产力变化幅度较小，波动范围为 47. 5～52. 6 kg/kg，具体变化情况为 2016—2022 年呈波动上升趋势，2022 年为 52. 6 kg/kg，比 2016 年的 48. 7 kg/kg 增加了 8. 0%（图 3-65）。

景德镇市区总体上，肥料磷偏生产力>肥料钾偏生产力>肥料氮偏生产力，肥料磷偏生产力变化幅度很大，肥料氮偏生产力和肥料钾偏生产力变化趋势大体一致，2016 年以来，肥料磷偏生产力呈波动下降趋势，肥料氮偏生产力和肥料钾偏生产力均是呈波动上升趋势。

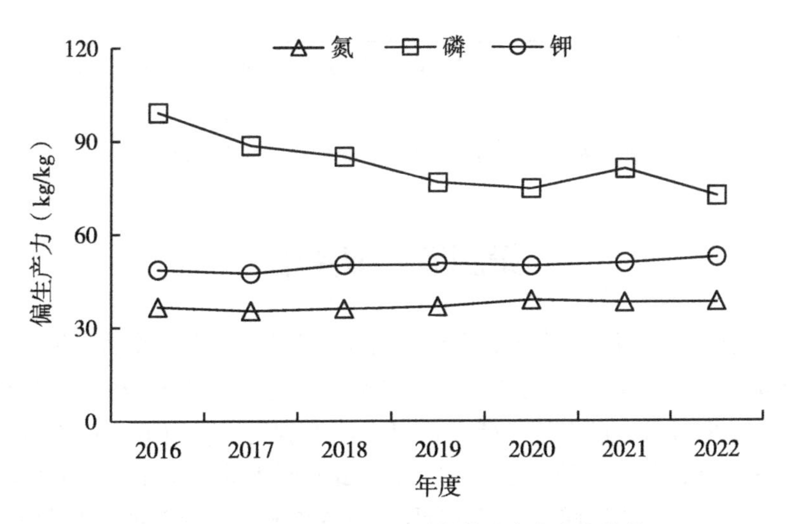

图 3-65　景德镇市区中稻肥料偏生产力变化趋势

3. 晚稻肥料偏生产力

2016—2022 年，景德镇市区晚稻监测点晚稻肥料氮偏生产力变化幅度较小，波动范围为 36. 5～45. 1 kg/kg，2022 年比 2016 年上升了 3. 8%。

肥料磷偏生产力变化幅度很大，波动范围为 90. 3～120. 4 kg/kg，具体变化情况为 2016—2018 年呈基本稳定趋势，之后呈现先快速下降后上升又下降趋势，2019 年达最低值 90. 3 kg/kg，相比 2016 年降幅为 24. 9%。

肥料钾偏生产力变化幅度很小，波动范围为 48. 7～52. 0 kg/kg，具体变化情况为 2016—2022 年呈基本稳定趋势，2022 年为 51. 0 kg/kg，与 2016 年的 50. 7 kg/kg 相比变化不明显（图 3-66）。

景德镇市区总体上，肥料磷偏生产力>肥料钾偏生产力>肥料氮偏生产力，肥料磷偏生产力变化幅度很大，肥料氮偏生产力和肥料钾偏生产力变化趋势大体一致，2016 年以来，后二者均是呈波动上升趋势。

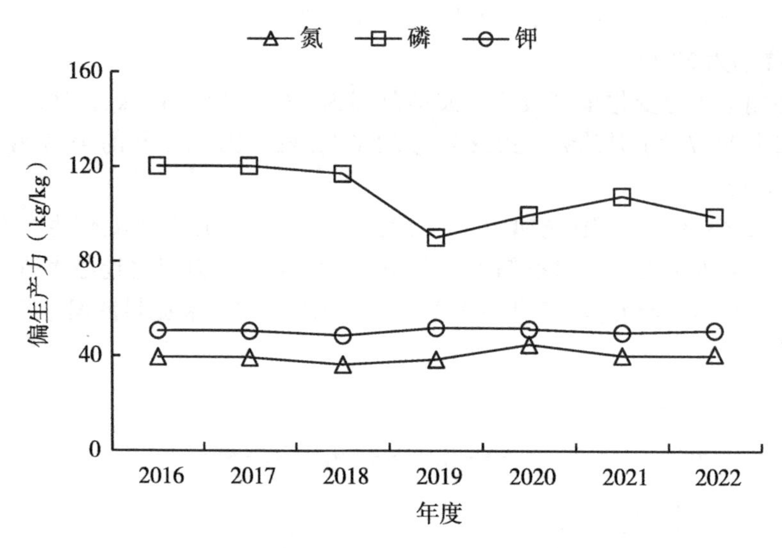

图3-66　景德镇市区晚稻肥料偏生产力变化趋势

第四节　萍乡市

萍乡市位于江西省西部，东与宜春市、南与吉安市、西与湖南省株洲市、北与湖南省浏阳市接壤，全市总面积3 823.99 km^2，占江西省总面积的2.27%，下辖芦溪县、上栗县、莲花县、安源区、湘东区。萍乡市以丘陵地貌为主，山地、丘陵和盆地错综分布，地貌较为复杂，其中丘陵面积约占2/3，山地面积约占1/4，河谷平原约占1/5。萍乡市属亚热带湿润季风气候区，四季分明，气候温和，光照充足，霜期短，作物生长期长。

2022年江西省土地利用现状统计资料表明，萍乡市耕地面积76.93万亩，其中水田面积67.95万亩、水浇地面积0.10万亩、旱地面积8.87万亩。萍乡市共有耕地质量监测点12个，其中国家级监测点2个、省级监测点10个，主要分布在芦溪县、上栗县、莲花县、安源区、湘东区。

一、耕地质量主要现状

（一）土壤有机质现状及演变趋势

1. 土壤有机质现状

2016—2022年，萍乡市耕地质量监测数据分析结果表明（图3-67），土壤有机质含量有效监测点数141个，平均含量34.8 g/kg，处于2级（较高）水平。2016—2022年，水田土壤有机质表现为升高，年增幅为1.18 g/kg。与2016年相比，2022年水田土壤有机质含量增加23.0%；与土壤有机质平均值比较，2022年水田土壤有机质含量增加8.3%。

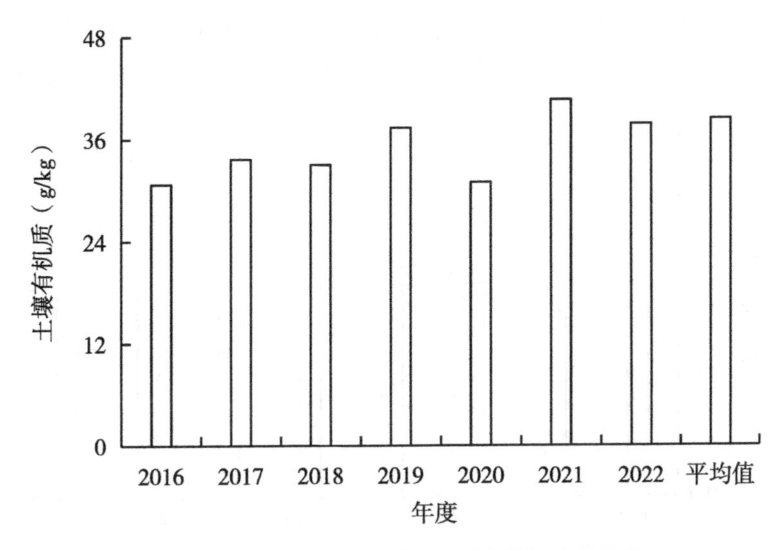

图 3-67　萍乡市水田土壤有机质含量及变化趋势

2. 土壤有机质分级情况

根据《江西省耕地质量监测指标分级标准》，萍乡市土壤有机质主要集中在 2 级（较高）水平（图 3-68）。处于 1 级（高）水平的监测点有 45 个，占 31.9%；处于 2 级（较高）水平的监测点有 55 个，占 39.1%；处于 3 级（中）水平的监测点有 24 个，占 18.4%；处于 4 级（较低）水平的监测点有 16 个，占 9.9%；处于 5 级（低）水平的监测点有 1 个，占 0.7%。

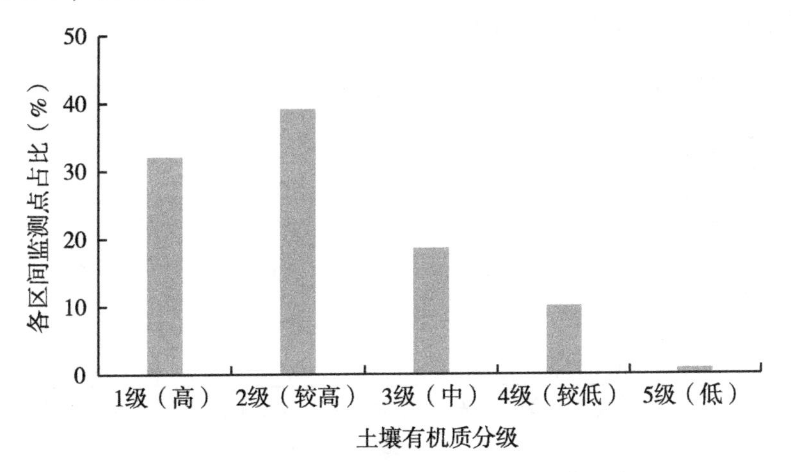

图 3-68　萍乡市土壤有机质各区间监测点占比

（二）土壤全氮现状及演变趋势

1. 土壤全氮现状

2016—2022 年，萍乡市耕地质量监测数据分析结果表明（图 3-69），土壤全氮含量有效监测点数 100 个，平均含量 1.8 g/kg，处于 2 级（较高）水平。2016—2022 年，萍乡市水田土壤全氮缓慢增加，每年增加 0.05 g/kg。与 2016 年相比，2022 年水田土壤全氮含量增加 8.7%；与土壤全氮平均值比较，2022 年水田土壤全氮含量降低 1.5%。

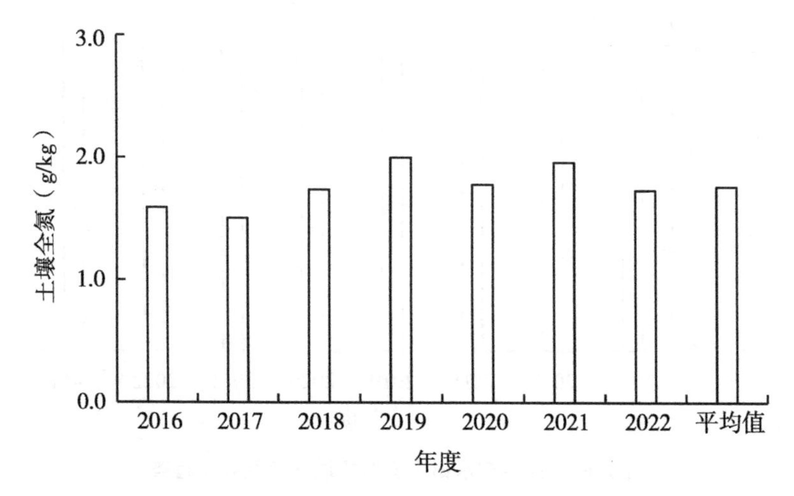

图 3-69　萍乡市水田土壤全氮含量及变化趋势

2. 土壤全氮的分级情况

根据《江西省耕地质量监测指标分级标准》，萍乡市土壤全氮主要集中在 1 级（高）水平（图 3-70）。处于 1 级（高）水平的监测点有 42 个，占监测点总数 42.0%；处于 2 级（较高）水平的监测点有 25 个，占 25.0%；处于 3 级（中）水平的监测点有 7 个，占 7.0%；处于 4 级（较低）水平的监测点有 2 个，占 2.0%；处于 5 级（低）水平的监测点有 24 个，占 24.0%。

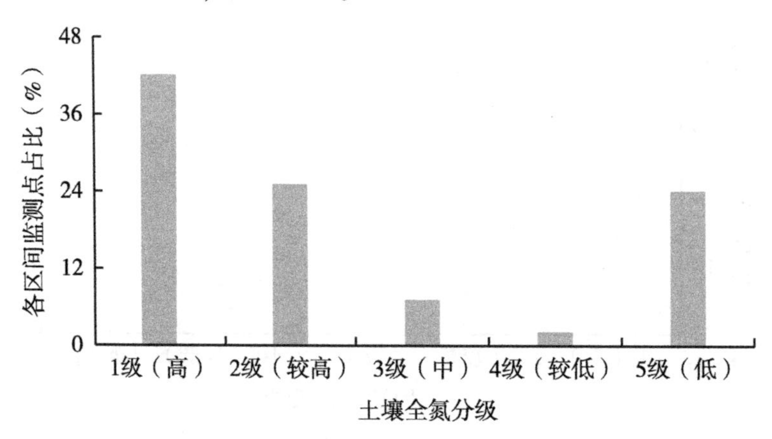

图 3-70　萍乡市土壤全氮各区间监测点占比

（三）土壤有效磷现状及演变趋势

1. 土壤有效磷现状

2016—2022 年，萍乡市耕地质量监测数据分析结果表明（图 3-71），土壤有效磷含量有效监测点数 122 个，平均含量 17.4 mg/kg，处于 3 级（中）水平。2016—2022 年，萍乡市水田土壤有效磷表现为降低，年降幅为 0.73 mg/kg。与 2016 年相比，2022 年水田土壤有效磷含量降低 18.7%；与土壤有效磷平均值比较，2022 年水田土壤有效磷含量降低 13.6%。

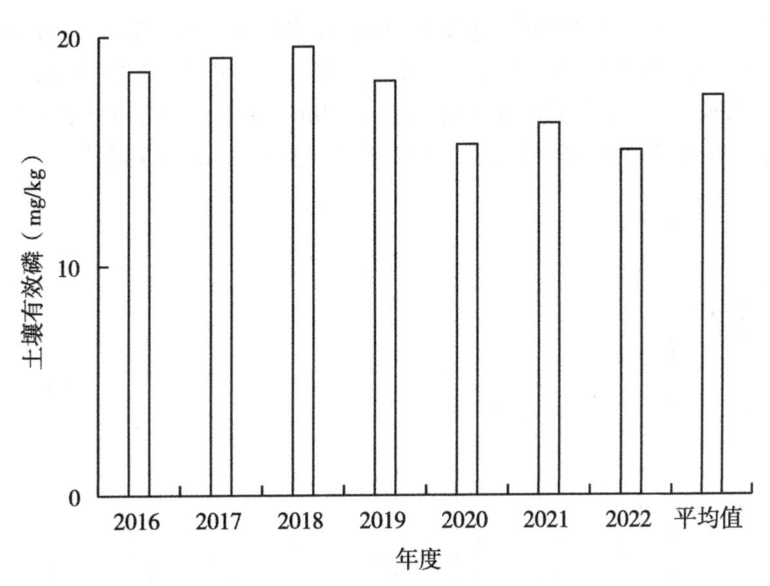

图 3-71　萍乡市水田土壤有效磷含量及变化趋势

2. 土壤有效磷分级情况

根据《江西省耕地质量监测指标分级标准》，萍乡市土壤有效磷主要集中在 3 级（中）水平（图 3-72）。处于 1 级（高）水平的监测点有 14 个，占监测点总数 11.5%；处于 2 级（较高）水平的监测点有 31 个，占 25.4%；处于 3 级（中）水平的监测点有 43 个，占 35.2%；处于 4 级（较低）水平的监测点有 19 个，占 15.6%；处于 5 级（低）水平的监测点有 15 个，占 12.3%。

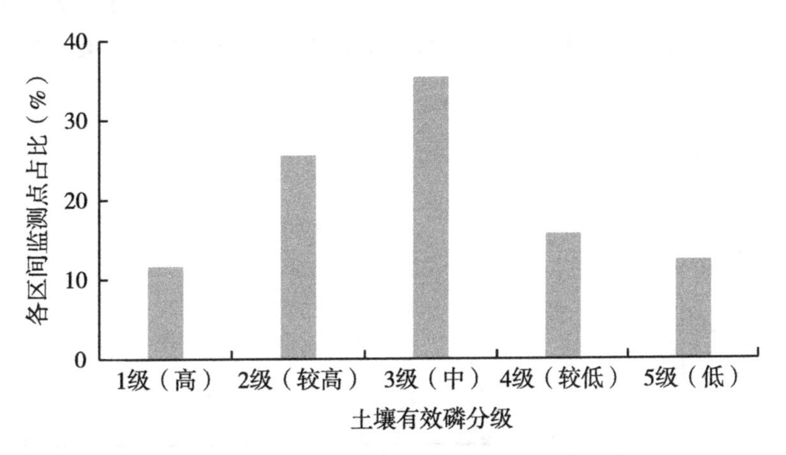

图 3-72　萍乡市土壤有效磷各区间监测点占比

（四）土壤速效钾现状及演变趋势

1. 土壤速效钾现状

2016—2022 年，萍乡市耕地质量监测数据分析结果表明（图 3-73），土壤速效钾含量有效监测点数 118 个，平均含量 93.7 mg/kg，处于 3 级（中）水平。2016—2022 年，萍乡市水田土壤速效钾表现为下降，年降幅 5.8 mg/kg。与 2016 年相比，2022 年水田土壤速效钾含量降低 35.4%；与土壤速效钾平均值比较，2022 年水田土壤速效钾含量降低 22.8%。

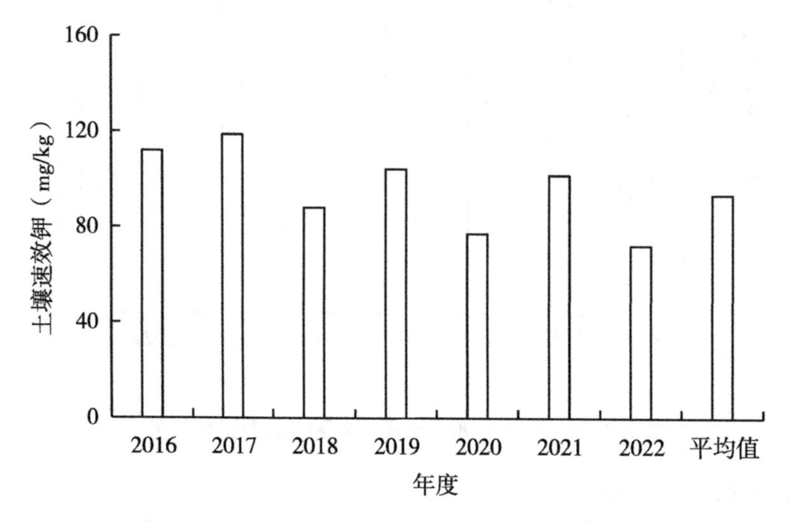

图 3-73　萍乡市水田土壤速效钾含量及变化趋势

2. 土壤速效钾分级情况

根据《江西省耕地质量监测指标分级标准》，萍乡市土壤速效钾主要集中在 5 级（低）水平（图 3-74）。处于 1 级（高）水平的监测点有 6 个，占监测点总数 5.1%；处于 2 级（较高）水平的监测点有 25 个，占 21.2%；处于 3 级（中）水平的监测点有 29 个，占 24.6%；处于 4 级（较低）水平的监测点有 57 个，占 48.2%；处于 5 级

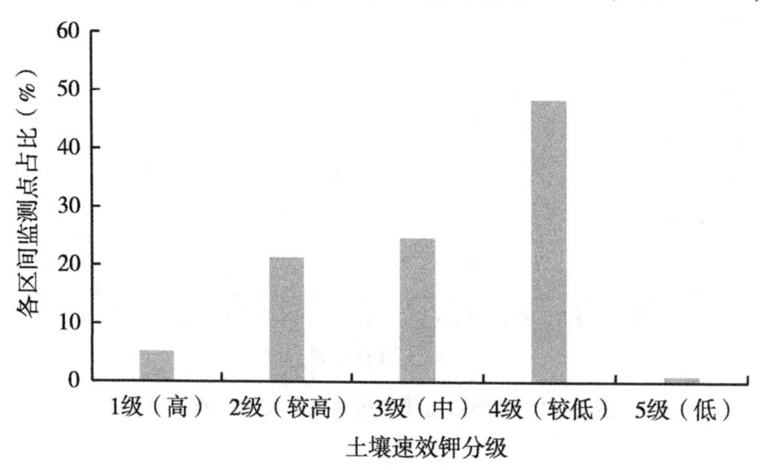

图 3-74　萍乡市土壤速效钾各区间监测点占比

（低）水平的监测点有 1 个，占 0.9%。

（五）土壤缓效钾现状及演变趋势

1. 土壤缓效钾现状

2018—2022 年，萍乡市耕地质量监测数据分析结果表明（图 3-75），土壤缓效钾含量有效监测点数 75 个，平均含量 148.5 mg/kg，处于 5 级（低）水平。2018—2022 年，萍乡市水田土壤缓效钾表现为升高，年增幅为 5.86 mg/kg。与 2018 年比较，2022 年水田土壤缓效钾含量升高 14.9%；与土壤缓效钾平均值比较，2022 年水田土壤缓效钾含量升高 3.6%。

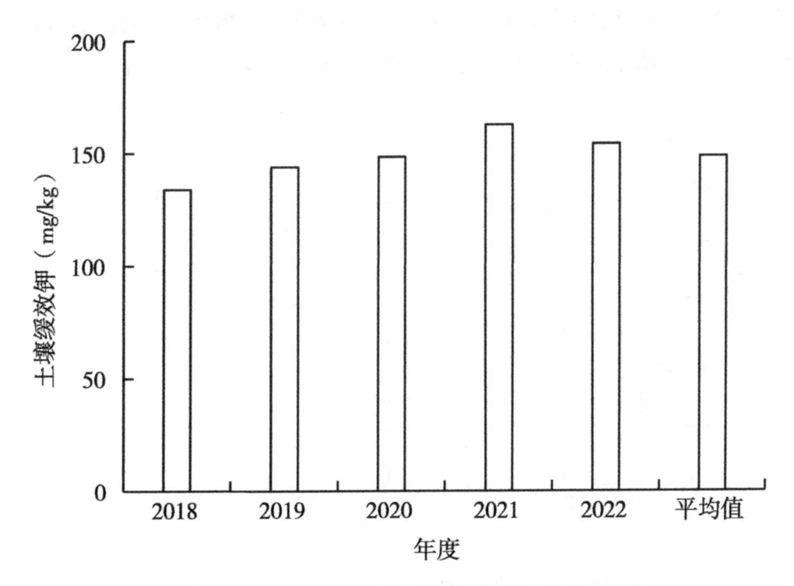

图 3-75　萍乡市水田土壤缓效钾含量及变化趋势

2. 土壤缓效钾分级情况

根据《江西省耕地质量监测指标分级标准》，萍乡市土壤缓效钾主要集中在 5 级（低）水平（图 3-76）。无处于 1 级（高）水平的监测点；处于 2 级（较高）水平的监

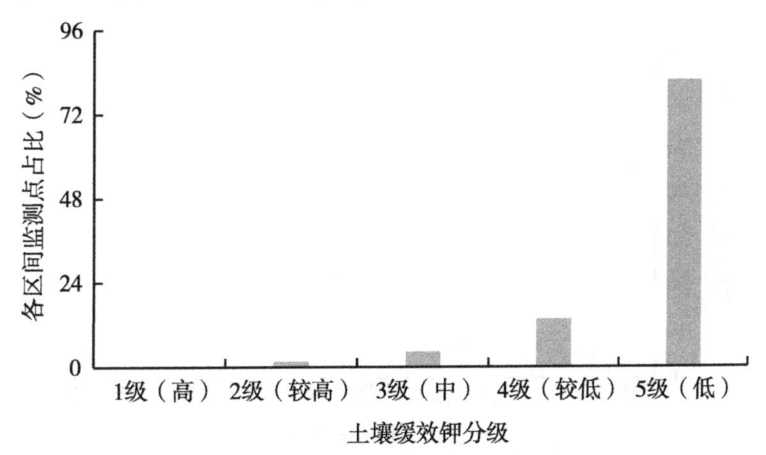

图 3-76　萍乡市土壤缓效钾各区间监测点占比

测点有 1 个，占 1.3%；处于 3 级（中）水平的监测点有 3 个，占 4.0%；处于 4 级（较低）水平的监测点有 10 个，占 13.3%；处于 5 级（低）水平的监测点有 61 个，占 81.4%。

（六）土壤 pH 现状及演变趋势

1. 土壤 pH 现状

2016—2022 年，萍乡市耕地质量监测数据分析结果表明（图 3-77），土壤 pH 有效监测点数 134 个，平均值为 5.9，处于 2 级（较高）水平。2016—2022 年，萍乡市水田土壤 pH 表现为增加，年增幅为 0.03 个单位。与 2016 年相比，2022 年水田土壤 pH 增加 0.23 个单位；与土壤 pH 平均值比较，2022 年水田土壤 pH 增加 0.10 个单位。

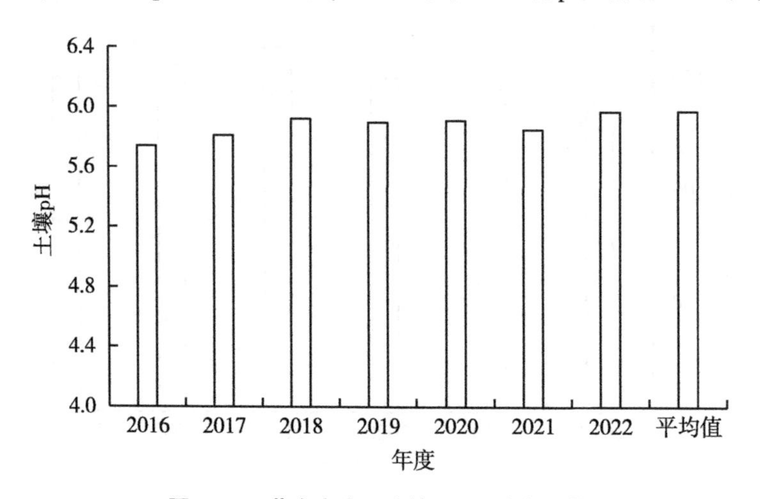

图 3-77　萍乡市水田土壤 pH 及变化趋势

2. 土壤 pH 分级情况

根据《江西省耕地质量监测指标分级标准》，萍乡市土壤 pH 主要集中在 2 级（较高）水平（图 3-78）。处于 1 级（高）水平的监测点有 15 个，占 11.2%；处于 2 级

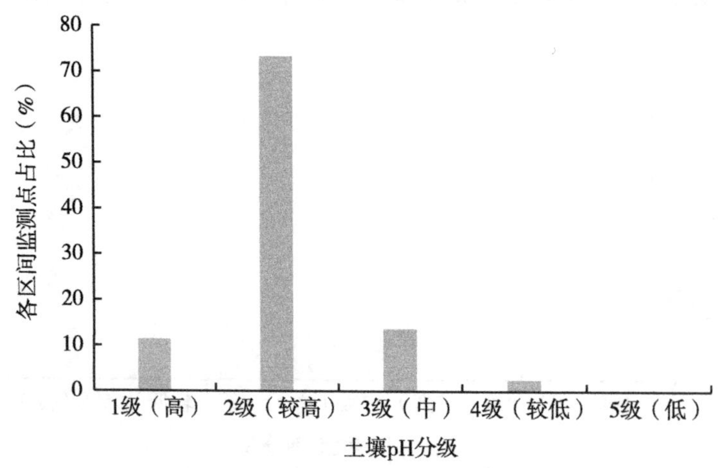

图 3-78　萍乡市土壤 pH 各区间监测点占比

（较高）水平的监测点有 98 个，占 73.2%；处于 3 级（中）水平的监测点有 18 个，占 13.4%；处于 4 级（较低）水平的监测点有 3 个，占 2.2%；无处于 5 级（低）水平的监测点。

（七）土壤耕层厚度现状及演变趋势

1. 土壤耕层厚度现状

2016—2022 年，萍乡市耕地质量监测数据分析结果表明（图 3-79），种植粮食作物的耕地土壤耕层厚度有效监测点数 141 个，平均值为 21.6 cm，处于 1 级（高）水平。2016—2022 年，水田土壤耕层厚度表现为升高，年增幅为 0.16 cm。与 2016 年相比，2022 年水田土壤耕层厚度降低 5.1%；与土壤耕层厚度平均值比较，2022 年水田土壤耕层厚度升高 2.8%。

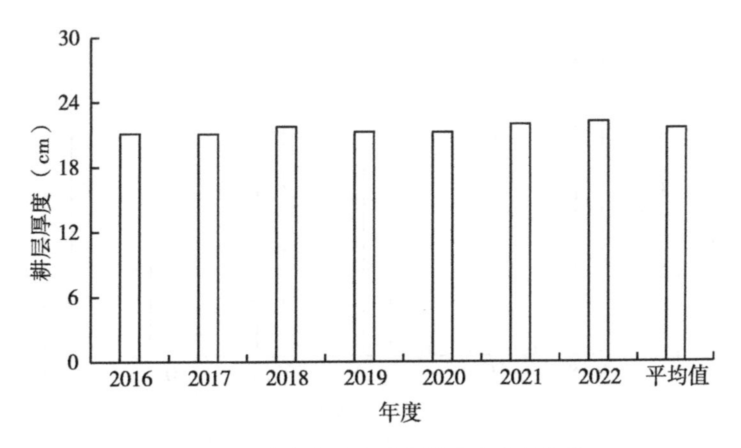

图 3-79　萍乡市水田耕层厚度及变化趋势

2. 土壤耕层厚度分级情况

根据《江西省耕地质量监测指标分级标准》，萍乡市土壤耕层厚度主要集中在 2 级（较高）水平（图 3-80）。处于 1 级（高）水平的监测点有 16 个，占 11.4%；处于 2

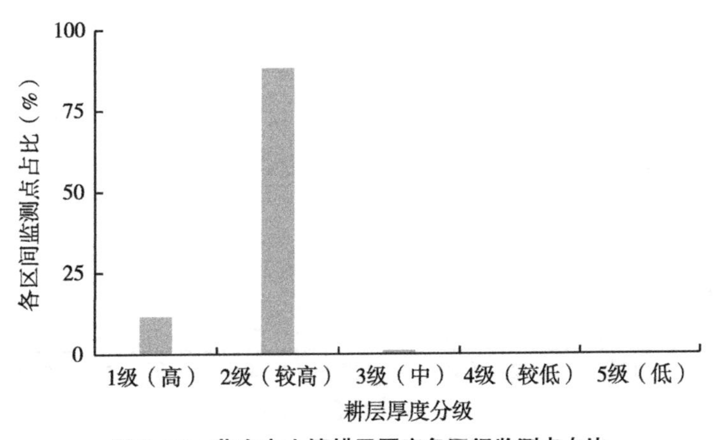

图 3-80　萍乡市土壤耕层厚度各区间监测点占比

级（较高）水平的监测点有124个，占87.9%；处于3级（中）水平的监测点有1个，占0.7%；无处于4级（较低）、5级（低）水平的监测点。

（八）土壤容重现状及演变趋势

1. 土壤容重现状

2018—2022年，萍乡市耕地质量监测数据分析结果表明（图3-81），种植粮食作物的耕地土壤容重有效监测点数79个，平均值为1.31 g/cm³，处于2级（较高）水平。2018—2022年，水田土壤容重表现为降低，年降幅为0.081 g/cm³。与2018年比较，2022年水田土壤容重降低24.2%；与土壤容重平均值比较，2022年水田土壤容重降低11.1%。

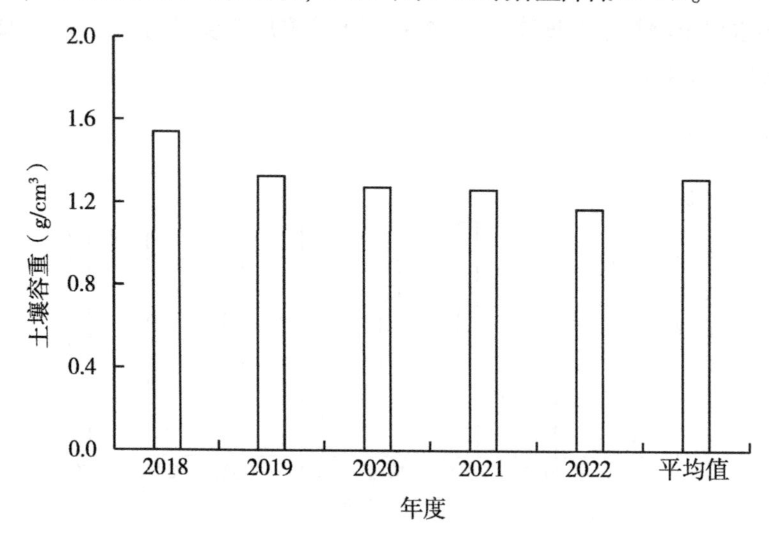

图3-81　萍乡市水田土壤容重及变化趋势

2. 土壤容重分级情况

根据《江西省耕地质量监测指标分级标准》，萍乡市土壤容重主要集中在2级（较高）水平（图3-82）。处于1级（高）水平的监测点有19个，占监测点总数24.1%；

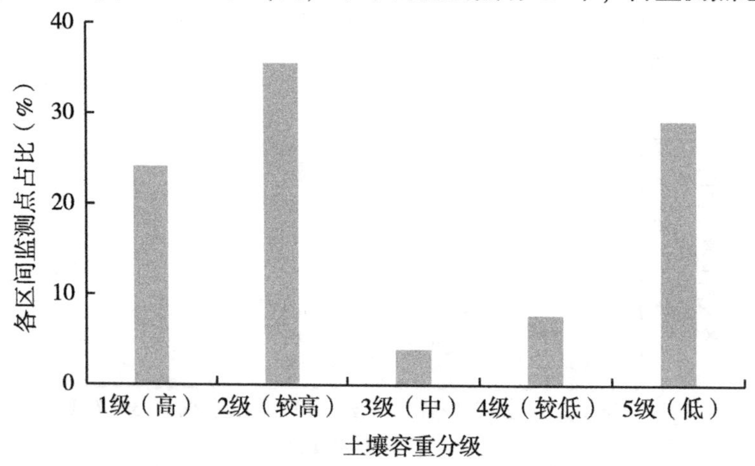

图3-82　萍乡市水田土壤容重各区间监测点占比

处于 2 级（较高）水平的监测点有 28 个，占 35.4%；处于 3 级（中）水平的监测点有 3 个，占 3.8%；处于 4 级（较低）水平的监测点有 6 个，占 7.6%；处于 5 级（低）水平的监测点有 23 个，占 29.1%。

二、肥料投入与利用情况

（一）肥料投入现状

萍乡市区监测点肥料总投入量（折纯，下同）平均值 488.4 kg/hm^2，其中，有机肥投入量平均值 166.1 kg/hm^2，化肥投入量平均值 322.3 kg/hm^2，有机肥和化肥之比为 1∶1.9。肥料总投入中，氮肥（N）投入 188.5 kg/hm^2，磷肥（P_2O_5）投入 98.4 kg/hm^2，钾肥（K_2O）投入 201.5 kg/hm^2，投入量依次为肥料钾>肥料氮>肥料磷，氮∶磷∶钾为 1∶0.52∶1.07。其中，化肥投入中，氮肥（N）投入 129.3 kg/hm^2，磷肥（P_2O_5）投入 79.6 kg/hm^2，钾肥（K_2O）投入 113.4 kg/hm^2，投入量依次为化肥氮>化肥钾>化肥磷，氮∶磷∶钾为 1∶0.62∶0.88。

（二）主要粮食作物肥料投入和产量变化趋势

中稻肥料投入和产量变化趋势

2016—2022 年，萍乡市区监测点中稻肥料总投入量呈波动下降趋势，2022 年中稻肥料总投入量为 574.4 kg/hm^2，比 2016 年降低 26.2 kg/hm^2，下降了 4.3%，年际波动范围为 512.9~605.8 kg/hm^2。

其中，化肥投入量呈波动下降趋势，2022 年中稻化肥投入量为 378.9 kg/hm^2，比 2016 年降低 22.5 kg/hm^2，下降了 5.6%，年际波动范围为 340.8~401.4 kg/hm^2；有机肥投入量总体水平较低，平均投入水平为 198.0 kg/hm^2，低于化肥投入水平（平均值 369.8 kg/hm^2），有机肥料占总投入的比重为 33.2%~36.7%，平均值为 34.9%（图 3-83），近些年呈波动下降趋势。

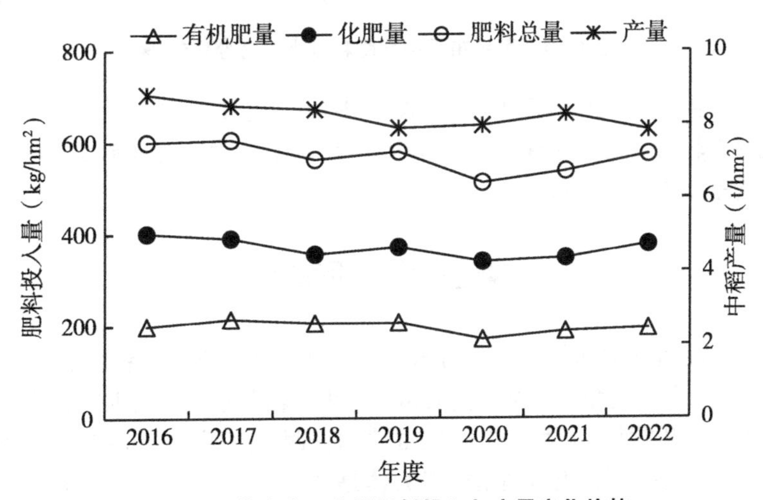

图 3-83　萍乡市区中稻肥料投入与产量变化趋势

2016—2022年，萍乡市区中稻产量为7.84~8.81 t/hm^2，波动幅度较小，中稻产量呈现先下降后上升又下降的趋势，2022年中稻产量为7.84 t/hm^2。另外，比较分析2016—2022年萍乡市区肥料投入与中稻产量之间的关系，两者相关性较弱。

（三）偏生产力

中稻肥料偏生产力

2016—2022年，萍乡市区中稻肥料氮偏生产力变化幅度较小，波动范围为32.9~35.7 kg/kg，2022年比2016年下降了4.3%。

肥料磷偏生产力变化幅度较大，变化范围为71.5~80.6 kg/kg，具体变化情况为2016—2018年呈先下降后波动上升趋势，2018年达最低值（71.5 kg/kg），2022年为（72.5 kg/kg），相比2016年降幅为10.0%。

肥料钾偏生产力变化幅度较小，波动范围为38.7~41.3 kg/kg，具体变化情况为2016—2022年呈波动上升趋势，2022年为41.3 kg/kg，比2016年的39.1 kg/kg下降了5.6%（图3-84）。

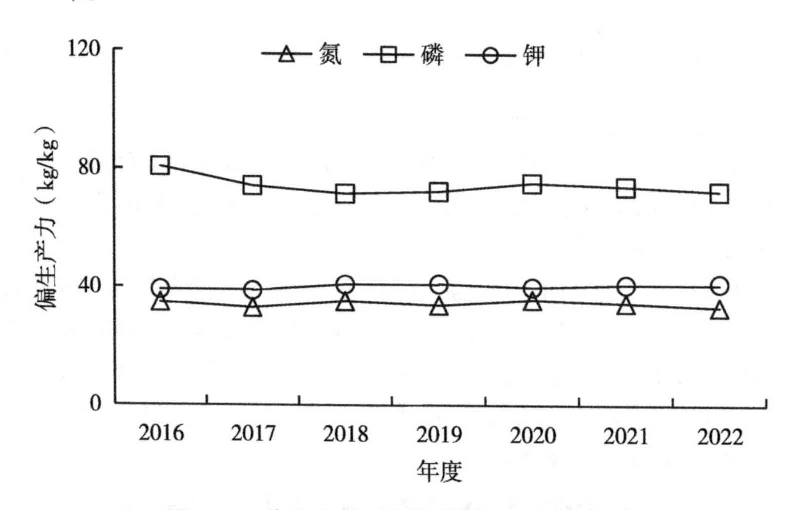

图3-84　萍乡市区中稻肥料偏生产力变化趋势

萍乡市区总体上，肥料磷偏生产力>肥料钾偏生产力>肥料氮偏生产力，肥料磷偏生产力变化幅度较大，肥料氮偏生产力和肥料钾偏生产力变化趋势大体一致，2016年以来，三者均是呈波动上升趋势。

第五节　新余市

新余市位于江西省中部偏西，东临樟树市、新干县，西接宜春市袁州区，南连吉安县、安福县、峡江县，北毗上高县、高安市，全市下辖分宜县、渝水区、仙女湖风景名胜区、高新技术产业开发区，总面积3 178 km^2，占江西省总面积的1.9%。新余市地形西部以丘陵为主，东部为平原，土地利用构成大体是“六山半水二分田，分半道路和庄园”，新余市属亚热带湿润性气候，具有四季分明、气候温和、日照充足、雨量充沛、无霜期长、严冬较短的特征。2022 年江西省土地利用现状统计资料表明，新余市耕地面积 103.32 万亩，其中水田面积 78.40 万亩、旱地面积 24.92 万亩。新余市共有耕地质量监测点 14 个，其中国家级监测点 1 个、省级监测点 13 个，主要分布在渝水区和分宜县。

一、耕地质量主要现状

（一）土壤有机质现状及演变趋势

1. 土壤有机质现状

2016—2022 年，新余市耕地质量监测数据分析结果表明（图 3-85），土壤有机质含量有效监测点数124个，平均含量 38.4 g/kg，处于2 级（较高）水平，其中水田土壤有机质平均含量 39.3 g/kg，旱地土壤有机质平均含量 20.1 g/kg。2016—2022 年，新余市水田土壤有机质表现为降低，年降幅为 0.37 g/kg。与 2016 年相比，2022 年水田土壤有机质含量轻微增加；与有机质平均值比较，2022 年水田土壤有机质含量增加 4.3%。新余市旱地土壤有机质表现为增加，年增幅为 1.4 g/kg。与 2016 年相比，2022 年旱地土壤有机质含量增加 56.5%；与土壤有机质平均值比较，2022 年旱地土壤有机质含量增加 20.2%。

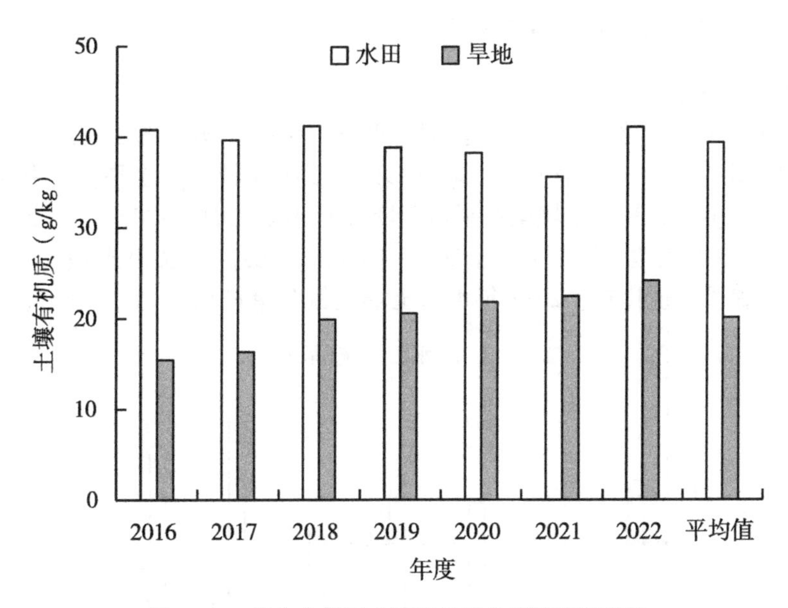

图 3-85　新余市耕层土壤有机质含量及变化趋势

2. 土壤有机质分级情况

根据《江西省耕地质量监测指标分级标准》，土壤有机质含量主要集中在 1 级（高）水平（图 3-86）。处于 1 级（高）水平的监测点有 46 个，占 37.0%；处于 2 级（较高）水平的监测点有 43 个，占 34.7%；处于 3 级（中）水平的监测点有 23 个，占 18.6%；处于 4 级（较低）水平的监测点有 12 个，占 9.7%；无处于 5 级（低）水平的监测点。

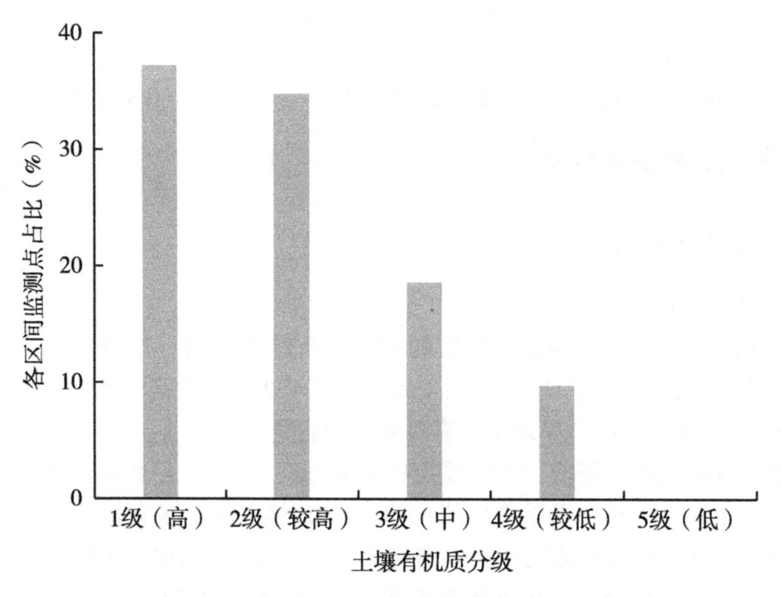

图 3-86　新余市土壤有机质各区间监测点占比

（二）土壤全氮现状及演变趋势

1. 土壤全氮现状

2016—2022 年，新余市耕地质量监测数据分析结果表明（图 3-87），土壤全氮含量有效监测点数 48 个，平均含量 2.0 g/kg，处于 2 级（较高）水平，其中水田土壤全氮平均含量 2.1 g/kg，旱地土壤全氮平均含量 1.3 g/kg。2016—2022 年，新余市水田土壤全氮表现为变化趋势不明显。与 2016 年相比，2022 年水田土壤全氮含量增加 17.1%；与全氮平均值比较，2022 年水田土壤全氮含量增加 11.1%。新余市旱地土壤

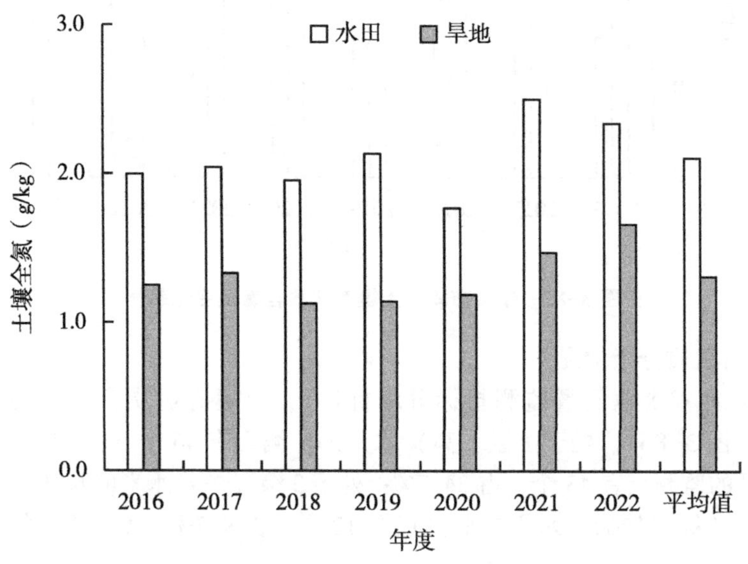

图 3-87　新余市耕层土壤全氮含量及变化趋势

全氮表现为变化趋势不明显。与 2016 年相比，2022 年旱地土壤全氮含量增加 32.8%；与土壤全氮平均值比较，2022 年旱地土壤全氮含量增加 26.7%。

2. 土壤全氮分级情况

根据《江西省耕地质量监测指标分级标准》，土壤全氮含量主要集中在 2 级（较高）水平（图 3-88）。处于 1 级（高）水平的监测点有 13 个，占监测点总数 27.1%；处于 2 级（较高）水平的监测点有 23 个，占 47.9%；处于 3 级（中）水平的监测点有 6 个，占 12.5%；处于 4 级（较低）水平的监测点有 6 个，占 12.5%；无处于 5 级（低）水平的监测点。

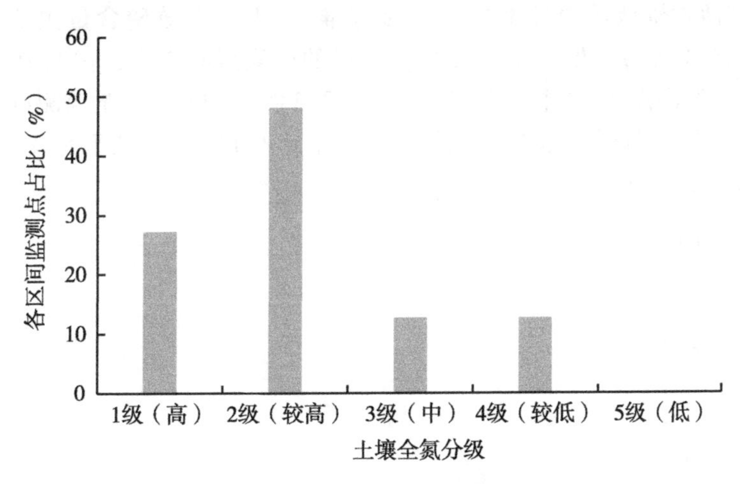

图 3-88　新余市耕层土壤全氮各区间监测点占比

（三）土壤有效磷现状及演变趋势

1. 土壤有效磷现状

2016—2022 年，新余市耕地质量监测数据分析结果表明（图 3-89），土壤有效磷含量有效监测点124个，平均含量 18.2 mg/kg，处于 3 级（中）水平，其中水田土壤有

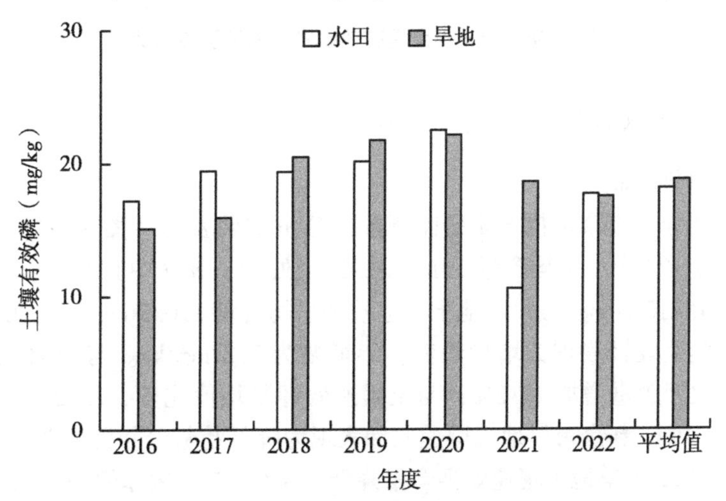

图 3-89　新余市耕层土壤有效磷含量及变化趋势

效磷平均含量 18.1 mg/kg，旱地土壤有效磷平均含量 18.8 mg/kg。2016—2022 年，新余市水田土壤有效磷表现为降低趋势，年降幅为 0.47 mg/kg。与 2016 年相比，2022 年水田土壤有效磷含量增加 2.9%；与土壤有效磷平均值比较，2022 年水田土壤有效磷含量降低 2.9%。新余市旱地土壤有效磷表现为增加趋势，年增幅为 0.51 mg/kg。与 2016 年相比，2022 年旱地土壤有效磷含量增加 15.9%；与土壤有效磷平均值比较，2022 年旱地土壤有效磷含量降低 6.9%。

2. 土壤有效磷分级情况

根据《江西省耕地质量监测指标分级标准》，土壤有效磷含量主要集中在 3 级（中）水平（图 3-90）。处于 1 级（高）水平的监测点有 7 个，占 5.7%；处于 2 级（较高）水平的监测点有 37 个，占 29.8%；处于 3 级（中）水平的监测点有 63 个，占 50.8%；处于 4 级（较低）水平的监测点有 13 个，占 10.5%；处于 5 级（低）水平的监测点有 4 个，占 3.2%。

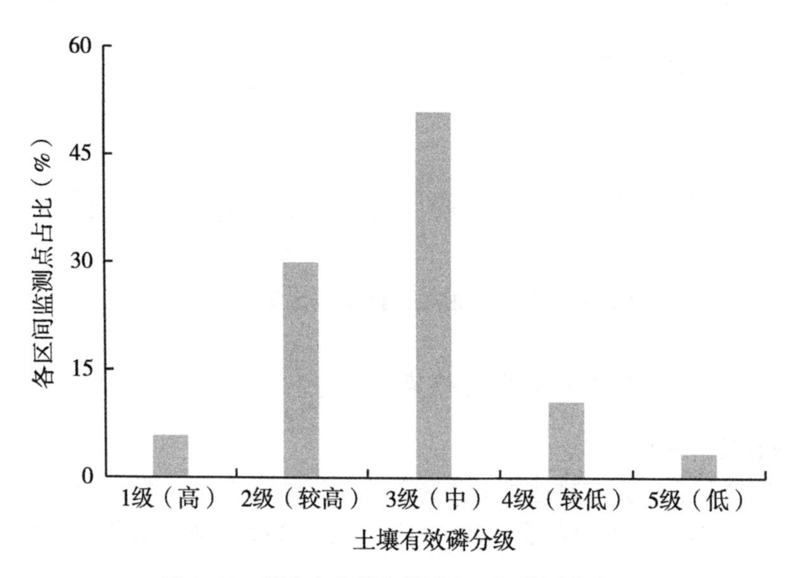

图 3-90　新余市土壤有效磷各区间监测点占比

（四）土壤速效钾现状及演变趋势

1. 土壤速效钾现状

2016—2022 年，新余市耕地质量监测数据分析结果表明（图 3-91），土壤速效钾含量有效监测点 124 个，平均含量 111.0 mg/kg，处于 3 级（中）水平，其中水田土壤速效钾平均含量 110.0 mg/kg，旱地土壤速效钾平均含量 110.5 mg/kg。2016—2022 年，新余市水田土壤速效钾表现为增加趋势，年增幅为 7.3 mg/kg。与 2016 年相比，2022 年水田土壤速效钾含量增加 41.2%；与土壤速效钾平均值比较，2022 年水田土壤速效钾含量增加 22.4%。新余市旱地土壤速效钾表现为降低趋势，年降幅为 1.3 mg/kg。与 2016 年相比，2022 年旱地土壤速效钾含量降低 5.9%；与土壤速效钾平均值比较，2022 年旱地土壤速效钾含量降低 14.0%。

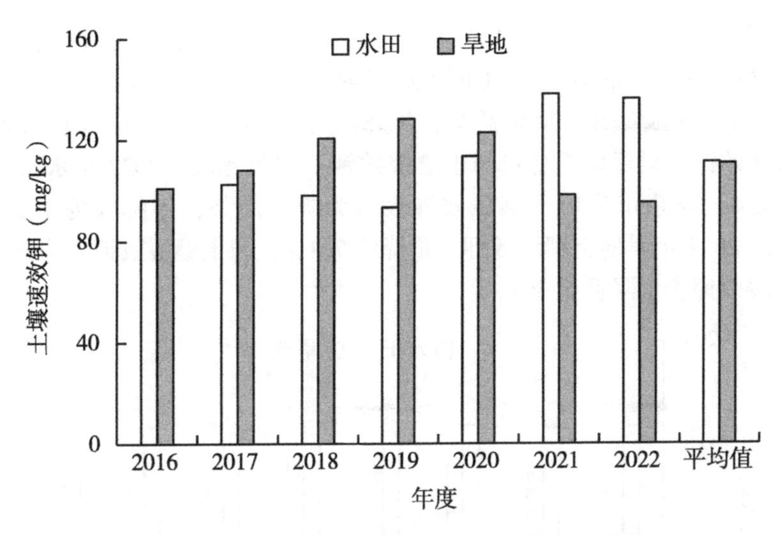

图 3-91　新余市耕层土壤速效钾含量及变化趋势

2. 土壤速效钾分级情况

根据《江西省耕地质量监测指标分级标准》，土壤速效钾含量主要集中在 4 级（较低）水平（图 3-92）。处于 1 级（高）水平的监测点有 9 个，占 7.3%；处于 2 级（较高）水平的监测点有 28 个，占 22.6%；处于 3 级（中）水平的监测点有 38 个，占 30.7%；处于 4 级（较低）水平的监测点有 49 个，占 39.4%；无处于 5 级（低）水平的监测点。

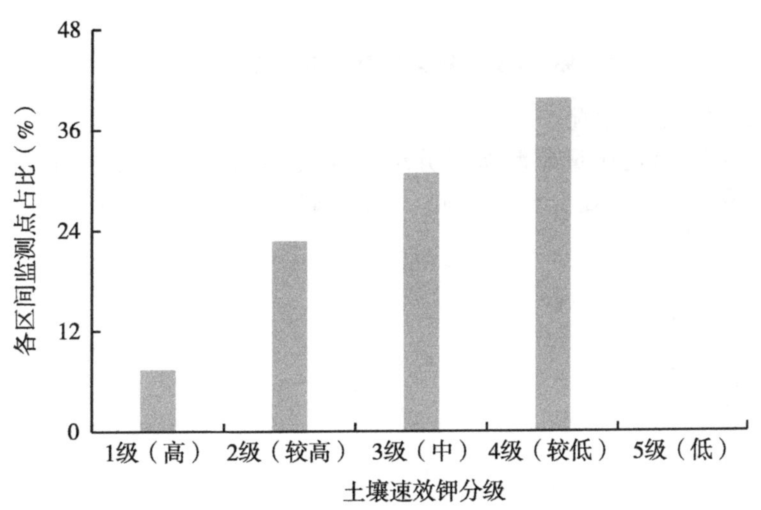

图 3-92　新余市土壤速效钾各区间监测点占比

（五）土壤缓效钾现状及演变趋势

1. 土壤缓效钾现状

2016—2022 年，新余市耕地质量监测数据分析结果表明（图 3-93），土壤缓效钾含量有效监测点 42 个，平均含量 159.9 mg/kg，处于 5 级（低）水平，其中水田土壤缓效钾平均含量 160.9 mg/kg，旱地土壤缓效钾平均含量 141.5 mg/kg。2016—2022 年，新余市水田土壤缓效钾表现为降低趋势，年降幅为 0.36 mg/kg。与 2016 年相比，2022 年水田土壤缓效钾含量保持不变；与土壤缓效钾平均值比较，2022 年水田土壤缓效钾含量增加 0.6%。新余市旱地土壤缓效钾表现为降低趋势，年降幅为 1.6 mg/kg。与 2016 年相比，2022 年旱地土壤缓效钾含量降低 7.1%；与土壤缓效钾平均值比较，2022 年旱地土壤缓效钾含量降低 5.3%。

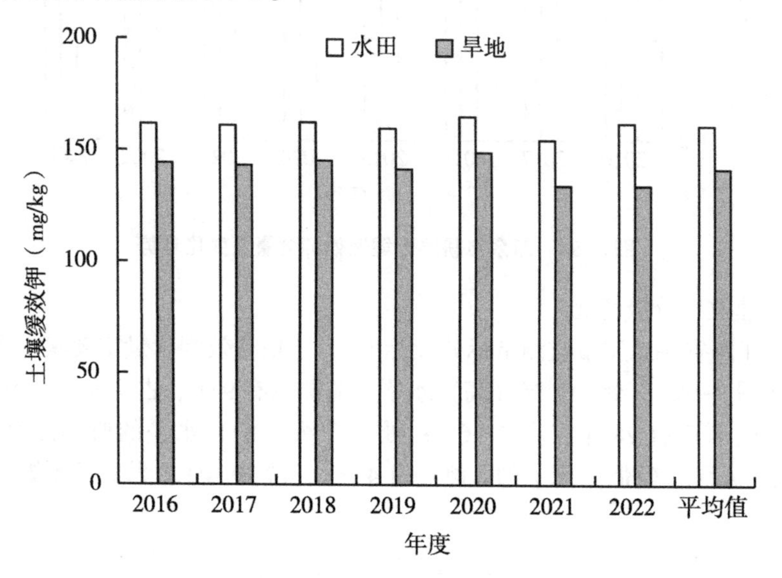

图 3-93　新余市耕层土壤缓效钾含量及变化趋势

2. 土壤缓效钾分级情况

根据《江西省耕地质量监测指标分级标准》，土壤缓效钾含量主要集中在 5 级（低）水平（图 3-94）。处于 1 级（高）水平的监测点有 1 个，占 2.4%；无处于 2 级

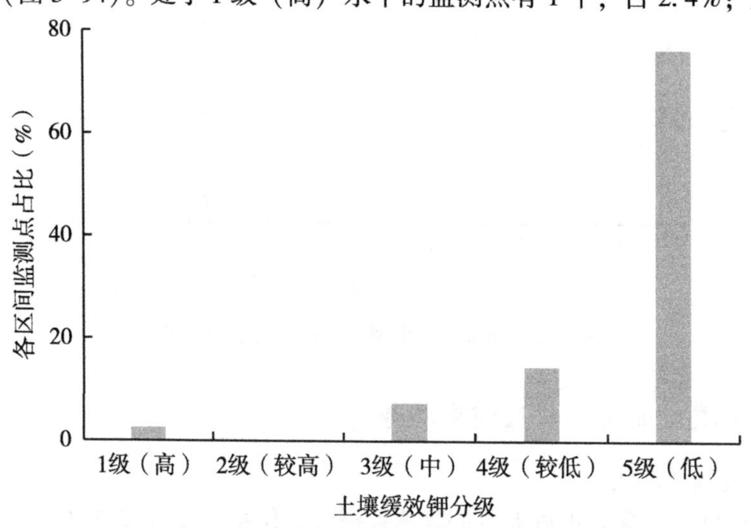

图 3-94　新余市土壤缓效钾各区间监测点占比

（较高）水平的监测点；处于3级（中）水平的监测点有3个，占7.1%；处于4级（较低）水平的监测点有6个，占14.3%；处于5级（低）水平的监测点有32个，占76.2%。

（六）土壤pH现状及演变趋势

1. 土壤pH现状

2016—2022年，新余市耕地质量监测数据分析结果表明（图3-95），土壤pH有效监测点124个，平均值为5.57，处于2级（较高）水平，其中水田土壤pH平均值5.60，旱地土壤pH平均值5.10。2016—2022年，新余水田土壤pH表现为缓慢增加趋势，年增幅0.07个单位。与2016年相比，2022年水田土壤pH增加0.45个单位；与土壤pH平均值比较，2022年水田土壤pH增加0.30个单位。新余市旱地土壤pH表现为增加趋势，年增幅为0.06个单位。与2016年相比，2022年旱地土壤pH增加0.35个单位；与土壤pH平均值比较，2022年旱地土壤pH增加0.15个单位。

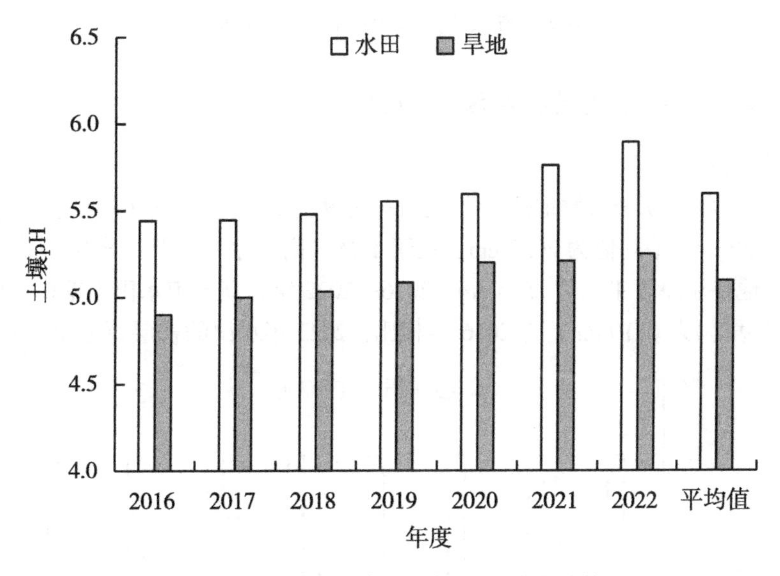

图3-95　新余市耕层土壤pH及变化趋势

2. 土壤pH分级情况

根据《江西省耕地质量监测指标分级标准》，土壤pH主要集中在3级（中）水平（图3-96）。处于1级（高）水平的监测点有5个，占监测点总数4.0%；处于2级（较高）水平的监测点有44个，占35.5%；处于3级（中）水平的监测点有52个，占42.0%；处于4级（较低）水平的监测点有22个，占17.7%；处于5级（低）水平的监测点有1个，占0.8%。

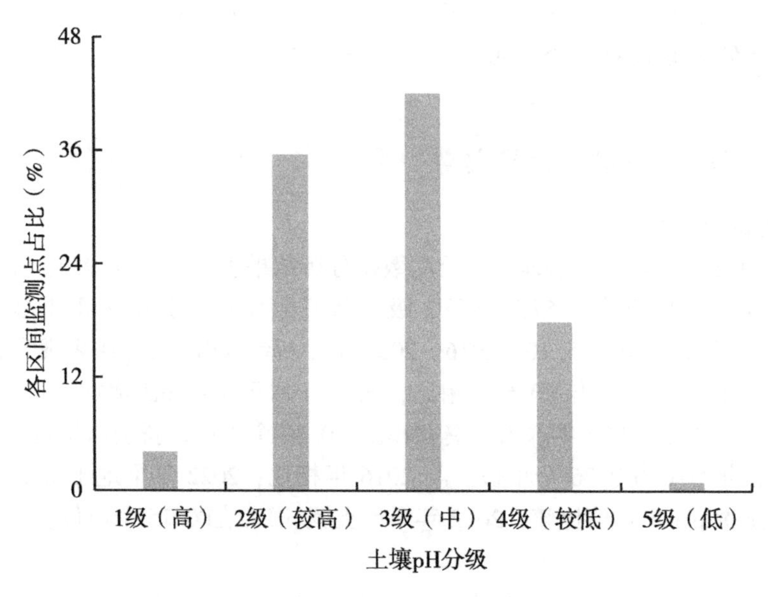

图 3-96　新余市土壤 pH 各区间监测点占比

（七）土壤耕层厚度现状及演变趋势

1. 土壤耕层厚度现状

2016—2022 年，新余市耕地质量监测数据分析结果表明（图 3-97），土壤耕层厚度有效监测点 126 个，平均值为 20.7 cm，处于 1 级（高）水平，其中水田平均耕层厚度是 20.4 cm，旱地耕层厚度平均值 25.3 cm。2016—2022 年，新余市水田土壤耕层厚度表现为增加趋势，年增幅为 0.10 cm。与 2016 年相比，2022 年水田的耕层厚度增加 0.5%；与土

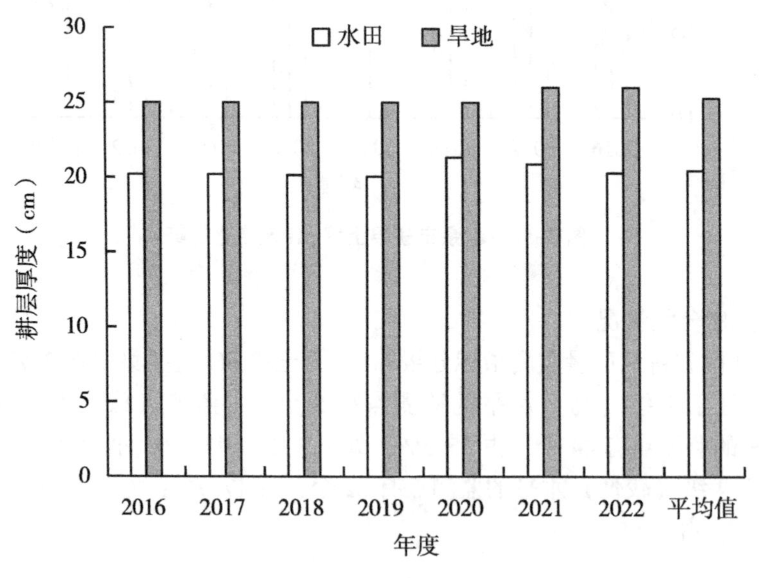

图 3-97　新余市土壤耕层厚度及变化趋势

壤耕层厚度平均值比较，2022 年水田土壤耕层厚度降低 0.7%。新余市旱地土壤耕层厚度表现为增加趋势，年增幅为 0.18 cm。与 2016 年相比，2022 年水田土壤耕层厚度增加 4.0%；与土壤耕层厚度平均值比较，2022 年水田土壤耕层厚度降低 2.8%。

2. 土壤耕层厚度分级情况

根据《江西省耕地质量监测指标分级标准》，土壤耕层厚度主要集中在 2 级（较高）水平（图 3-98）。处于 1 级（高）水平的监测点有 34 个，占 27.0%；处于 2 级（较高）水平的监测点有 91 个，占 72.2%；处于 3 级（中）水平的监测点有 1 个，占 0.8%；无处于 4 级（较低）、5 级（低）水平的监测点。

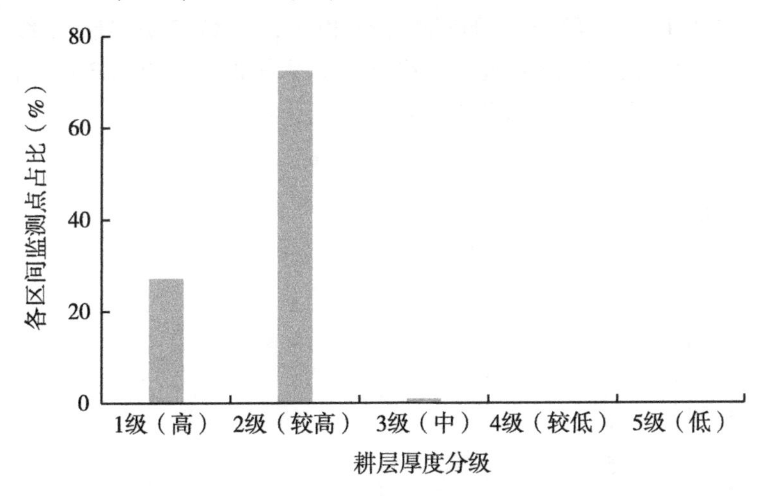

图 3-98　新余市土壤耕层厚度各区间监测点占比

（八）土壤容重现状及演变趋势

1. 土壤容重现状

2016—2022 年，新余市耕地质量监测数据分析结果表明（图 3-99），土壤容重有

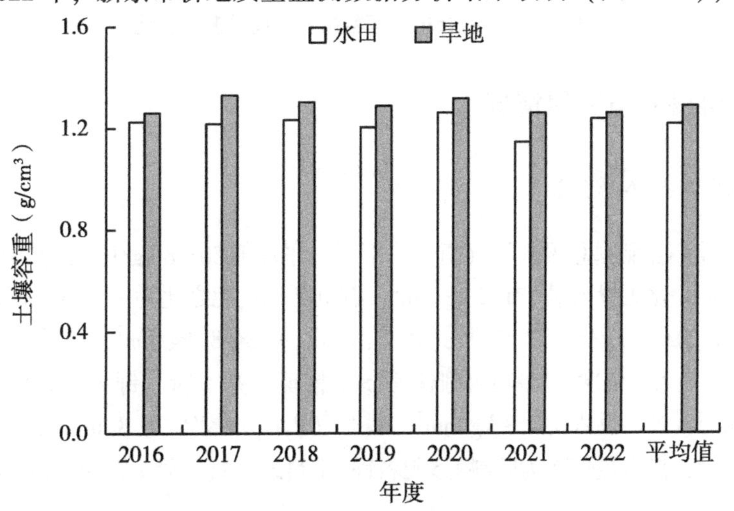

图 3-99　新余市耕层土壤容重及变化趋势

效监测点42个，平均含量 1.22 g/cm³，处于 1 级（高）水平，其中水田土壤容重平均值 1.20 g/cm³，旱地土壤容重平均值 1.29 g/cm³。2016—2022 年，新余市水田土壤容重表现为变化趋势不明显。与 2016 年相比，2022 年水田土壤容重增加 1.0%；与容重平均值比较，2022 年水田土壤容重增加 1.6%。新余市旱地土壤容重表现为变化趋势不明显。与 2016 年相比，2022 年旱地土壤容重保持不变；与土壤容重平均值比较，2022 年旱地土壤容重降低 2.2%。

2. 土壤容重分级情况

根据《江西省耕地质量监测指标分级标准》，土壤容重主要集中在 1 级（高）水平（图 3-100）。处于 1 级（高）水平的监测点有 20 个，占 47.7%；处于 2 级（较高）水平的监测点有 19 个，占 45.2%；处于 3 级（中）水平的监测点有 3 个，占 7.1%；无处于 4 级（较低）、5 级（低）水平的监测点。

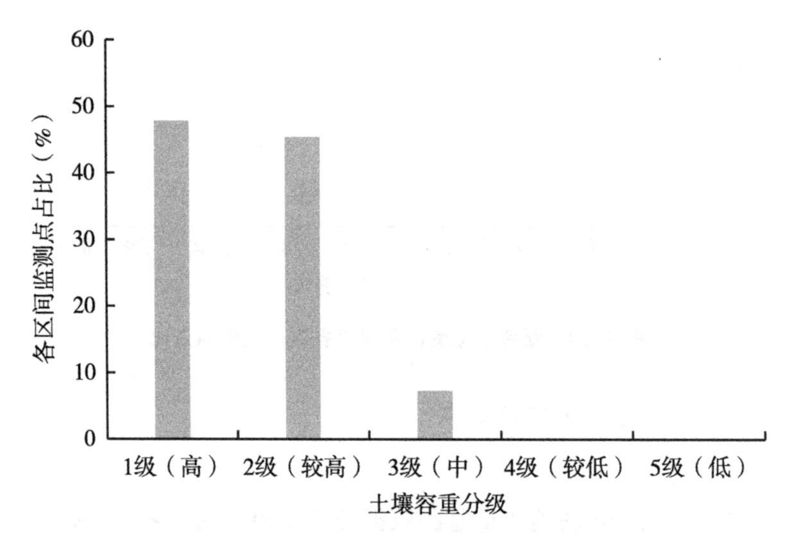

图 3-100　新余市土壤容重各区间监测点占比

二、肥料投入与利用情况

（一）肥料投入现状

新余市区监测点肥料总投入量（折纯，下同）平均值 503.8 kg/hm²，其中，有机肥投入量 332.3 kg/hm²，化肥投入量 171.5 kg/hm²，有机肥和化肥之比为 1∶1.9。肥料总投入中氮肥（N）投入 203.7 kg/hm²，磷肥（P_2O_5）投入 84.8 kg/hm²，钾肥（K_2O）投入 215.3 kg/hm²，投入量依次为肥料钾>肥料氮>肥料磷，氮∶磷∶钾为 1∶0.4∶1.1。其中，化肥投入中氮肥（N）投入 157.8 kg/hm²、磷肥（P_2O_5）投入 70.8 kg/hm²、钾肥（K_2O）投入 103.7 kg/hm²，投入量依次为肥料氮>肥料钾>肥料磷，氮∶磷∶钾为 1∶0.4∶0.7。

（二）主要粮食作物肥料投入和产量变化趋势

1. 早稻肥料投入和产量变化趋势

2016—2022 年，新余市区监测点早稻肥料总投入量呈现先上升后下降趋势，2020 年投入最高，为 537.5 kg/hm²。2022 年水稻肥料总投入量为 480.4 kg/hm²，比 2016 年降低 7.9 kg/hm²，下降了 1.6%，年际波动范围为 480.4~537.5 kg/hm²。

其中，化肥投入量呈稳定下降趋势，2022 年水稻肥料总投入量为 303.6 kg/hm²，比 2016 年降低 42.7 kg/hm²，下降了 12.3%，年际波动范围为 303.6~346.3 kg/hm²；有机肥投入量总体水平较低，平均投入水平为 169.5 kg/hm²，远低于化肥投入水平（平均值 324.8 kg/hm²）。有机肥料占总投入的比重为 29.1%~41.7%，平均值为 34.3%（图 3-101），近些年呈现先上升后小幅下降趋势，在 2020 年投入最多，为 224.3 kg/hm²，2022 年投入量为 176.8 kg/hm²，比 2016 年上升了 34.8 kg/hm²，增幅 24.5%。

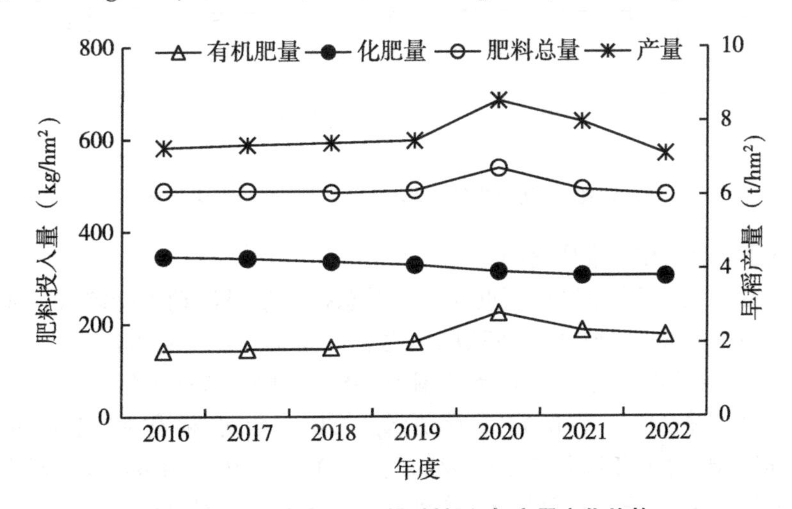

图 3-101　新余市区早稻肥料投入与产量变化趋势

2016—2022 年，新余市区早稻产量为 7.11~8.55 t/hm²，波动幅度较大，水稻产量呈现先上升后下降趋势，2020 年产量最高，为 8.55 t/hm²，2022 年水稻产量为 7.11 t/hm²，比 2016 年降低 0.2 t/hm²，下降了 2.7%。另外，比较分析 2016—2022 年新余市区肥料投入与早稻产量之间关系，两者相关性较好。

2. 中稻肥料投入和产量变化趋势

2016—2022 年，新余市区监测点中稻肥料总投入量呈波动下降趋势，2022 年达最低值。2022 年中稻肥料总投入量为 501.8 kg/hm²，比 2016 年降低 33.6 kg/hm²，下降了 6.3%，年际波动范围为 501.8~537.0 kg/hm²。

其中，化肥投入量呈稳定下降趋势，2022 年水稻化肥投入量为 309.0 kg/hm²，比 2016 年降低 47.8 kg/hm²，下降了 13.4%，年际波动范围为 309.0~356.8 kg/hm²；有机肥投入量总体水平较低，平均投入水平为 181.4 kg/hm²，远低于化肥投入水平（平均值 343.2 kg/hm²），有机肥料占总投入的比重为 33.4%~38.4%，平均值为 34.6%（图 3-102），近些年呈稳定上升趋势，在 2022 年投入最多，为 192.8 kg/hm²，比 2016 年增加 14.2 kg/hm²，增幅 7.9%。

2016—2022 年，新余市区中稻产量为 7.77~8.44 t/hm²，波动幅度较小，水稻产量呈波动上升趋势，2020 年产量最低，为 7.77 t/hm²，2022 年水稻产量为 8.31 t/hm²。另外，比较分析 2016—2022 年新余市区肥料投入与中稻产量之间关系，两者相关性不明显。

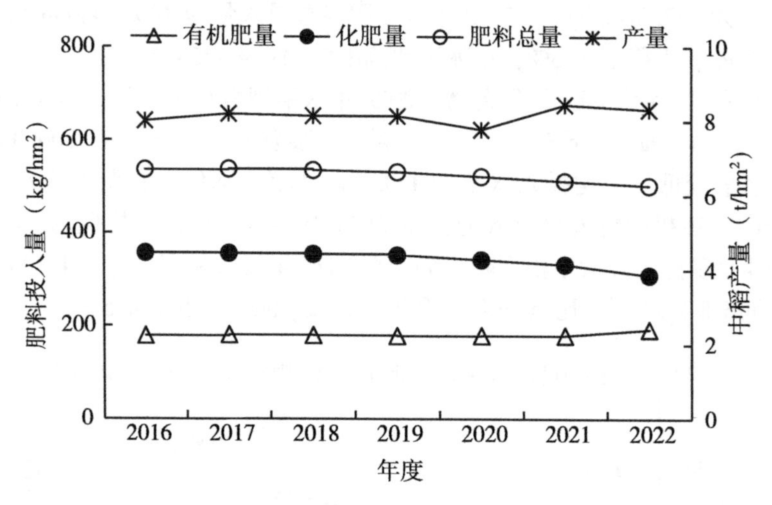

图 3-102　新余市区中稻肥料投入与产量变化趋势

3. 晚稻肥料投入和产量变化趋势

2016—2022 年，新余市区监测点晚稻肥料总投入量呈波动下降趋势，2017 年投入最高，为 506.0 kg/hm²。2022 年晚稻肥料总投入量为 501.4 kg/hm²，比 2016 年降低 2.1 kg/hm²，下降了 0.4%，年际波动范围为 488.1~506.0 kg/hm²。

其中，化肥投入量呈稳定下降趋势，2022 年水稻化肥投入量最低，为 317.5 kg/hm²，比 2016 年降低 29.3 kg/hm²，下降了 8.4%，年际波动范围为 317.5~346.8 kg/hm²；有机肥投入量总体水平较低，平均投入水平为 163.5 kg/hm²，远低于化肥投入水平（平均值 334.6 kg/hm²），有机肥料占总投入的比重为 31.1%~36.7%，平

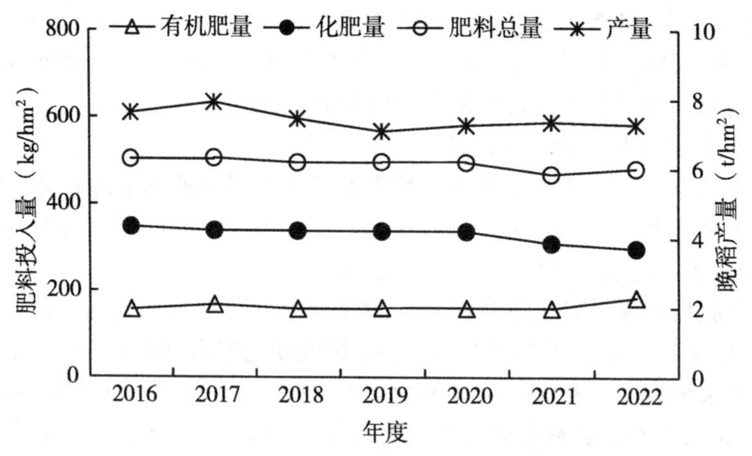

图 3-103　新余市区晚稻肥料投入与产量变化趋势

均值为 32.8%（图 3-103），近些年呈稳定上升趋势，在 2022 年投入最多，为 183.9 kg/hm²，比 2016 年增加 27.2 kg/hm²，增幅 17.4%。

2016—2022 年，新余市区晚稻产量为 7.09~7.93 t/hm²，波动幅度较小，水稻产量呈现先上升后波动下降趋势，2017 年产量最高，为 7.93 t/hm²，2022 年水稻产量为 7.29 t/hm²，比 2016 年降低了 0.33 t/hm²，下降了 4.3%。另外，比较分析 2016—2022 年新余市区肥料投入与晚稻产量之间关系，两者相关性不明显。

（三）偏生产力

1. 早稻肥料偏生产力

2016—2022 年，新余市区早稻肥料氮偏生产力变化幅度较大，主要变化情况为 2016—2020 年变化幅度很小，肥料氮偏生产力先增加，2020 年达到最大值 39.0 kg/kg，2020 年之后下降，2022 年为 37.0 kg/kg，2022 年比 2016 年上升了 0.8%。

肥料磷偏生产力变化幅度较大，波动范围为 73.3~78.2 kg/kg，具体变化情况为 2016—2017 年呈下降趋势，之后呈现先上升后下降趋势，2022 年最低，为 73.3 kg/kg，相比 2016 年降幅为 4.2%。

肥料钾偏生产力变化幅度较小，波动范围为 42.3~44.4 kg/kg，呈波动上升趋势，2022 年为 43.9 kg/kg，比 2016 年的 42.3 kg/kg 降低了 3.0%。

新余市区总体上，肥料磷偏生产力>肥料钾偏生产力>肥料氮偏生产力，肥料磷偏生产力变化幅度较大，2016—2022 年，呈现先下降后上升又下降的趋势，肥料氮、钾偏生产力曲线相近（图 3-104）。

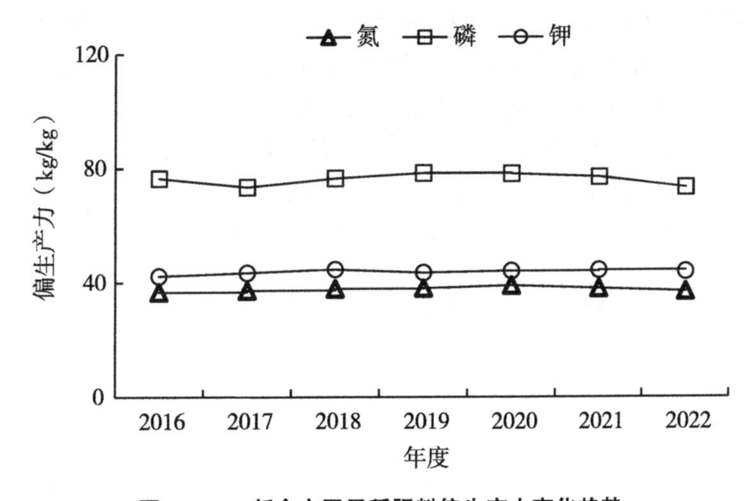

图 3-104　新余市区早稻肥料偏生产力变化趋势

2. 中稻肥料偏生产力

2016—2022 年，新余市区中稻肥料氮偏生产力变化幅度较小，呈小幅度波动上升趋势，波动范围为 37.3~40.8 kg/kg，2022 年比 2016 年上升了 2.7%。

肥料磷偏生产力变化幅度很大，变化范围为 91.4~94.7 kg/kg，呈波动上升趋势，2016 年最低，2022 年达 93.7 kg/kg，相比 2016 年增幅为 2.5%。

肥料钾偏生产力变化幅度较小，变动范围为 41.2~43.1 kg/kg，呈波动上升趋势，2022 年为 42.8 kg/kg，比 2016 年的 41.2 kg/kg 增加了 3.9%。

新余市区总体上，肥料磷偏生产力>肥料钾偏生产力>肥料氮偏生产力，肥料氮、磷、钾偏生产力曲线相近（图 3-105）。

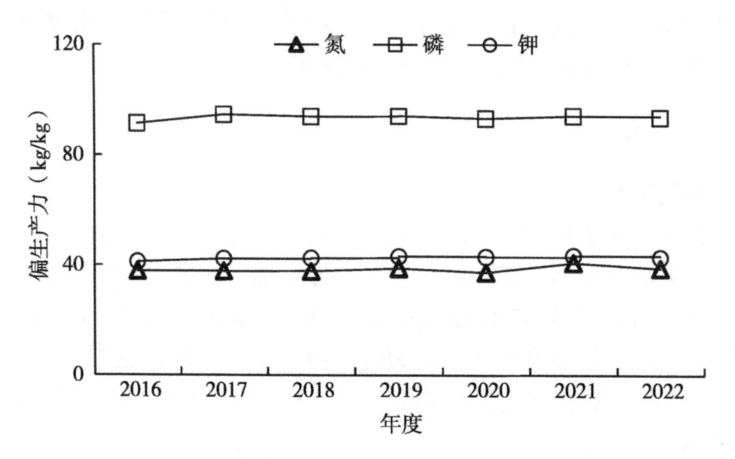

图 3-105　新余市区中稻肥料偏生产力变化趋势

3. 晚稻肥料偏生产力

2016—2022 年，新余市区晚稻肥料氮偏生产力变化幅度很小，波动范围为 33.9~37.6 g/kg，2022 年比 2016 年增加了 0.9%。

肥料磷偏生产力变化幅度很大，波动范围为 96.8~99.9 kg/kg，具体呈波动上升趋势，2020 年达最高值，为 99.9 kg/kg，2022 年达 98.7 kg/kg，相比 2016 年降幅为 2.0%。

肥料钾偏生产力变化幅度较小，波动范围为 44.7 ~ 45.9 kg/kg，2022 年为 45.9 kg/kg，比 2016 年的 44.7 kg/kg 增加了 2.7%。

新余市区总体上，肥料磷偏生产力>肥料氮偏生产力>肥料钾偏生产力，其中肥料氮、磷偏生产力变化幅度都很小，且两者大小很接近（图 3-106）。

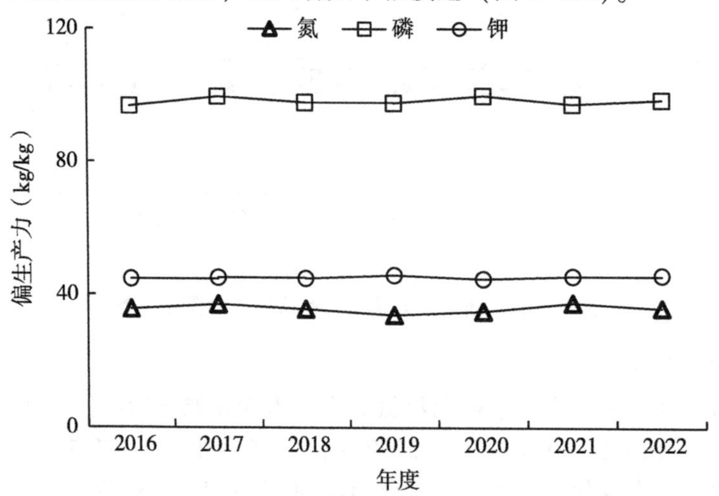

图 3-106　新余市区晚稻肥料偏生产力变化趋势

第六节　鹰潭市

鹰潭市因“涟漪旋其中，雄鹰舞其上”而得名，位于江西省东北部，信江中下游，下辖贵溪市、余江区、月湖区、龙虎山风景名胜区、鹰潭高新技术产业开发区和信江新区，总面积 3 556. 7 km^2，占江西省总面积的 2. 15%。鹰潭市地处武夷山脉向鄱阳湖平原过渡的交接地带，地势东南高西北低，属亚热带湿润季风温和气候，雨量充沛、光线充足、无霜期长、四季分明。

2022 年江西省土地利用现状统计资料表明，鹰潭市耕地面积 126. 40 万亩，其中水田面积 112. 08 万亩、水浇地面积 1. 08 万亩、旱地面积 13. 24 万亩。鹰潭市共有耕地质量监测点 18 个，其中国家级监测点 2 个、省级监测点 16，主要分布在贵溪市、余江区和月湖区。

一、耕地质量主要现状

（一）土壤有机质现状及演变趋势

1. 土壤有机质现状

2016—2022 年，鹰潭市耕地质量监测数据分析结果表明（图 3-107），土壤有机质含量有效监测点 101 个，平均含量 25. 3 g/kg，处于 3 级（中）水平。2016—2022 年，鹰潭市水田土壤有机质表现为增加，年增幅为 0. 50 g/kg。与 2016 年相比，2022 年水田土壤有机质含量增加 5. 6%；与土壤有机质平均值比较，2022 年水田土壤有机质含量增加 6. 5%。

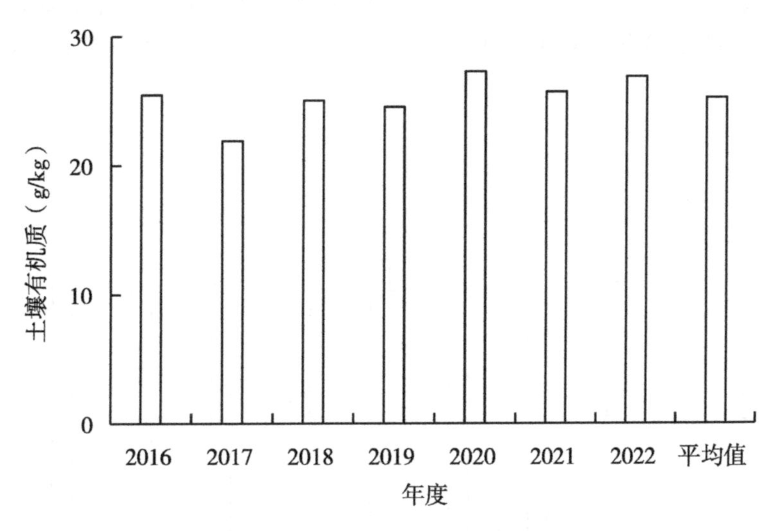

图 3-107　鹰潭市水田土壤有机质含量及变化趋势

2. 土壤有机质分级情况

根据《江西省耕地质量监测指标分级标准》，土壤有机质含量主要集中在 3 级

（中）水平（图 3-108）。处于 1 级（高）水平的监测点有 26 个，占监测点总数 25.7%；处于 2 级（较高）水平的监测点有 22 个，占 21.8%；处于 3 级（中）水平的监测点有 39 个，占 38.6%；处于 4 级（较低）水平的监测点有 14 个，占 13.9%；无处于 5 级（低）水平的监测点。

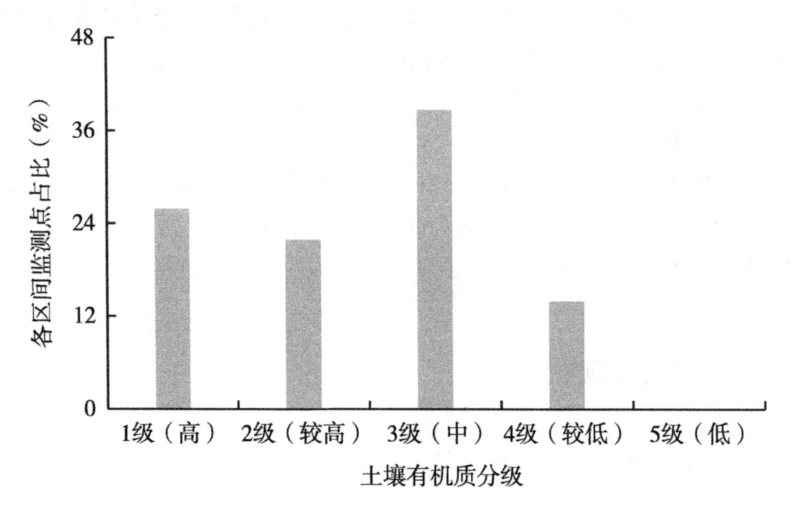

图 3-108　鹰潭市土壤有机质各区间监测点占比

（二）土壤全氮现状及演变趋势

1. 土壤全氮现状

2016—2022 年，鹰潭市耕地质量监测数据分析结果表明（图 3-109），土壤全氮含量有效监测点 44 个，平均含量 2.39 g/kg，处于 2 级（较高）水平。2016—2022 年，鹰潭市水田土壤全氮表现为增加，年增幅为 0.021 g/kg。与 2016 年相比，2022 年水田

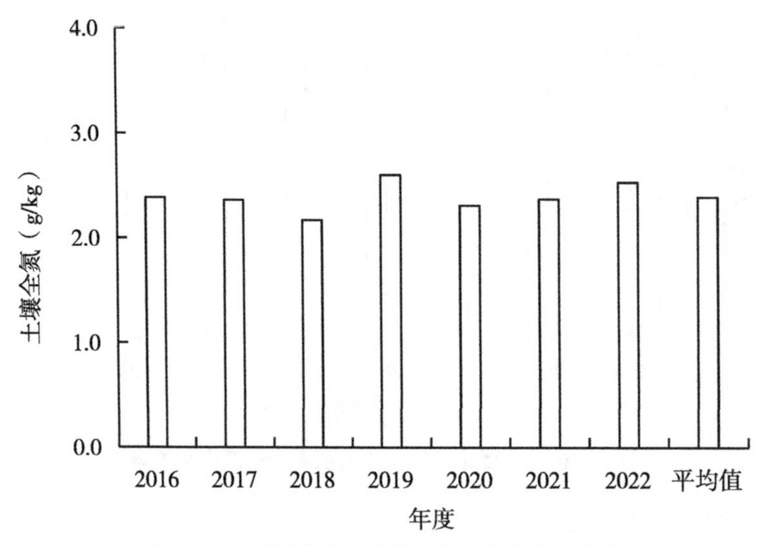

图 3-109　鹰潭市水田土壤全氮含量及变化趋势

土壤全氮含量增加 6.1%；与土壤全氮平均值比较，2022 年水田土壤全氮含量增加5.9%。

2. 土壤全氮分级情况

根据《江西省耕地质量监测指标分级标准》，土壤全氮含量主要集中在 2 级（较高）水平（图 3-110）。处于 1 级（高）水平的监测点有 10 个，占监测点总数 22.7%；处于 2 级（较高）水平的监测点有 34 个，占 77.3%；无处于 3 级（中）、4 级（较低）、5 级（低）水平的监测点。

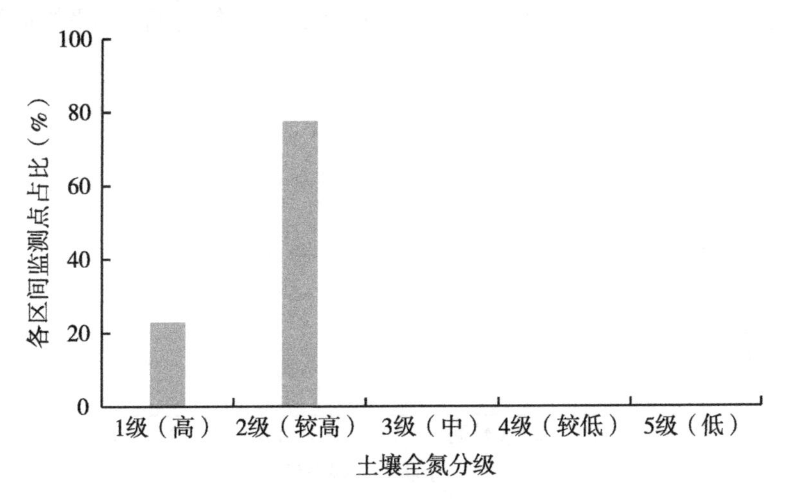

图 3-110　鹰潭市土壤全氮各区间监测点占比

（三）土壤有效磷现状及演变趋势

1. 土壤有效磷现状

2016—2022 年，鹰潭市耕地质量监测数据分析结果表明（图 3-111），土壤有效磷

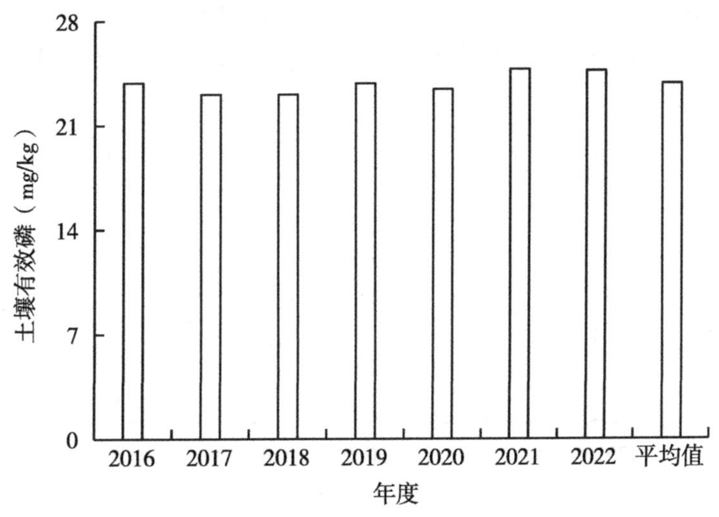

图 3-111　鹰潭市水田土壤有效磷含量及变化趋势

含量有效监测点101个，平均含量23.8 g/kg，处于2级（较高）水平。2016—2022年，鹰潭市水田土壤有效磷表现为增加，年增幅为0.22 g/kg。与2016年相比，2022年水田土壤有效磷含量增加3.5%；与土壤有效磷平均值比较，2022年水田土壤有效磷含量增加3.6%。

2. 土壤有效磷分级情况

根据《江西省耕地质量监测指标分级标准》，土壤有有效磷量主要集中在2级（较高）水平（图3-112）。处于1级（高）水平的监测点有28个，占27.7%；处于2级（较高）水平的监测点有45个，占44.5%；处于3级（中）水平的监测点有25个，占24.8%；处于4级（较低）水平的监测点有3个，占3.0%；无处于5级（低）水平的监测。

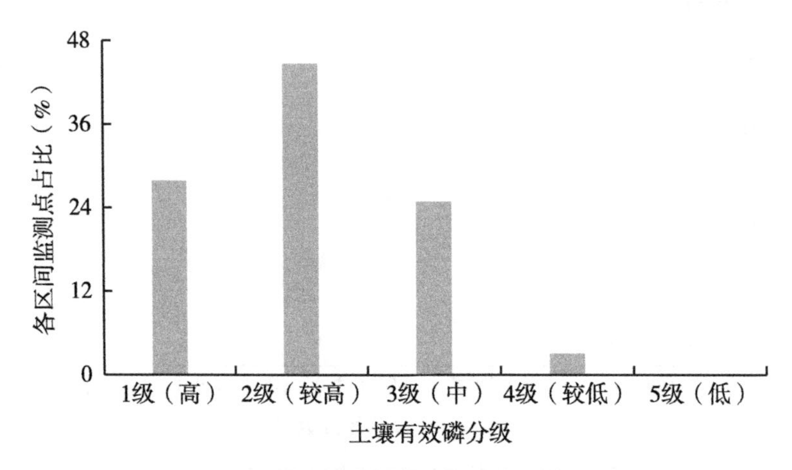

图3-112 鹰潭市土壤有效磷各区间监测点占比

（四）土壤速效钾现状及演变趋势

1. 土壤速效钾现状

2016—2022年，鹰潭市耕地质量监测数据分析结果表明（图3-113），土壤速效钾含量有效监测点101个，平均含量108.4 g/kg，处于3级（中）水平。2016—2022年，鹰潭市水田土壤速效钾变化不明显，年增幅为0.15 g/kg。与2016年相比，2022年水田土壤速

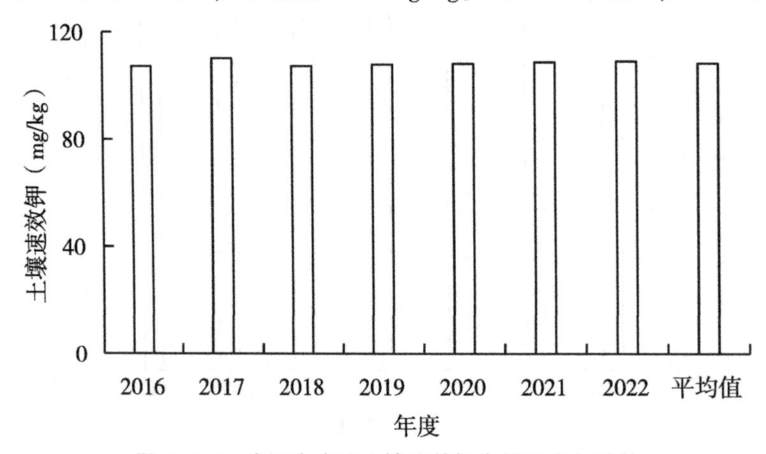

图3-113 鹰潭市水田土壤速效钾含量及变化趋势

效钾含量增加 1.9%；与土壤速效钾平均值比较，2022 年水田土壤速效钾含量增加 0.7%。

2. 土壤速效钾分级情况

根据《江西省耕地质量监测指标分级标准》，土壤速效钾主要集中在 3 级（中）水平（图 3-114）。处于 1 级（高）水平的监测点有 1 个，占 1.0%；处于 2 级（较高）水平的监测点有 16 个，占 15.8%；处于 3 级（中）水平的监测点有 62 个，占 61.4%；处于 4 级（较低）水平的监测点有 21 个，占 20.8%；处于 5 级（低）水平的监测点有 1 个，占 1.0%。

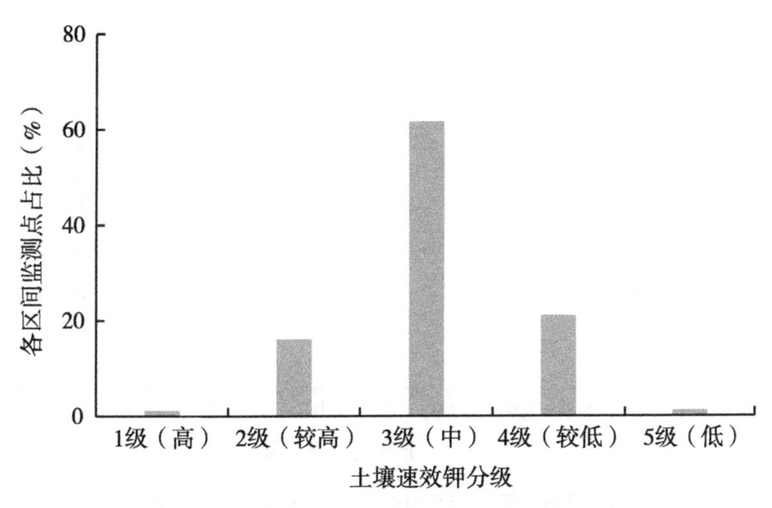

图 3-114　鹰潭市土壤速效钾各区间监测点占比

（五）土壤缓效钾现状及演变趋势

1. 土壤缓效钾现状

2016—2022 年，鹰潭市耕地质量监测数据分析结果表明（图 3-115），土壤缓效钾含

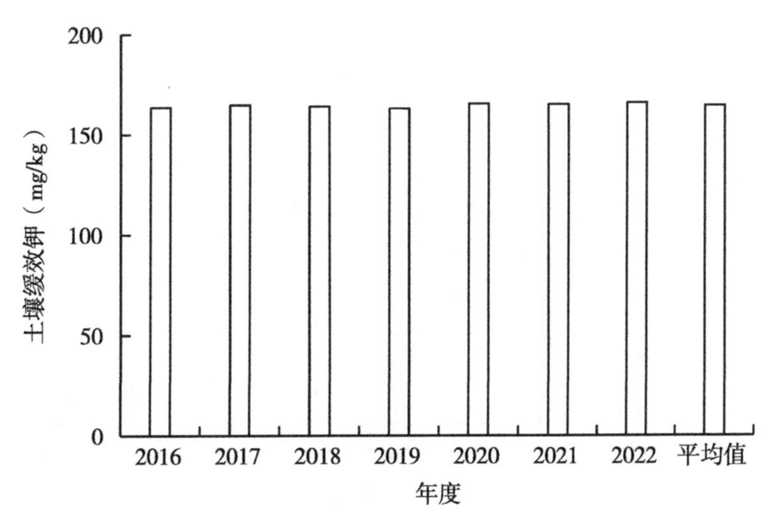

图 3-115　鹰潭市水田土壤缓效钾含量及变化趋势

量有效监测点 15 个，平均含量 164.5 g/kg，处于 5 级（低）水平。2016—2022 年，鹰潭市水田土壤缓效钾表现为增加，年增幅为 0.33 g/kg。与 2016 年相比，2022 年水田土壤缓效钾含量增加 1.5%；与土壤缓效钾平均值比较，2022 年水田土壤缓效钾含量增加 0.8%。

2. 土壤缓效钾分级情况

根据《江西省耕地质量监测指标分级标准》，土壤缓效钾主要集中在 5 级（低）水平（图 3-116）。无处于 1 级（高）、2 级（较高）、3 级（中）水平的监测点；处于 4 级（较低）水平的监测点有 5 个，占 33.3%；处于 5 级（低）水平的监测点有 10 个，占 66.7%。

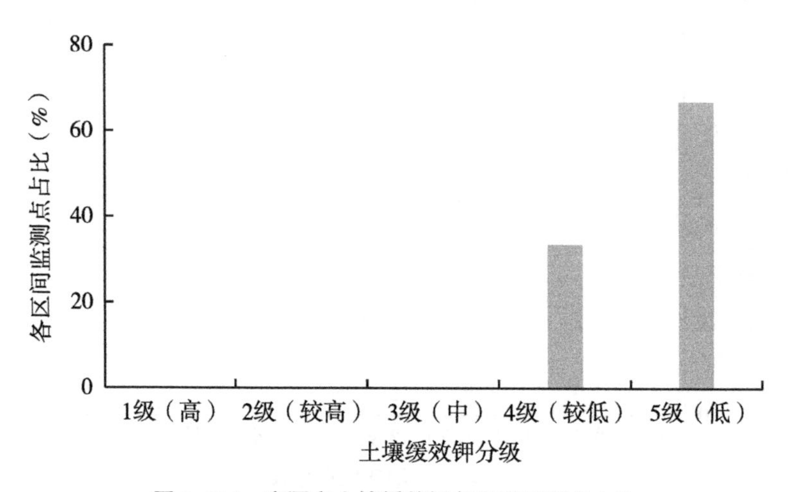

图 3-116　鹰潭市土壤缓效钾各区间监测点占比

（六）土壤 pH 现状及演变趋势

1. 土壤 pH 现状

2016—2022 年，鹰潭市耕地质量监测数据分析结果表明（图 3-117），土壤 pH 有

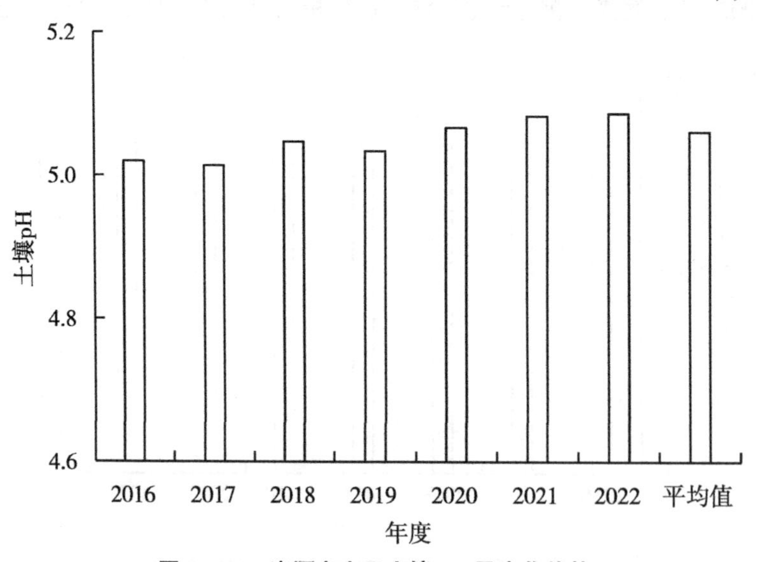

图 3-117　鹰潭市水田土壤 pH 及变化趋势

效监测点 101 个，平均值为 5.10，处于 3 级（中）水平。2016—2022 年，鹰潭市水田土壤 pH 表现为增加，年增幅为 0.01 个单位。与 2016 年相比，2022 年水田土壤 pH 增加 0.07 个单位；与土壤 pH 平均值比较，2022 年水田土壤 pH 增加 0.03 个单位。

2. 土壤 pH 分级情况

根据《江西省耕地质量监测指标分级标准》，土壤 pH 主要集中在 3 级（中）水平（图 3-118）。无处于 1 级（高）水平的监测点；处于 2 级（较高）水平的监测点有 8 个，占 7.9%；处于 3 级（中）水平的监测点有 57 个，占 56.4%；处于 4 级（较低）水平的监测点有 34 个，占 33.7%；处于 5 级（低）水平的监测点有 2 个，占 2.0%。

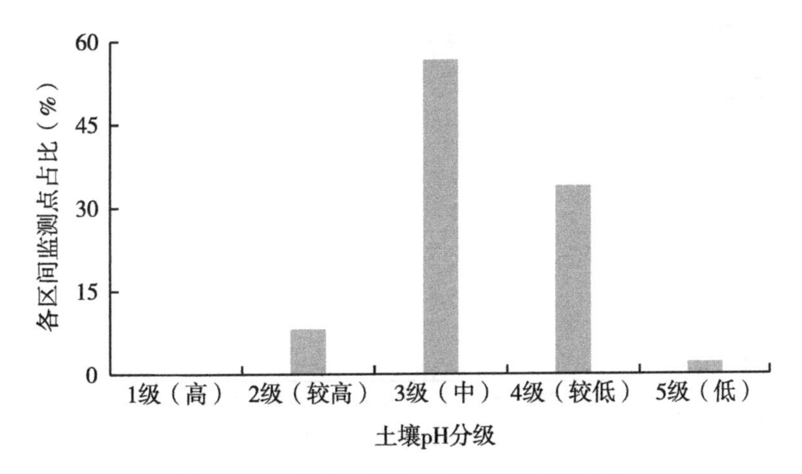

图 3-118　鹰潭市土壤 pH 各区间监测点占比

（七）土壤耕层厚度现状及演变趋势

1. 土壤耕层厚度现状

2016—2022 年，鹰潭市耕地质量监测数据分析结果表明（图 3-119），土壤耕层厚度

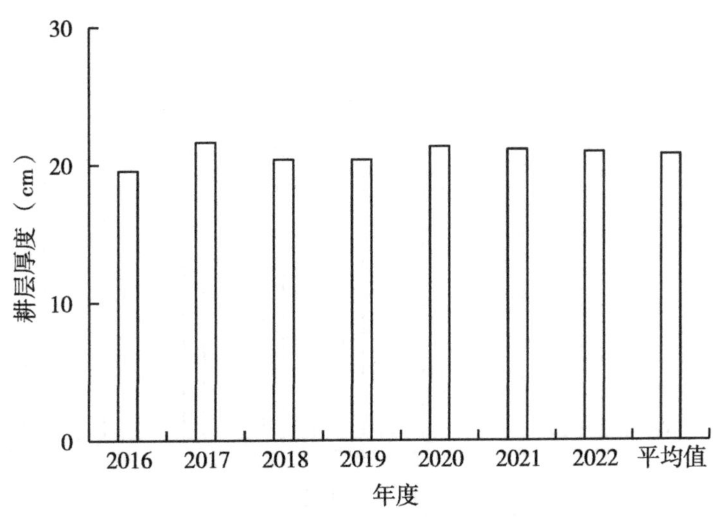

图 3-119　鹰潭市水田耕层厚度及变化趋势

有效监测点 101 个，平均值为 20.7 cm，处于 1 级（高）水平。2016—2022 年，鹰潭市水田土壤耕层厚度表现为增加，年增幅为 0.14 cm。与 2016 年相比，2022 年水田土壤耕层厚度增加 6.9%；与土壤耕层厚度平均值比较，2022 年水田土壤耕层厚度增加 0.9%。

2. 土壤耕层厚度分级情况

根据《江西省耕地质量监测指标分级标准》，土壤耕层厚度主要集中在 2 级（较高）水平。根据《江西省耕地质量监测指标分级标准》，处于 1 级（高）水平的监测点有 50 个，占 49.5%；处于 2 级（较高）水平的监测点有 51 个，占 50.5%；无处于 3 级（中）、4 级（较低）、5 级（低）水平的监测点（图 3-120）。

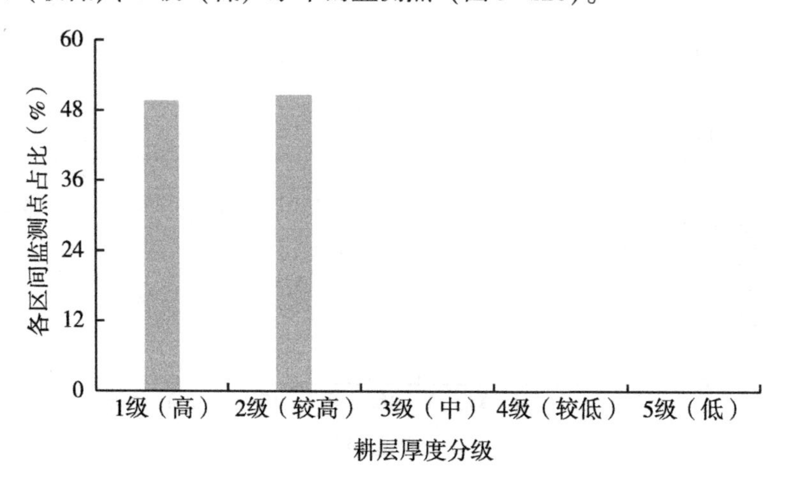

图 3-120　鹰潭市土壤耕层厚度各区间监测点占比

（八）土壤容重现状及演变趋势

1. 土壤容重现状

2016—2022 年，鹰潭市耕地质量监测数据分析结果表明（图 3-121），土壤容重有

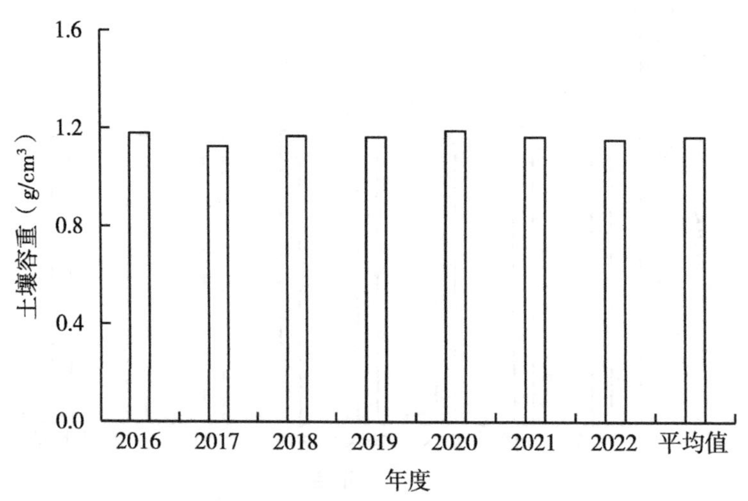

图 3-121　鹰潭市水田土壤容重及变化趋势

效监测点101个，平均值为1.17 g/cm³，处于1级（高）水平。2016—2022年，鹰潭市水田土壤容重表现为变化不明显。与2016年相比，2022年水田土壤容重降低2.2%；与土壤容重平均值比较，2022年水田土壤容重降低1.1%。

2. 土壤容重分级情况

根据《江西省耕地质量监测指标分级标准》，土壤容重主要集中在2级（较高）水平（图3-122）。处于1级（高）水平的监测点有88个，占监测点总数87.1%；处于2级（较高）水平的监测点有13个，占12.9%；无处于3级（中）、4级（较低）、5级（低）水平的监测点。

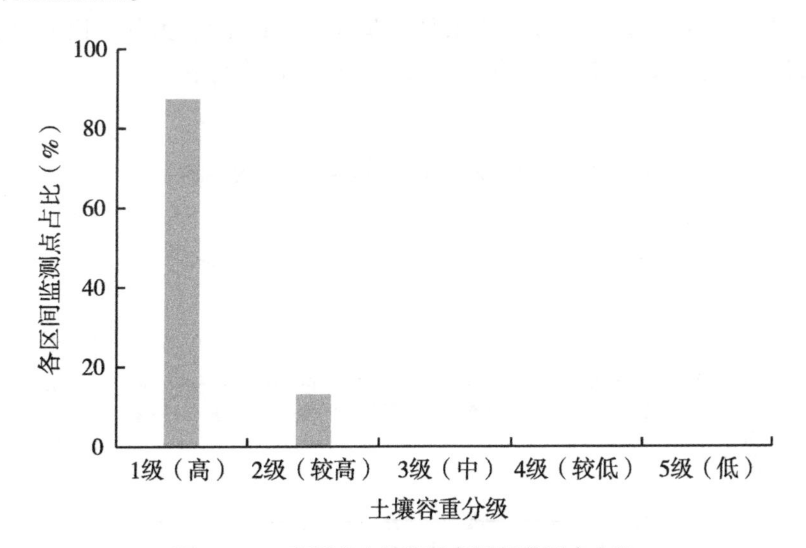

图3-122　鹰潭市土壤容重各区间监测点占比

二、肥料投入与利用情况

（一）肥料投入现状

鹰潭市区监测点肥料总投入量（折纯，下同）平均值411.6 kg/hm²，其中，有机肥投入量71.9 kg/hm²，化肥投入量339.7 kg/hm²，有机肥和化肥之比为1∶4.7。肥料总投入中氮肥（N）投入184.4 kg/hm²，磷肥（P_2O_5）投入69.5 kg/hm²，钾肥（K_2O）投入157.7 kg/hm²，投入量依次为肥料氮>肥料钾>肥料磷，氮∶磷∶钾为1∶0.38∶0.86。其中，化肥投入中氮肥（N）投入163.2 kg/hm²、磷肥（P_2O_5）投入66.1 kg/hm²、钾肥（K_2O）投入110.4 kg/hm²，投入量依次为肥料氮>肥料钾>肥料磷，氮∶磷∶钾为1∶0.41∶0.68。

（二）主要粮食作物肥料投入和产量变化趋势

1. 早稻肥料投入和产量变化趋势

2016—2022年，鹰潭市区监测点早稻肥料总投入量呈波动上升趋势，2022年早稻肥料总投入量为 396. 2 kg/hm²，比 2016 年降低 2. 3 kg/hm²，下降了 0. 6%，年际波动范围为 391. 0~419. 0 kg/hm²。

其中，化肥投入量呈波动下降趋势，2022 年早稻化肥投入量为 325. 5 kg/hm²，比 2016 年降低 2. 3 kg/hm²，下降了 0. 7%，年际波动范围为 323. 3~350. 6 kg/hm²；有机肥投入量总体水平较低，平均投入水平为 69. 8 kg/hm²，远低于化肥投入水平（平均值 331. 0 kg/hm²），有机肥料占总投入的比重为 16. 3%~18. 0%，平均值为 17. 4%（图 3-123），近些年呈波动上升趋势。

2016—2022 年，鹰潭市区早稻产量为 6. 7~7. 7 t/hm²，波动幅度较大，水稻产量呈现先上升后下降又上升趋势，2022 年水稻产量为 7. 7 t/hm²。另外，比较分析 2016—2022 年鹰潭市区肥料投入与早稻产量之间关系，两者相关性不高。

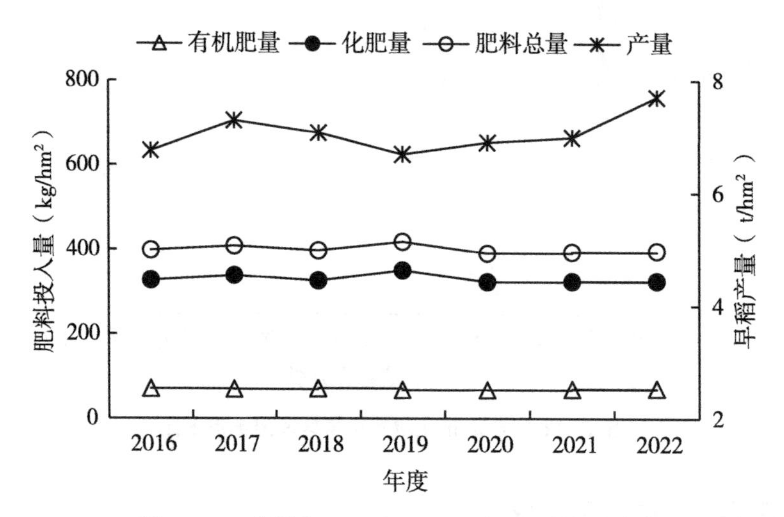

图 3-123　鹰潭市区早稻肥料投入与产量变化趋势

2. 晚稻肥料投入和产量变化趋势

2016—2022 年，鹰潭市区监测点晚稻肥料总投入量呈波动下降趋势，2022 年晚稻肥料总投入量为 413. 3 kg/hm²，比 2016 年降低 20. 2 kg/hm²，下降了 4. 7 %，年际波动范围为 413. 3~433. 5 kg/hm²。

其中，化肥投入量呈波动下降趋势，2022 年晚稻化肥投入量为 340. 7 g/hm²，比 2016 年下降 18. 2 kg/hm²，下降了 5. 1%，年际波动范围为 340. 7~358. 9 kg/hm²；

有机肥投入量总体水平较低，平均投入水平为 73. 4 kg/hm²，远低于化肥投入水平（平均值 348. 4 kg/hm²），有机肥料占总投入的比重为 17. 1%~18. 1%，平均值为 17. 5%，近些年呈波动下降趋势。

2016—2022 年，鹰潭市区晚稻产量为 7. 1~7. 8 t/hm²，波动幅度较小，晚稻产量呈现先上升后下降又上升趋势，2022 年晚稻产量为 7. 8 t/hm²。另外，比较分析 2016—2022 年鹰潭市区肥料投入与晚稻产量之间关系，两者相关性不高（图 3-124）。

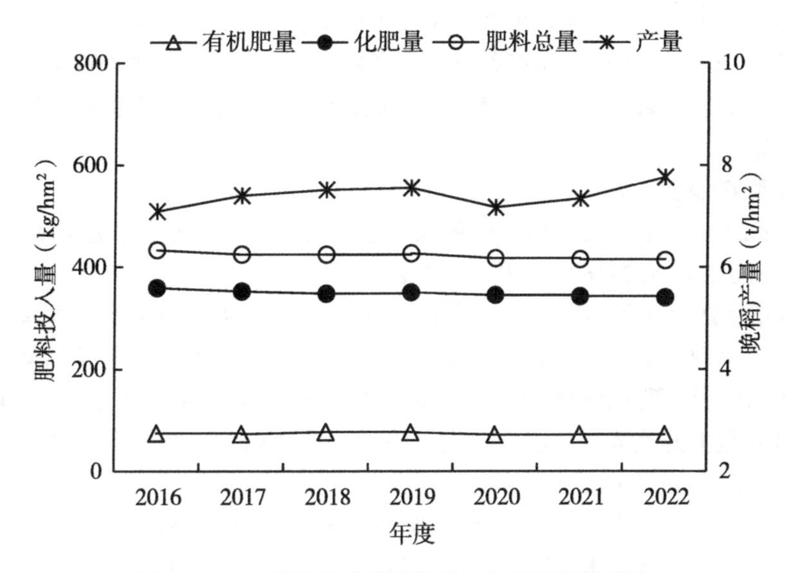

图 3-124　鹰潭市区晚稻肥料投入与产量变化趋势

（三）偏生产力

1. 早稻肥料偏生产力

2016—2022 年，鹰潭市区早稻肥料氮偏生产力变化幅度较大，波动范围为 35.7～40.9 kg/kg，2022 年比 2016 年上升了 10.3%（图 3-125）。

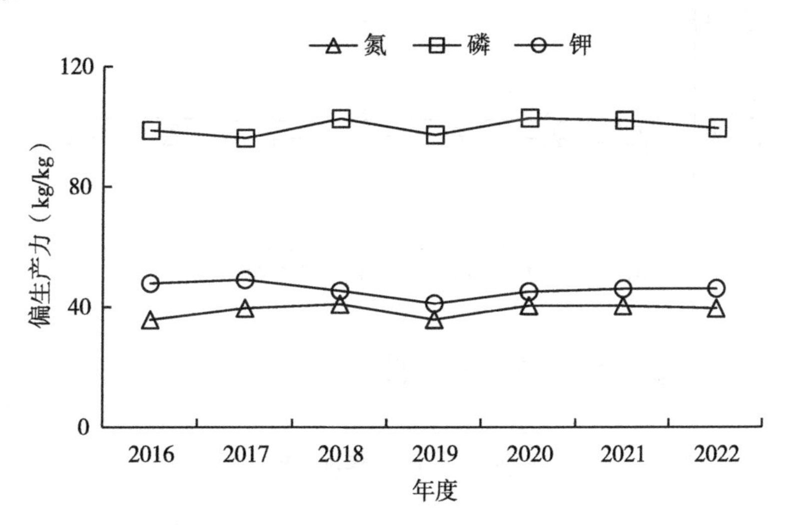

图 3-125　鹰潭市区早稻肥料偏生产力变化趋势

肥料磷偏生产力变化幅度较小，波动范围为 96.2～102.7 kg/kg，具体变化情况为 2016—2022 年呈波动上升趋势，2022 年达 99.3 kg/kg，相比 2016 年增幅为 0.6%。

肥料钾偏生产力变化幅度较大，波动范围为 41.1～49.0 kg/kg，具体变化情况为 2016—2022 年呈波动下降趋势，2022 年达 46.1 kg/kg，相比 2016 年降幅为 3.5%。

鹰潭市区总体上，肥料磷偏生产力>肥料钾偏生产力>肥料氮偏生产力，肥料氮偏生产力和肥料钾偏生产力变化幅度都较大，肥料氮偏生产力和肥料钾偏生产力变化趋势大体一致，2016 年以来，肥料氮偏生产力和肥料钾偏生产力在 2019 年达到低谷，然后呈现上升趋势。

2. 晚稻肥料偏生产力

2016—2022 年，鹰潭市区晚稻肥料氮偏生产力变化幅度较大，波动范围为 36. 1～39. 8 kg/kg，2022 年比 2016 年上升了 7. 5%。

肥料磷偏生产力变化幅度很大，波动范围为 101. 3～109. 1 kg/kg，具体变化情况为 2016—2022 年呈现波动上升趋势，2022 年达 104. 6 kg/kg，相比 2016 年增幅为 3. 3%。

肥料钾偏生产力变化幅度较大，波动范围为 44. 3～49. 9 kg/kg，具体变化情况为 2016—2018 年呈上升趋势，之后呈现先下降后上升的趋势，2022 年为 46. 1 kg/kg，比 2016 年的 42. 5 kg/kg 增加了 8. 5%。

鹰潭市区总体上，肥料磷偏生产力>肥料钾偏生产力>肥料氮偏生产力，三者变化幅度都较大，变化趋势大体一致，2016 年以来，三者均呈先上升后下降又上升的趋势（图 3-126）。

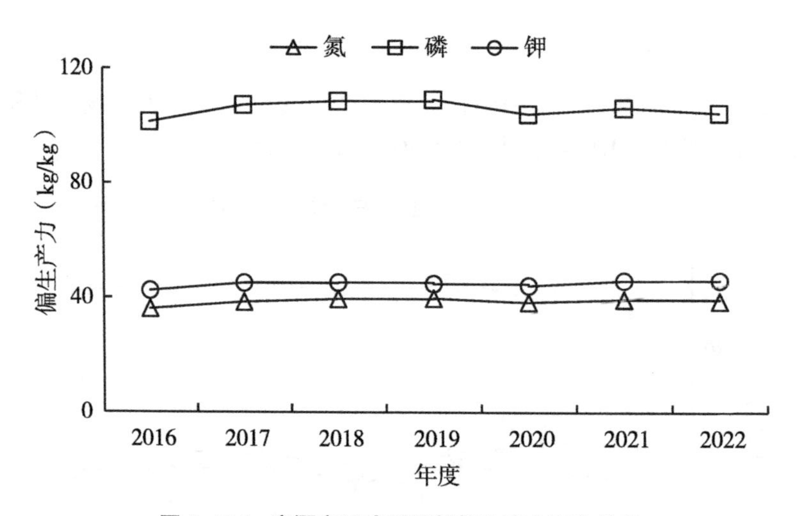

图 3-126　鹰潭市区晚稻肥料偏生产力变化趋势

第七节　赣州市

赣州市，简称“虔”，别称“虔城”“赣南”，位于赣江上游、江西南部。东邻福建省三明市和龙岩市，南毗广东省梅州市、韶关市，西接湖南省郴州市，北连吉安市和抚州市，全市总面积39 379. 64 km^2，占江西省总面积的 23. 6%，下辖赣县区、章贡区、南康区 3 个市辖区，以及大余、上犹、崇义、信丰、定南、全南、安远、宁都、于都、兴国、会昌、石城、寻乌 13 个县，代管瑞金、龙南 2 个县级市，共 18 个县级政区。赣州市以山地、丘陵为主，其中丘陵面积占全市土地总面积的61%，山地占22%，盆地占17%。全市地处中亚热带南缘，属亚热带丘陵山区湿润季风气候，具有冬夏季风盛行、春夏降水集中、四季分明、气候温和、热量丰富、雨量充沛、酷暑和严寒时间短、无霜期长等气候特征。

2022年江西省土地利用现状统计资料表明，赣州市耕地面积547.81万亩，其中水田面积488.81万亩、水浇地面积0.05万亩、旱地面积58.94万亩。赣州市共有耕地质量监测点71个，其中国家级监测点3个、省级监测点68个，主要分布在赣县区、信丰县、崇义县、安远县、全南县、宁都县、于都县、会昌县、寻乌县、石城县、瑞金市。

一、耕地质量主要现状

（一）土壤有机质现状及演变趋势

1. 土壤有机质现状

2016—2022年，赣州市耕地质量监测数据分析结果表明（图3-127），土壤有机质含量有效监测点385个，平均含量24.2 g/kg，处于3级（中）水平，其中水田土壤有机质平均含量24.5 g/kg，旱地土壤有机质平均含量23.5 g/kg。2016—2022年，赣州市水田土壤有机质表现为增加，年增幅为0.303 g/kg。与2016年相比，2022年水田的有机质含量增加11.0%；与土壤有机质平均值比较，2022年水田土壤有机质含量增加6.3%。赣州市旱地土壤有机质表现为增加，年增幅为0.293 g/kg。与2016年相比，2022年旱地土壤有机质含量增加7.5%；与土壤有机质平均值比较，2022年旱地土壤有机质含量增加4.2%。

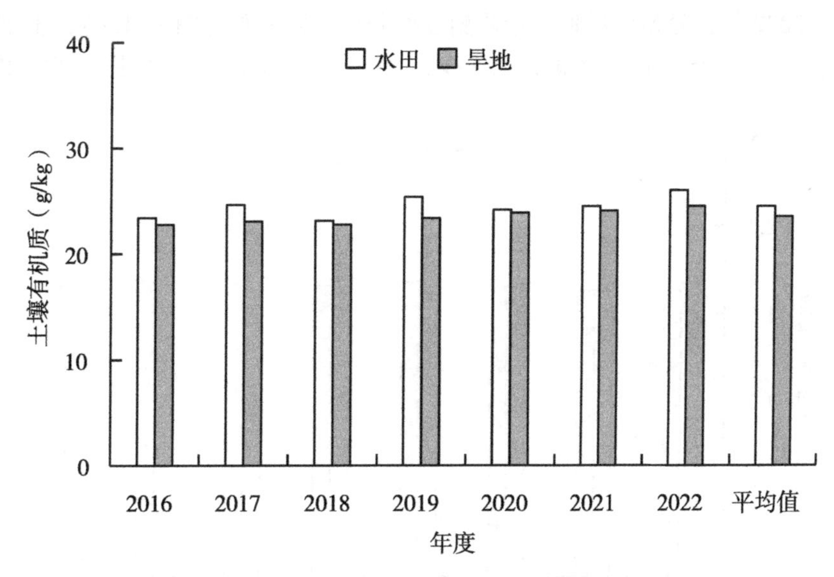

图3-127　赣州市耕层土壤有机质含量及变化趋势

2. 土壤有机质分级情况

根据《江西省耕地质量监测指标分级标准》，土壤有机质含量主要集中在3级（中）水平（图3-128）。处于1级（高）水平的监测点有30个，占7.8%；处于2级

（较高）水平的监测点有 133 个，占 34.5%；处于 3 级（中）水平的监测点有 145 个，占 37.7%；处于 4 级（较低）水平的监测点有 74 个，占 19.2%；处于 5 级（低）水平的监测点有 3 个，占 0.8%。

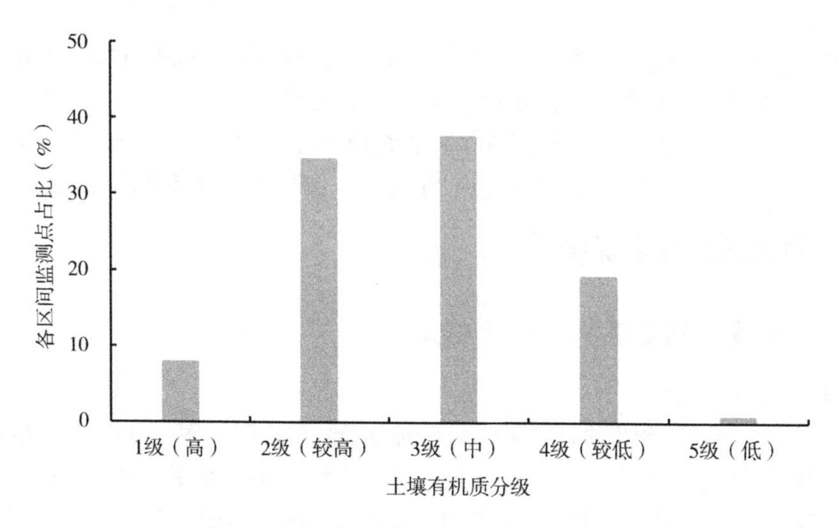

图 3-128　赣州市土壤有机质各区间监测点占比

（二）土壤全氮现状及演变趋势

1. 土壤全氮现状

2016—2022 年，赣州市耕地质量监测数据分析结果表明（图 3-129），土壤全氮含量有效监测点 305 个，平均含量 1.65 g/kg，处于 2 级（较高）水平，其中水田土壤

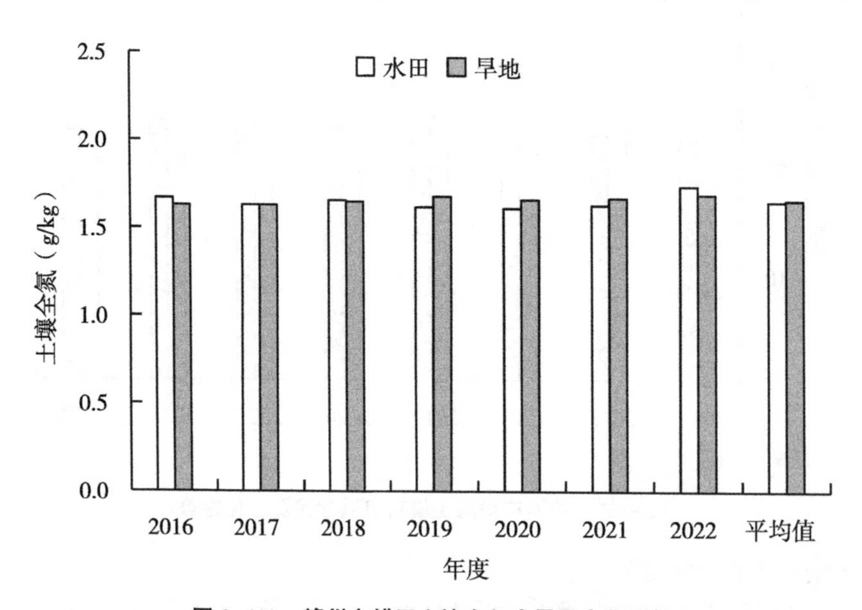

图 3-129　赣州市耕层土壤全氮含量及变化趋势

全氮平均含量 1.65 g/kg，旱地土壤全氮平均含量 1.66 g/kg。2016—2022 年，赣州市水田土壤全氮表现为增加，年增幅为 0.005 g/kg。与 2016 年相比，2022 年水田土壤全氮含量增加 4.1%；与土壤全氮平均值比较，2022 年水田土壤全氮含量增加 5.2%。赣州市旱地土壤全氮表现为增加，年增幅为 0.010 g/kg。与 2016 年相比，2022 年旱地土壤全氮含量增加 3.7%；与土壤全氮平均值比较，2022 年旱地土壤全氮含量增加 1.9%。

2. 土壤全氮分级情况

根据《江西省耕地质量监测指标分级标准》，土壤全氮含量主要集中在 2 级（较高）（图 3-130）。处于 1 级（高）水平的监测点有 44 个，占 14.4%；处于 2 级（较高）水平的监测点有 100 个，占 32.8%；处于 3 级（中）水平的监测点有 78 个，占 25.6%；处于 4 级（较低）水平的监测点有 10 个，占 3.3%；处于 5 级（低）水平的监测点有 73 个，占 23.9%。

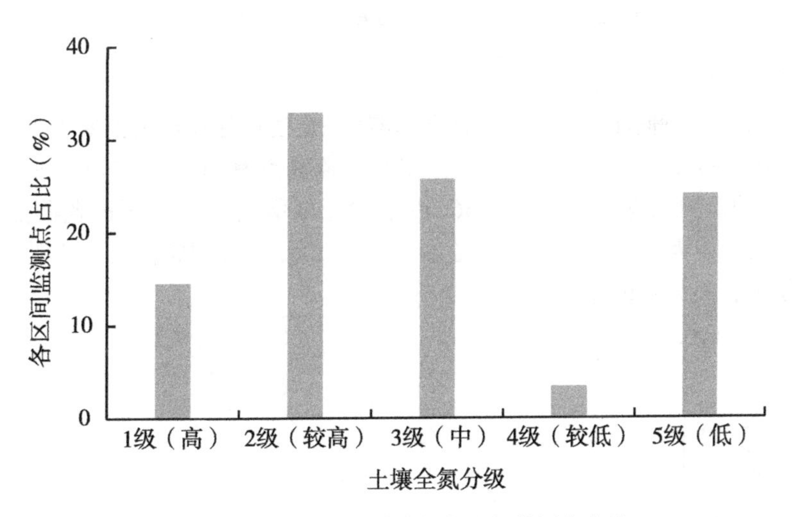

图 3-130　赣州市土壤全氮各区间监测点占比

（三）土壤有效磷现状及演变趋势

1. 土壤有效磷现状

2016—2022 年，赣州市耕地质量监测数据分析结果表明（图 3-131），土壤有效磷含量有效监测点 386 个，平均含量 30.2 mg/kg，处于 2 级（较高）水平，其中水田土壤有效磷平均含量 30.3 mg/kg，旱地土壤有效磷平均含量 29.8 mg/kg。2016—2022 年，赣州市水田土壤有效磷表现为增加，年增幅为 0.185 mg/kg。与 2016 年相比，2022 年水田土壤有效磷含量增加 6.9%；与土壤有效磷平均值比较，2022 年水田土壤有效磷含量增加 4.3%。赣州市旱地土壤有效磷表现为增加，年增幅为 0.199 mg/kg。与 2016 年相比，2022 年旱地土壤有效磷含量增加 4.7%；与土壤有效磷平均值比较，2022 年旱地土壤有效磷含量增加 2.2%。

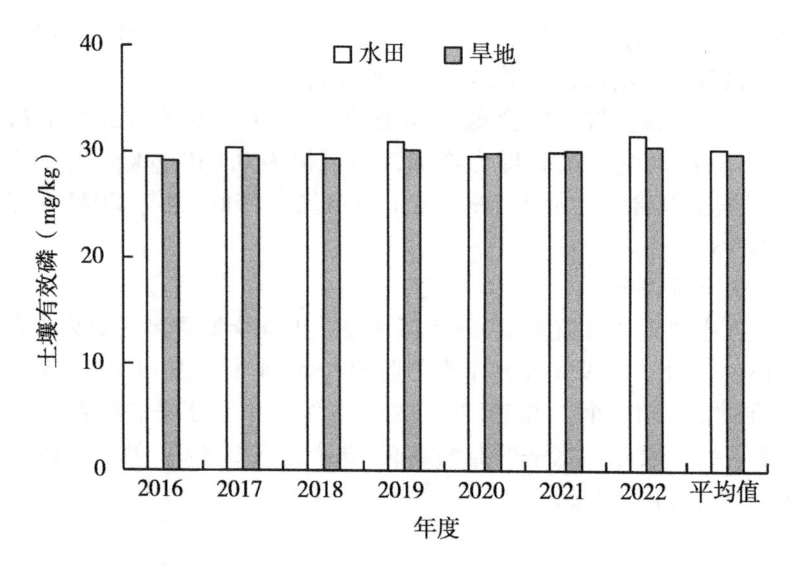

图 3-131　赣州市耕层土壤有效磷含量及变化趋势

2. 土壤有效磷分级情况

根据《江西省耕地质量监测指标分级标准》，土壤有有效磷量主要集中在 2 级（较高）水平（图 3-132）。处于 1 级（高）水平的监测点有 90 个，占 23.3%；处于 2 级（较高）水平的监测点有 141 个，占 36.5%；处于 3 级（中）水平的监测点有 136 个，占 35.2%；处于 4 级（较低）水平的监测点有 13 个，占 3.4%；处于 5 级（低）水平的监测点有 6 个，占 1.6%。

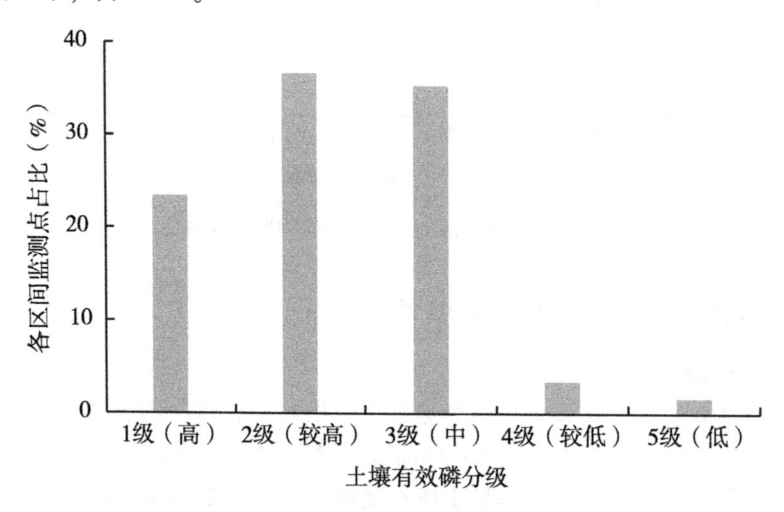

图 3-132　赣州市土壤有效磷各区间监测点占比

（四）土壤速效钾现状及演变趋势

1. 土壤速效钾现状

2016—2022 年，赣州市耕地质量监测数据分析结果表明（图 3-133），土壤速效钾含量有效监测点 385 个，平均含量 102.3 mg/kg，处于 3 级（中）水平，其中水田土壤速效钾平均含量 102.6 mg/kg，旱地土壤速效钾平均含量 100.4 mg/kg。2016—2022 年，赣州市水田土壤速效钾表现为增加，年增幅为 0.53 mg/kg。与 2016 年相比，2022 年水田土壤速效钾含量增加 4.4%；与土壤速效钾平均值比较，2022 年水田土壤速效钾含量增加 2.2%。赣州市旱地土壤速效钾表现为增加，年增幅为 0.56 mg/kg。与 2016 年相比，2022 年旱地土壤速效钾含量增加 3.8%；与土壤速效钾平均值比较，2022 年旱地土壤速效钾含量增加 2.0%。

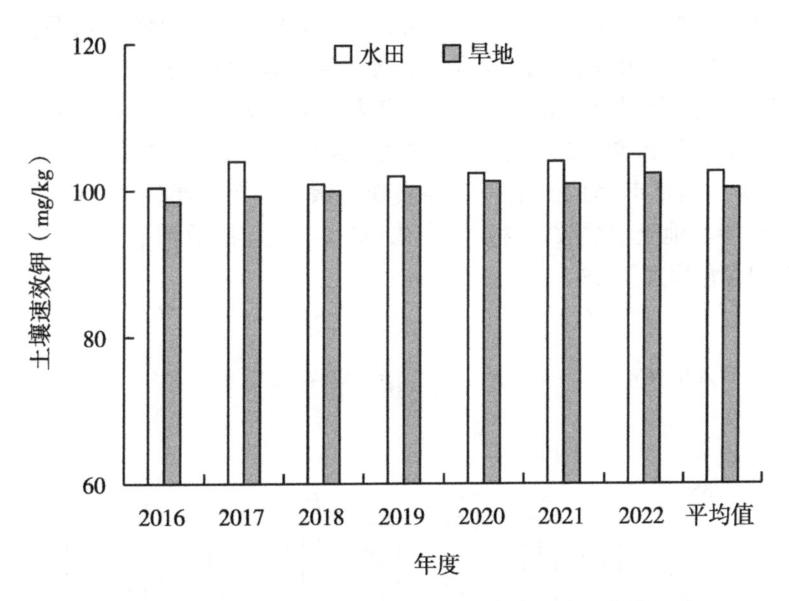

图 3-133　赣州市耕层土壤速效钾含量及变化趋势

2. 土壤速效钾分级情况

根据《江西省耕地质量监测指标分级标准》，土壤速效钾主要集中在 3 级（中）水平（图 3-134）。处于 1 级（高）水平的监测点有 22 个，占 5.7%；处于 2 级（较

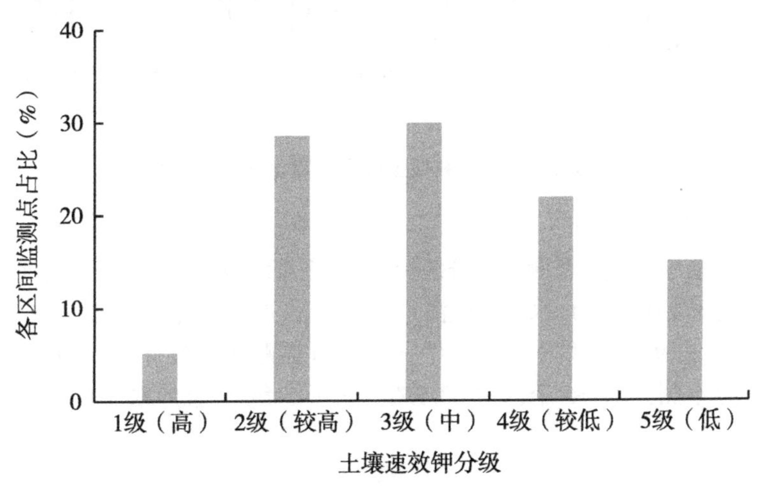

图 3-134　赣州市土壤速效钾各区间监测点占比

高）水平的监测点有 87 个，占 22.6%；处于 3 级（中）水平的监测点有 187 个，占 48.6%；处于 4 级（较低）水平的监测点有 67 个，占 17.4%；处于 5 级（低）水平的监测点有 22 个，占 5.7%。

（五）土壤缓效钾现状及演变趋势

1. 土壤缓效钾现状

2016—2022 年，赣州市耕地质量监测数据分析结果表明（图 3-135），土壤缓效钾含量有效监测点 195 个，平均含量 342.8 mg/kg，处于 4 级（较低）水平，其中水田土壤缓效钾平均含量 343.0 mg/kg，旱地土壤缓效钾平均含量 338.5 mg/kg。2016—2022 年，赣州市水田土壤缓效钾表现为增加，年增幅为 0.428 mg/kg。与 2016 年相比，2022 年水田土壤缓效钾含量增加 2.2%；与土壤缓效钾平均值比较，2022 年水田土壤缓效钾含量增加 0.6%。赣州市旱地土壤缓效钾表现为增加，年增幅为 1.29 mg/kg。与 2016 年相比，2022 年旱地土壤缓效钾含量增加 2.8%；与土壤缓效钾平均值比较，2022 年旱地土壤缓效钾含量增加 1.2%。

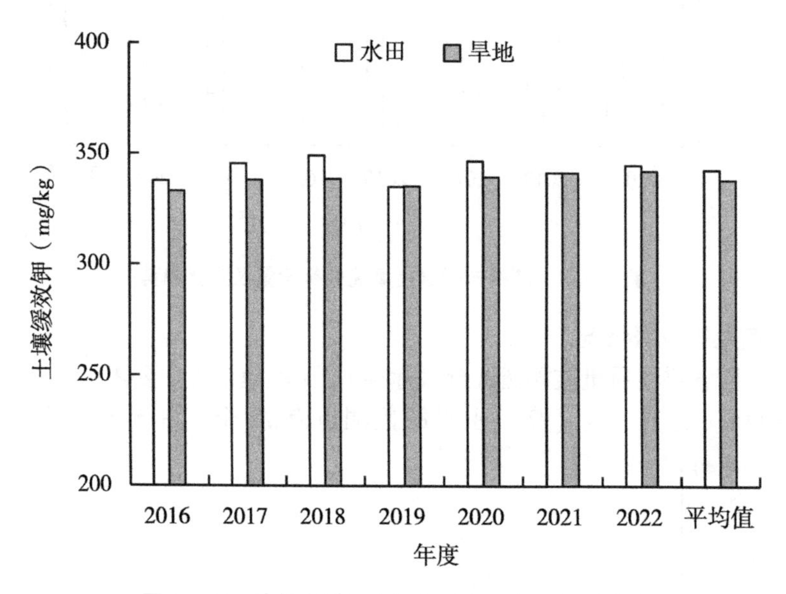

图 3-135　赣州市耕层土壤缓效钾含量及变化趋势

2. 土壤缓效钾分级情况

根据《江西省耕地质量监测指标分级标准》，土壤缓效钾主要集中在 5 级（低）水平（图 3-136）。处于 1 级（高）水平的监测点有 17 个，占 8.7%；处于 2 级（较高）水平的监测点有 19 个，占 9.7%；处于 3 级（中）水平的监测点有 21 个，占 10.8%；处于 4 级（较低）水平的监测点有 66 个，占 33.9%；处于 5 级（低）水平的监测点有 72 个，占 36.9%。

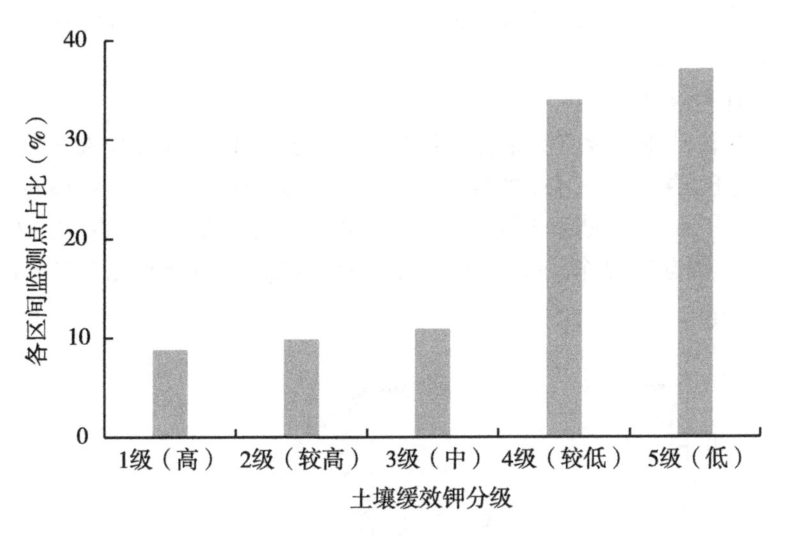

图 3-136　赣州市土壤缓效钾各区间监测点占比

（六）土壤 pH 现状及演变趋势

1. 土壤 pH 现状

2016—2022 年，赣州市耕地质量监测数据分析结果表明（图 3-137），土壤 pH 有效监测点 379 个，平均值为 5. 50，处于 2 级（较高）水平，其中水田土壤 pH 平均值为 5. 50，旱地土壤 pH 平均值 5. 50。2016—2022 年，赣州市水田土壤 pH 表现为变化不明显。与 2016 年相比，2022 年水田土壤 pH 增加 0. 04 个单位；与土壤 pH 平均值比较，2022 年水田土壤 pH 增加 0. 02 个单位。赣州市旱地土壤 pH 变化趋势不明显。与 2016

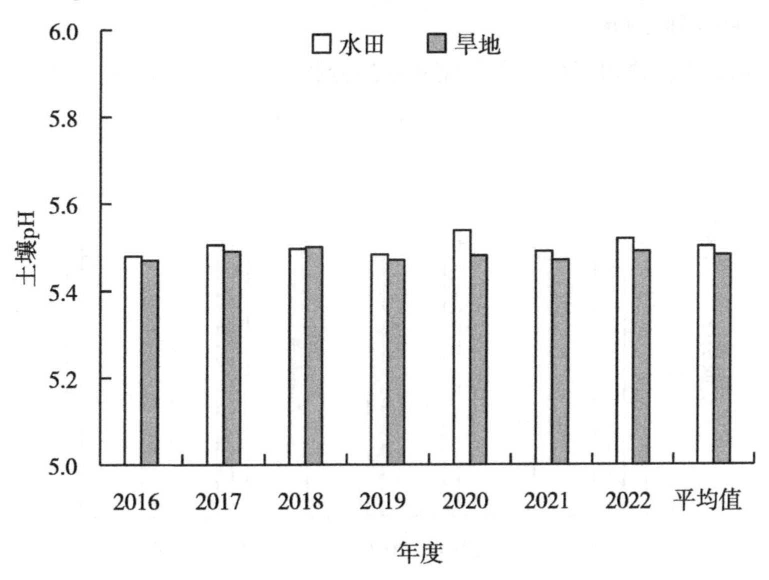

图 3-137　赣州市耕层土壤 pH 及变化趋势

年相比，2022 年旱地土壤 pH 增加 0.02 个单位；与土壤 pH 平均值比较，2022 年旱地土壤 pH 增加 0.01 个单位。

2. 土壤 pH 分级情况

根据《江西省耕地质量监测指标分级标准》，土壤 pH 主要集中在 3 级（中）水平（图 3-138）。处于 1 级（高）水平的监测点有 10 个，占 2.6%；处于 2 级（较高）水平的监测点有 114 个，占 30.1%；处于 3 级（中）水平的监测点有 202 个，占 53.3%；处于 4 级（较低）水平的监测点有 49 个，占 12.9%；处于 5 级（低）水平的监测点有 4 个，占 1.1%。

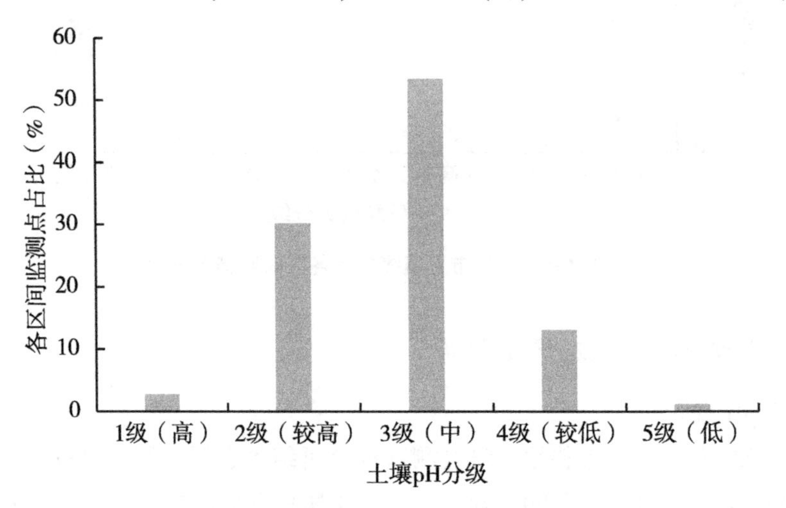

图 3-138　赣州市土壤 pH 各区间监测点占比

（七）土壤耕层厚度现状及演变趋势

1. 土壤耕层厚度现状

2016—2022 年，赣州市耕地质量监测数据分析结果表明（图 3-139），土壤耕层厚

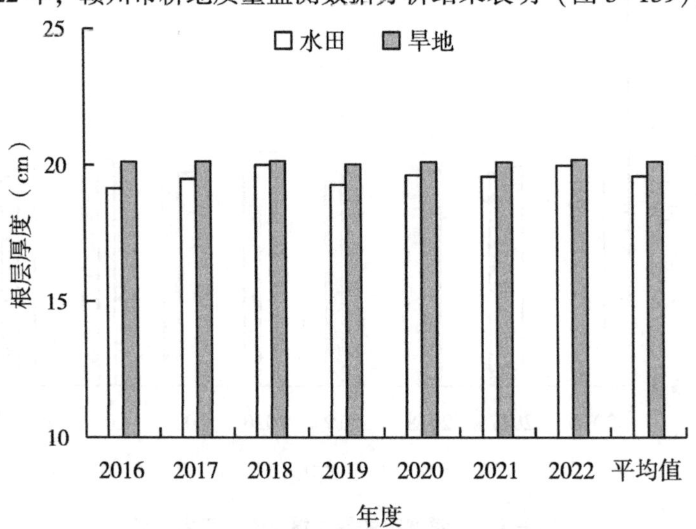

图 3-139　赣州市土壤耕层厚度及变化趋势

度有效监测点380个，平均值为 19.6 cm，处于 2 级（较高）水平，其中水田耕层厚度平均值 19.5 cm，旱地耕层厚度平均值 20.1 cm。2016—2022 年，赣州市水田土壤耕层厚度表现为增加，年增幅为 0.082 cm。与 2016 年相比，2022 年水田土壤耕层厚度增加 4.4%；与耕层厚度平均值比较，2022 年水田耕层厚度增加 2.0%。赣州市旱地土壤耕层厚度无变化。

2. 土壤耕层厚度分级情况

根据《江西省耕地质量监测指标分级标准》，土壤耕层厚度主要集中在 2 级（较高）水平（图 3-140）。处于 1 级（高）水平的监测点有 21 个，占 5.5%；处于 2 级（较高）水平的监测点有 308 个，占 81.1%；处于 3 级（中）水平的监测点有 50 个，占 13.2%；无处于 4 级（较低）水平的监测点；处于 5 级（低）水平的监测点有 1 个，占 0.2%。

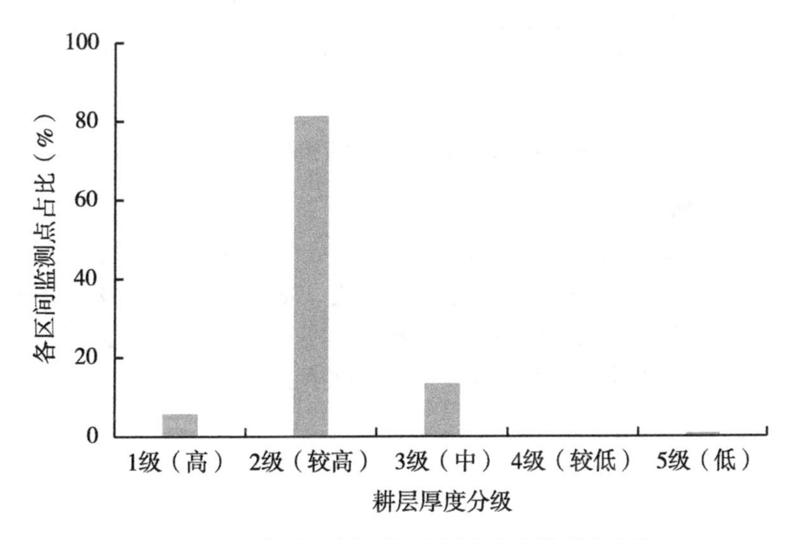

图 3-140　赣州市土壤耕层厚度各区间监测点占比

（八）土壤容重现状及演变趋势

1. 土壤容重现状

2016—2022 年，赣州市耕地质量监测数据分析结果表明（图 3-141），土壤容重有效监测点 164 个，平均值为 1.15 g/cm^3，处于 1 级（高）水平，其中水田土壤容重平均值 1.16 g/cm^3，旱地土壤容重平均值 1.10 g/cm^3。2016—2022 年，赣州市水田土壤容重表现为降低，年降幅为 0.005 g/cm^3。与 2016 年相比，2022 年水田土壤容重降低 4.5%；与容重平均值比较，2022 年水田容重增降低 2.1%。赣州市旱地土壤容重表现为降低，年降幅为 0.004 g/kg。与 2016 年相比，2022 年旱土壤容重降低 2.7%；与土壤容重平均值比较，2022 年旱地土壤容重降低 1.8%。

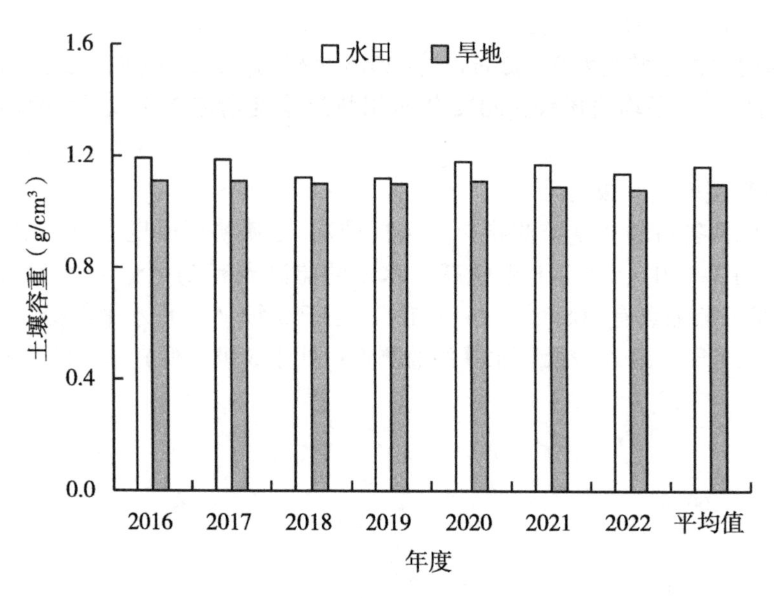

图 3-141　赣州市耕层土壤容重及变化趋势

2. 土壤容重分级情况

根据《江西省耕地质量监测指标分级标准》，土壤容重主要集中在 1 级（高）水平（图 3-142）。处于 1 级（高）水平的监测点有 138 个，占 84.2%；处于 2 级（较高）水平的监测点有 22 个，占 13.4%；处于 3 级（中）水平的监测点有 4 个，占 2.4%；无处于 4 级（较低）、5 级（低）水平的监测点。

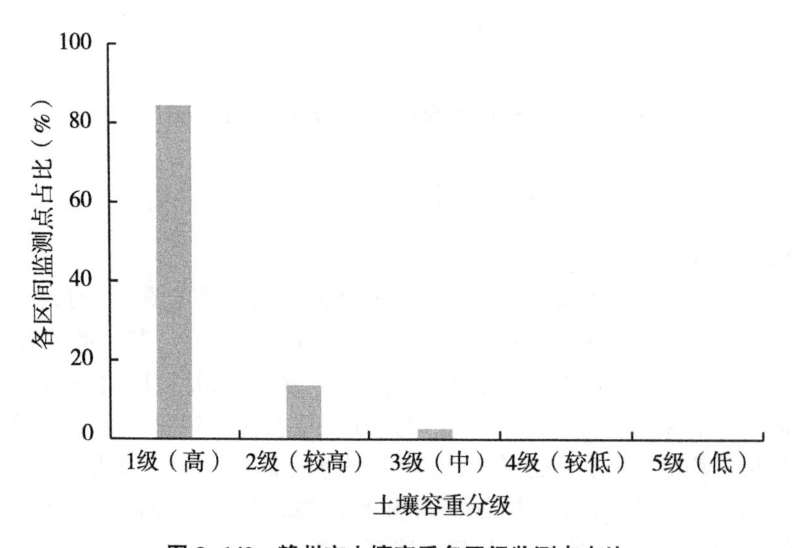

图 3-142　赣州市土壤容重各区间监测点占比

二、肥料投入与利用情况

（一）肥料投入现状

赣州市区监测点肥料总投入量（折纯，下同）平均值 490.8 kg/hm^2，其中，有机肥投入量 136.0 kg/hm^2，化肥投入量 354.8 kg/hm^2，有机肥和化肥之比为 1∶2.6。肥料总投入中氮肥（N）投入 207.9 kg/hm^2，磷肥（P_2O_5）投入 112.2 kg/hm^2，钾肥（K_2O）投入 170.8 kg/hm^2，投入量依次为肥料氮>肥料钾>肥料磷，氮∶磷∶钾为 1∶0.54∶0.82。其中化肥投入中氮肥（N）投入 156.8 kg/hm^2，磷肥（P_2O_5）投入 89.5 kg/hm^2，钾肥（K_2O）投入 108.4 kg/hm^2，投入量依次为肥料氮>肥料钾>肥料磷，氮∶磷∶钾为 1∶0.57∶0.69。

（二）主要粮食作物肥料投入和产量变化趋势

1. 早稻肥料投入和产量变化趋势

2016—2022 年，赣州市区监测点早稻肥料总投入量呈波动下降趋势，2022 年水稻肥料总投入量为 408.3 kg/hm^2，比 2016 年降低 8.6 kg/hm^2，下降了 2.1%，年际波动范围为 408.3~427.7 kg/hm^2。

其中，化肥投入量呈现先缓慢上升后缓慢下降趋势，2022 年水稻化肥投入量为 304.0 kg/hm^2，比 2016 年降低 7.7 kg/hm^2，下降了 1.9%，年际波动范围为 304.0~321.8 kg/hm^2；有机肥投入量总体水平较低，平均投入水平为 105.8 kg/hm^2，远低于化肥投入水平（平均值 314.3 kg/hm^2），有机肥料占总投入的比重为 24.7%~25.6%，平均值为 25.2%（图 3-143），近些年趋于稳定。

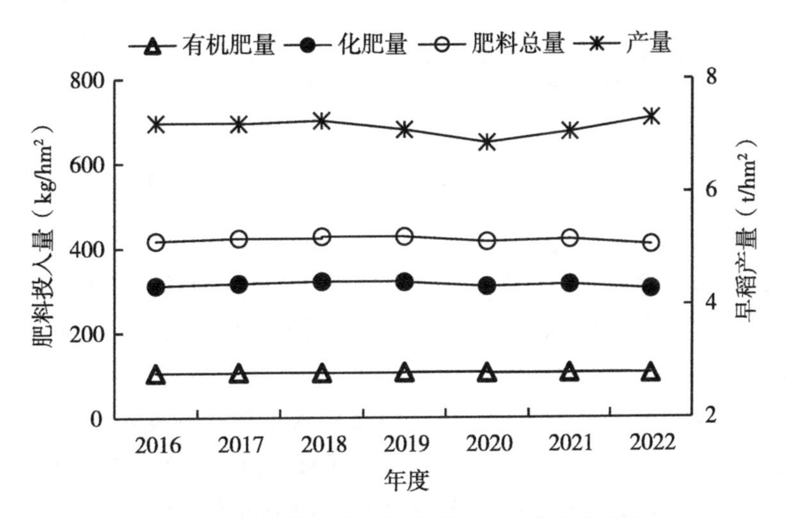

图 3-143　赣州市区早稻肥料投入与产量变化趋势

2016—2022 年，赣州市区早稻产量为 6.9~7.3 t/hm^2，波动幅度较大，水稻产量呈波动上升趋势，2022 年水稻产量为 7.3 t/hm^2。另外，比较分析 2016—2022 年赣州市区肥料投入与早稻产量之间关系，两者相关性不高。

2. 中稻肥料投入和产量变化趋势

2016—2022 年，赣州市区监测点中稻肥料总投入量呈波动下降趋势，2022 年水稻肥料总投入量为 580.7 kg/hm^2，比 2016 年降低 20.0 kg/hm^2，下降了 3.3%，年际波动范围为 557.4~608.7 kg/hm^2。

其中，化肥投入量呈先缓慢下降后缓慢上升趋势，2022 年水稻化肥投入量为 342.2 kg/hm^2，比 2016 年降低 22.1 kg/hm^2，下降了 6.1%，年际波动范围为 335.5~364.3 kg/hm^2；有机肥投入量总体水平较低，平均投入水平为 238.1 kg/hm^2，远低于化肥投入水平（平均值 349.5 kg/hm^2），有机肥料占总投入的比重为 39.0%~41.9%，平均值为 40.5%（图 3-144），近些年呈波动下降趋势。

2016—2022 年，赣州市区早稻产量为 8.0~9.0 t/hm^2，波动幅度较大，水稻产量呈波动下降趋势，2022 年水稻产量为 8.0 t/hm^2。另外，比较分析 2016—2022 年赣州市区肥料投入与中稻产量之间关系，两者相关性不高。

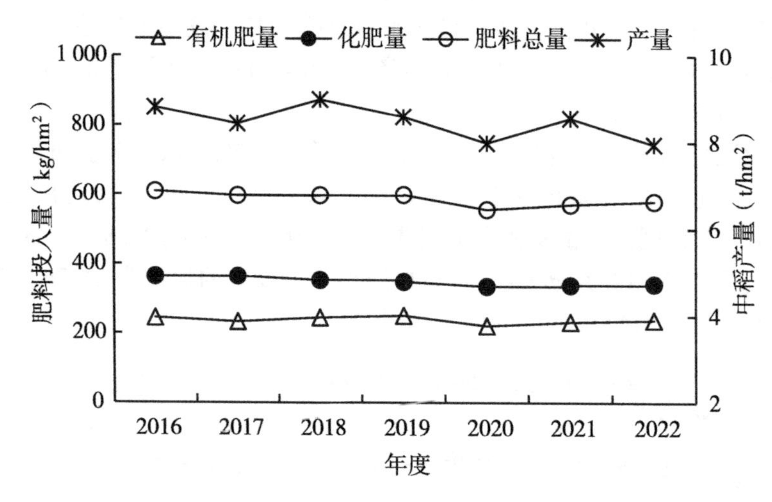

图 3-144　赣州市区中稻肥料投入与产量变化趋势

3. 晚稻肥料投入和产量变化趋势

2016—2022 年，赣州市区监测点晚稻肥料总投入量呈现先下降后上升趋势，2022 年水稻肥料总投入量为 464.3 kg/hm^2，比 2016 年降低 1.9 kg/hm^2，下降了 0.4%，年际波动范围为 433.9~466.2 kg/hm^2。

其中，化肥投入量呈波动下降趋势，2022 年水稻肥料总投入量为 318.7 kg/hm^2，比 2016 年降低 19.9 kg/hm^2，下降了 5.9%，年际波动范围为 311.7~338.6 kg/hm^2；有机肥投入量总体水平较低，平均投入水平为 128.3 kg/hm^2，远低于化肥投入水平（平均值 319.1 kg/hm^2），有机肥料占总投入的比重为 27.0%~31.4%，平均值为 28.7%（图 3-145），近些年呈现先下降后上升趋势。

2016—2022 年，赣州市区早稻产量为 7.4~7.9 t/hm^2，波动幅度较小，水稻产量呈波动下降趋势，2022 年水稻产量为 7.6 t/hm^2。另外，比较分析 2016—2022 年赣州市区肥料投入与晚稻产量之间关系，两者相关性不高。

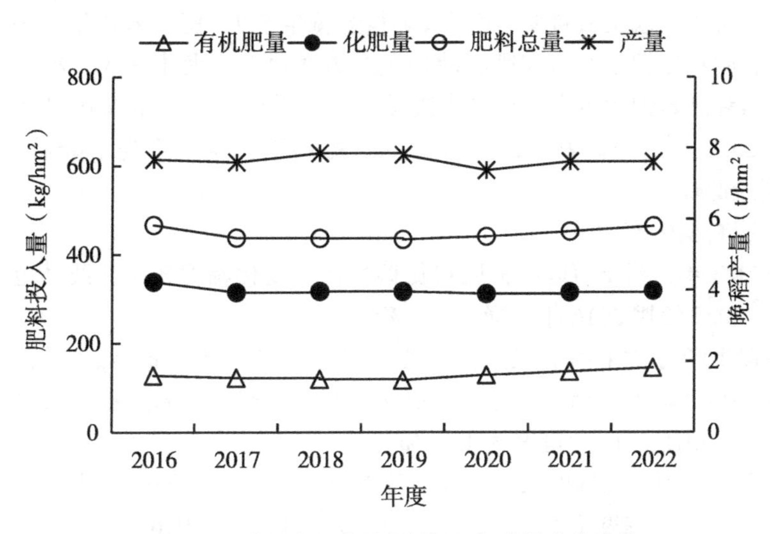

图 3-145　赣州市区晚稻肥料投入与产量变化趋势

（三）偏生产力

1. 早稻肥料偏生产力

2016—2022 年，赣州市区早稻肥料氮偏生产力变化幅度较小，波动范围为 35.2～40.8 kg/kg，2022 年比 2016 年上升 9.4%（图 3-146）。

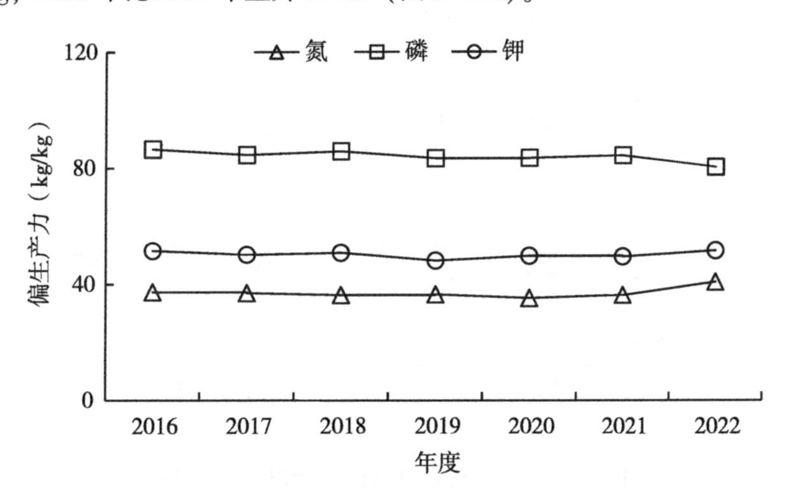

图 3-146　赣州市区早稻肥料偏生产力变化趋势

肥料磷偏生产力变化幅度较小，波动范围为 80.3～86.5 kg/kg，具体变化情况为 2016—2022 年呈波动下降趋势，2022 年达最低值（80.3 kg/kg），相比 2016 年降幅为 7.2%。

肥料钾偏生产力变化幅度较小，波动范围为 48.2～51.6 kg/kg，以 2018 年为波峰、

2019 年为波谷，整体变化幅度不大，2022 年为 51.6 kg/kg，比 2016 年的 51.5 kg/kg 上升了 0.2%。

赣州市区总体上，肥料磷偏生产力>肥料钾偏生产力>肥料氮偏生产力，三者变化幅度都较小，肥料氮偏生产力和肥料磷偏生产力变化趋势大体一致，2016 年以来，肥料氮偏生产力和肥料钾偏生产力均是先缓慢下降后缓慢上升，在 2019 年达到低谷，然后上升，在 2022 年达到高峰，2016 年以来，肥料磷偏生产力先下降后上升又下降，2022 年达到最低峰。

2. 中稻肥料偏生产力

2016—2022 年，赣州市区中稻肥料氮偏生产力变化幅度较小，波动范围为 31.1～33.6 kg/kg，2022 年比 2016 年下降了 3.4%。

肥料磷偏生产力变化幅度很大，波动范围为 71.0～86.7 kg/kg，具体变化情况为 2016—2020 年呈逐渐下降趋势，之后呈现先上升后快速下降的趋势，2022 年达最低值（71.0 kg/kg），相比 2016 年降幅为 18.1%。

肥料钾偏生产力变化幅度较小，波动范围为 37.2～41.6 kg/kg，以 2018 年为波峰、2020 年为波谷，变化幅度不大，2022 年为 37.6 kg/kg，比 2016 年的 37.2 kg/kg 增加了 1.1%（图 3-147）。

赣州市区总体上，肥料磷偏生产力>肥料钾偏生产力>肥料氮偏生产力，肥料磷偏生产力变化幅度很大，肥料氮偏生产力和肥料钾偏生产力变化幅度不大，肥料氮偏生产力和肥料钾偏生产力变化趋势大体一致，2016 年以来，三者均是呈波动下降趋势。

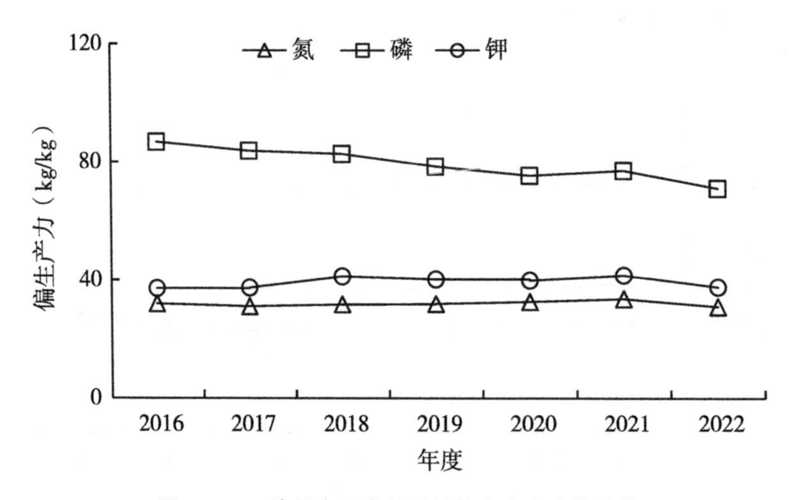

图 3-147　赣州市区中稻肥料偏生产力变化趋势

3. 晚稻肥料偏生产力

2016—2022 年，赣州市区晚稻肥料氮偏生产力变化幅度较小，波动范围为 37.3～39.9 kg/kg，2022 年比 2016 年上升 2.1%。

肥料磷偏生产力变化幅度很大，波动范围为 81.3～92.8 kg/kg，具体变化情况为 2016—2019 年呈上升趋势，2018 年达最高值（92.8 kg/kg），之后呈现逐渐下降的趋势，2022 年达最低值（81.3 kg/kg），相比 2016 年降幅为 5.1%。

肥料钾偏生产力变化幅度较大，波动范围为 42.3～51.2 kg/kg，以 2018 年为波峰，2022 年为最低值（42.3 kg/kg），比 2016 年的 46.7 kg/kg 减少了 9.4%（图 3-148）。

赣州市区总体上，肥料磷偏生产力>肥料钾偏生产力>肥料氮偏生产力，肥料磷偏生产力和肥料钾偏生产力变化幅度都较大，肥料氮偏生产力变化幅度较小。2016 年以来，肥料磷偏生产力和肥料钾偏生产力均是先上升后下降，在 2018 年达到高峰，肥料氮偏生产力先上升后下降又上升，在 2019 年达到最高峰，在 2020 年到达低谷。

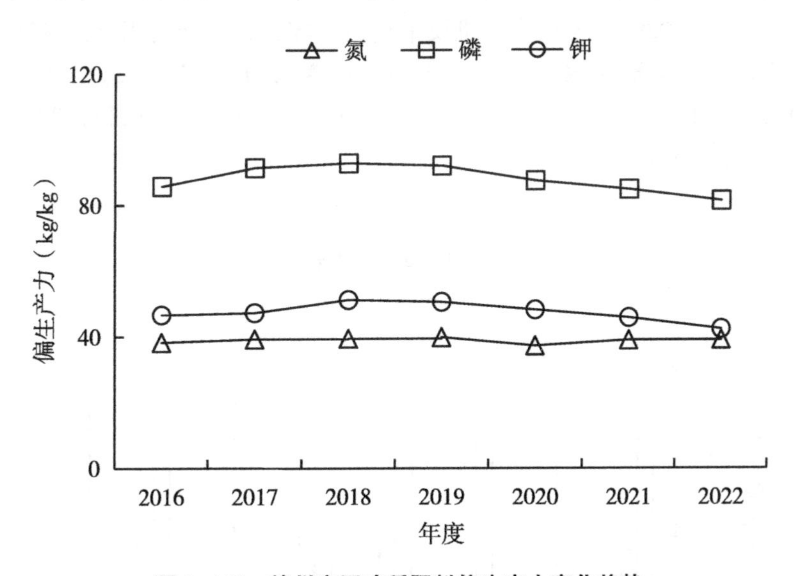

图 3-148　赣州市区晚稻肥料偏生产力变化趋势

第八节　宜春市

宜春市地处江西省西北部，东与南昌市接界，东南与抚州市为邻，南与吉安市及新余市毗连，西南与萍乡市接壤，西北与湖南省长沙市及岳阳市交界，北与九江市相邻，下辖袁州、樟树、丰城、靖安、奉新、高安、上高、宜丰、铜鼓、万载 10 个县市区和宜春经开区、宜阳新区、明月山温泉风景名胜区 3 个功能特色区，总面积 1.87 万 km^2，占江西省总面积的 11.2%。宜春市地形复杂多样，地势自西北向东南倾斜，山地、丘陵和平原兼有，其中，山地占 35.5%，丘陵占 39.1%、平原占 25.5%。宜春市具有亚热带季风气候特点，气候温暖、光照充足、雨量充沛、无霜期长。

2022 年江西省土地利用现状统计资料表明，宜春市耕地面积 631.52 万亩，其中水田面积 52.91 万亩、水浇地面积 1.29 万亩、旱地面积 127.33 万亩。宜春市共有耕地质量监测点 86 个，其中国家级监测点 14 个、省级监测点 72 个，主要分布在袁州区、奉新县、万载县、上高县、宜丰县、靖安县、铜鼓县、丰城市和高安市。

一、耕地质量主要现状

（一）土壤有机质现状及演变趋势

1. 土壤有机质现状

2016—2022 年，宜春市耕地质量监测数据分析结果表明（图 3-149），土壤有机质含量有效监测点 403 个，平均含量 36.4 g/kg，处于 2 级（较高）水平，其中水田土壤有机质平均含量 37.2 g/kg，旱地土壤有机质平均含量 19.7 g/kg。2016—2022 年，水田土壤有机质表现为上下波动，增幅不明显。与 2016 年相比，2022 年水田土壤有机质含量增加 0.2%；与土壤有机质平均值比较，2022 年水田土壤有机质含量增加 3.4%。旱地土壤有机质表现为上下波动，年增幅为 0.54 g/kg。与 2016 年相比，2022 年旱地土壤有机质含量增加 13.8%；与土壤有机质平均值比较，2022 年旱地土壤有机质含量增加 6.2%。

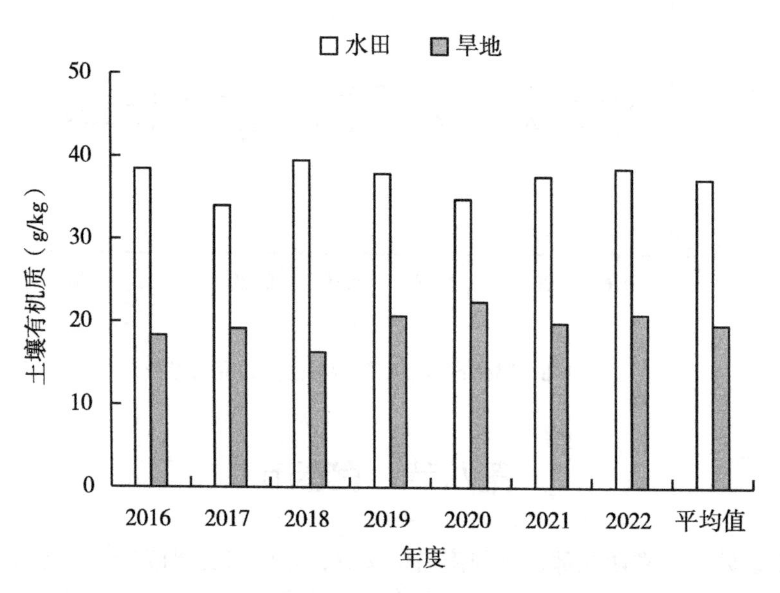

图 3-149　宜春市耕层土壤有机质含量及变化趋势

2. 土壤有机质分级情况

根据《江西省耕地质量监测指标分级标准》，宜春市土壤有机质主要集中在 1 级（高）水平（图 3-150）。处于 1 级（高）水平的监测点有 141 个，占 35.0%；处于 2 级（较高）水平的监测点有 136 个，占 33.6%；处于 3 级（中）水平的监测点有 76 个，占 18.9%；处于 4 级（较低）水平的监测点有 47 个，占 11.7%；处于 5 级（低）水平的监测点有 3 个，占 0.8%。

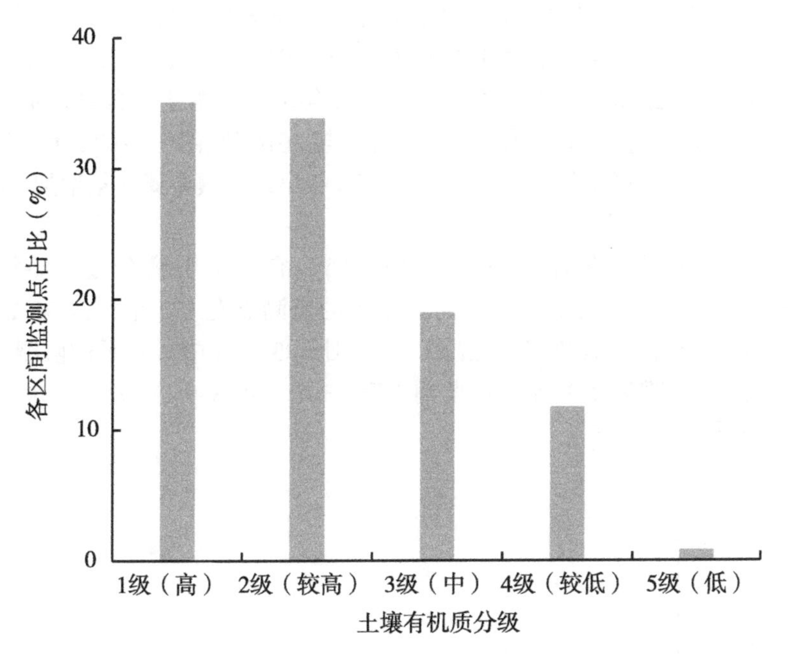

图 3-150　宜春市土壤有机质含量各区间监测点占比

（二）土壤全氮现状及演变趋势

1. 土壤全氮现状

2016—2022 年，宜春市耕地质量监测数据分析结果表明（图 3-151），土壤全氮含量有效监测点数 681 个，平均含量 1.59 g/kg，处于 2 级（较高）水平，其中水田土壤

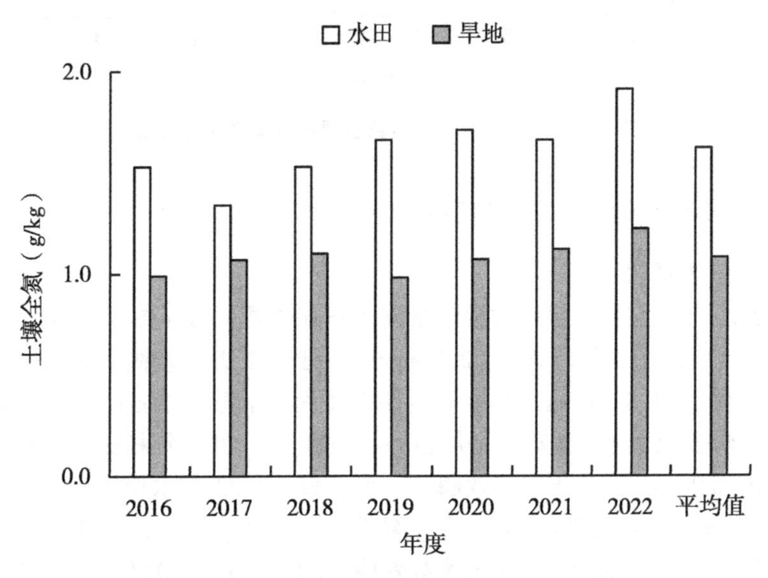

图 3-151　宜春市耕层土壤全氮含量及变化趋势

全氮平均含量 1.62 g/kg，旱地土壤全氮平均含量 1.08 g/kg。2016—2022 年，宜春市水田土壤全氮表现为升高，年增幅为 0.070 g/kg。与 2016 年相比，2022 年水田土壤全氮含量增加 24.8%；与土壤全氮平均值比较，2022 年水田土壤全氮含量增加 17.9%。旱地土壤全氮表现为增加，年增幅为 0.027 g/kg。与 2016 年相比，2022 年旱地土壤全氮含量增加 23.2%；与土壤全氮平均值比较，2022 年旱地土壤全氮含量增加 13.1%。

2. 土壤全氮分级情况

根据《江西省耕地质量监测指标分级标准》，宜春市土壤全氮主要集中在 1 级（高）水平（图 3-152）。处于 1 级（高）水平的监测点有 122 个，占 36.2%；处于 2 级（较高）水平的监测点有 79 个，占 23.4%；处于 3 级（中）水平的监测点有 47 个，占 13.9%；处于 4 级（较低）水平的监测点有 13 个，占 3.9%；处于 5 级（低）水平的监测点有 76 个，占 22.6%。

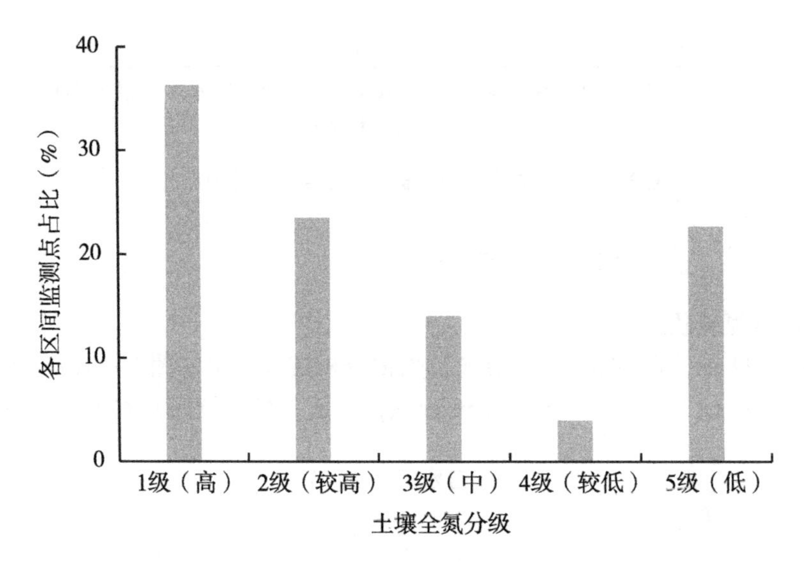

图 3-152　宜春市土壤全氮含量各区间监测点占比

（三）土壤有效磷现状及演变趋势

1. 土壤有效磷现状

2016—2022 年，宜春市耕地质量监测数据分析结果表明（图 3-153），土壤有效磷含量有效监测点 351 个，平均含量 22.0 mg/kg，处于 2 级（较高）水平，其中水田土壤有效磷平均含量 21.5 mg/kg，旱地土壤有效磷平均含量 32.3 mg/kg。2016—2022 年，水田土壤有效磷表现为上下波动，增加趋势不明显。与 2016 年相比，2022 年水田土壤有效磷含量增加 24.1%；与土壤有效磷平均值比较，2022 年水田土壤有效磷含量增加 7.7%。旱地土壤有效磷表现为增加，年增幅为 1.5 mg/kg。与 2016 年相比，2022 年旱地土壤有效磷含量增加 29.4%；与土壤有效磷平均值比较，2022 年旱地土壤有效磷含量增加 19.4%。

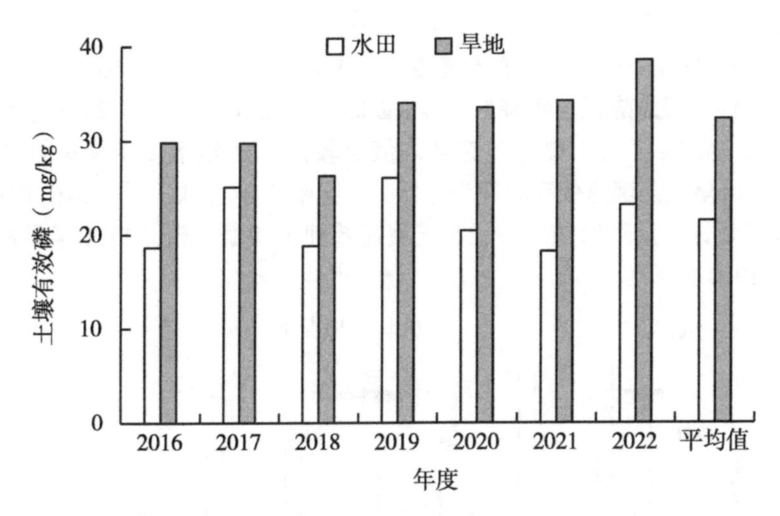

图 3-153　宜春市耕层土壤有效磷含量及变化趋势

2. 土壤有效磷分级情况

根据《江西省耕地质量监测指标分级标准》，宜春市土壤有效磷主要集中在 3 级（中）水平（图 3-154）。处于 1 级（高）水平的监测点有 71 个，占 20. 2%；处于 2 级（较高）水平的监测点有 90 个，占 25. 6%；处于 3 级（中）水平的监测点有 108 个，占 30. 8%；处于 4 级（较低）水平的监测点有 50 个，占 14. 3%；处于 5 级（低）水平的监测点有 32 个，占 9. 1%。

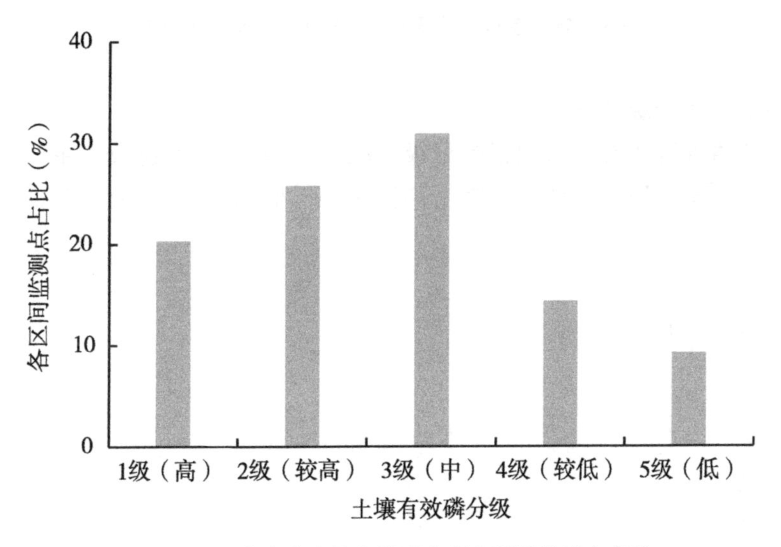

图 3-154　宜春市土壤有效磷含量各区间监测点占比

（四）土壤速效钾现状及演变趋势

1. 土壤速效钾现状

2016—2022 年，宜春市耕地质量监测数据分析结果表明（图 3-155），土壤速效钾含量有效监测点 401 个，平均含量 101.7 mg/kg，处于 3 级（中）水平，其中水田土壤速效钾平均含量 98.1 mg/kg，旱地土壤速效钾平均含量 170.5 mg/kg。2016—2022 年，水田土壤速效钾表现为降低，年降幅 3.4 mg/kg。与 2016 年相比，2022 年水田土壤速效钾含量降低 14.7%；与土壤速效钾平均值比较，2022 年水田土壤速效钾含量降低 16.6%。宜春市旱地土壤速效钾表现为降低，年降幅 7.0 mg/kg。与 2016 年比较，2022 年旱地土壤速效钾含量降低 25.0%；与土壤速效钾平均值比较，2022 年旱地土壤速效钾含量降低 19.0%。

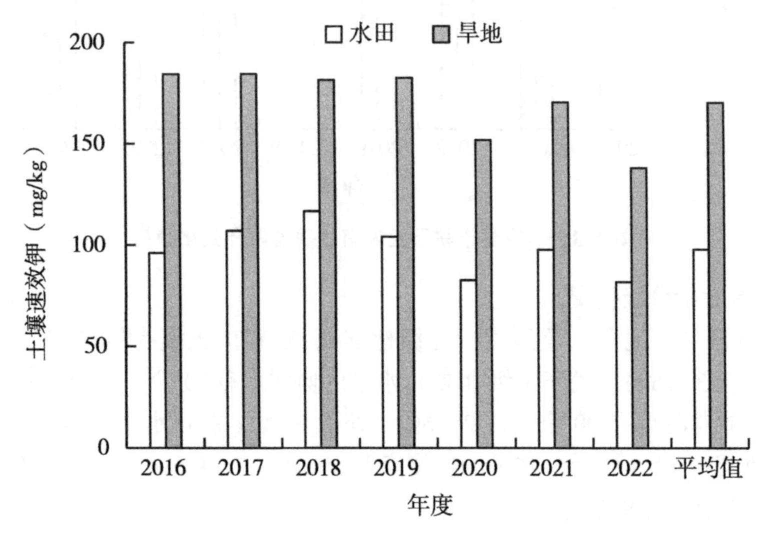

图 3-155 宜春市耕层土壤速效钾含量及变化趋势

2. 土壤速效钾分级情况

根据《江西省耕地质量监测指标分级标准》，宜春市土壤速效钾主要集中在 4 级（较低）水平（图 3-156）。处于 1 级（高）水平的监测点有 26 个，占 6.5%；处于 2

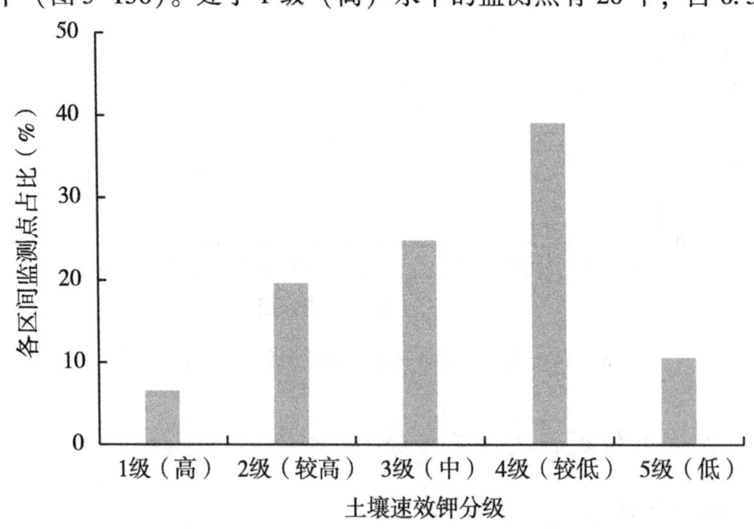

图 3-156 宜春市土壤速效钾含量各区间监测点占比

级（较高）水平的监测点有 78 个，占 19.5%；处于 3 级（中）水平的监测点有 99 个，占 24.7%；处于 4 级（较低）水平的监测点有 156 个，占 38.8%；处于 5 级（低）水平的监测点有 42 个，占 10.5%。

（五）土壤缓效钾现状及演变趋势

1. 土壤缓效钾现状

2016—2022 年，宜春市耕地质量监测数据分析结果表明（图 3-157），土壤缓效钾含量有效监测点 327 个，平均含量 330.1 mg/kg，处于 4 级（较低）水平，其中水田土壤缓效钾平均含量 334.4 mg/kg，旱地土壤缓效钾平均含量 249.2 mg/kg。2016—2022 年，水田土壤缓效钾表现为降低，年降幅为 5.0 mg/kg。与 2016 年相比，2022 年水田土壤缓效钾含量降低 4.0%；与土壤缓效钾平均值比较，2022 年水田土壤缓效钾含量降低 10.4%。旱地土壤缓效钾表现为增加，年增幅为 6.7 mg/kg。与 2016 年相比，2022 年旱地土壤缓效钾含量增加 15.0%；与土壤缓效钾平均值比较，2022 年旱地土壤缓效钾含量增加 7.2%。

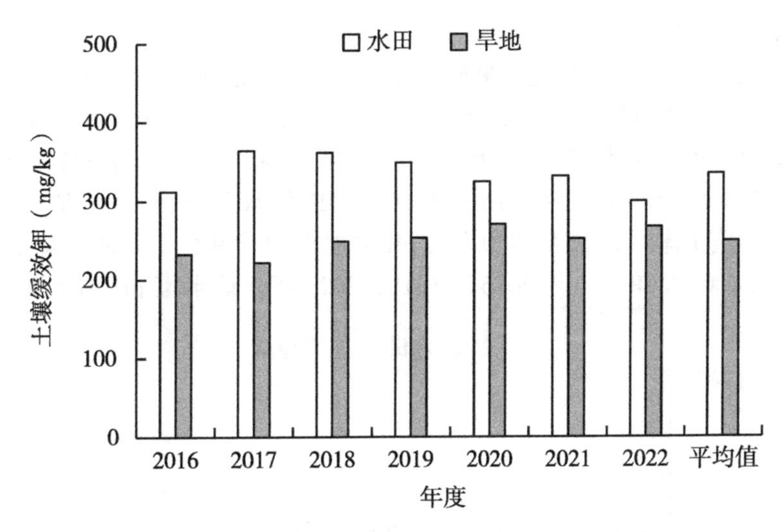

图 3-157　宜春市耕层土壤缓效钾含量及变化趋势

2. 土壤缓效钾分级情况

根据《江西省耕地质量监测指标分级标准》，宜春市土壤有机质含量主要集中在 5 级（低）水平（图 3-158）。处于 1 级（高）水平的监测点有 33 个，占 10.1%；处于 2 级（较高）水平的监测点有 24 个，占 7.3%；处于 3 级（中）水平的监测点有 41 个，占 12.5%；处于 4 级（较低）水平的监测点有 71 个，占 21.7%；处于 5 级（低）水平的监测点有 158 个，占 48.4%。

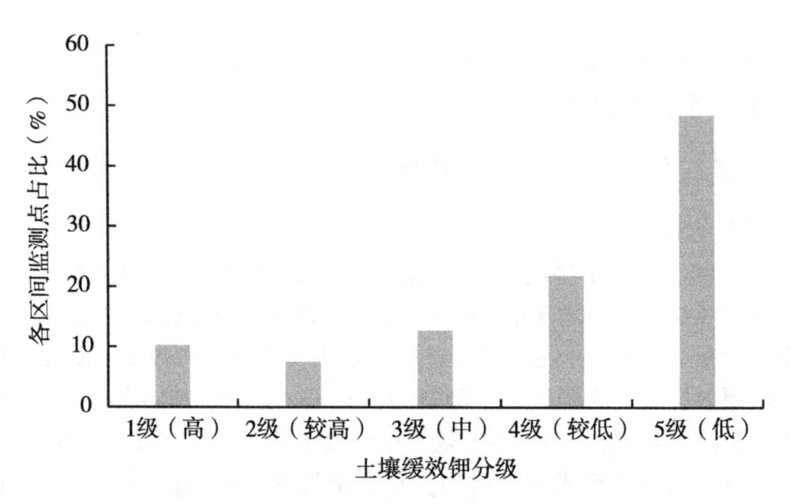

图 3-158　宜春市土壤缓效钾含量各区间监测点占比

（六）土壤 pH 现状及演变趋势

1. 土壤 pH 现状

2016—2022 年，宜春市耕地质量监测数据分析结果表明（图 3-159），土壤 pH 有效监测点 380 个，平均值为 5.29，处于 3 级（中）水平，其中水田土壤 pH 平均值 5.30，旱地土壤 pH 平均值 5.20。2016—2022 年，宜春市水田土壤 pH 表现为增加趋势，每年增加 0.07 个单位。与 2016 年相比，2022 年水田土壤 pH 增加 0.43 个单位；与土壤 pH 平均值比较，2022 年水田土壤 pH 增加 0.14 个单位。旱地土壤 pH 表现为增加，年增幅为 0.05 个单位。与 2016 年相比，2022 年旱地土壤 pH 增加 0.39 个单位；

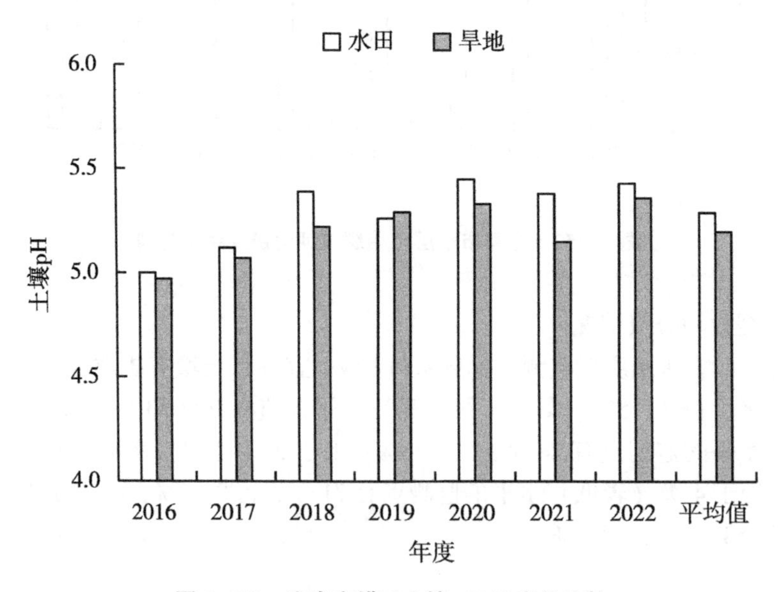

图 3-159　宜春市耕层土壤 pH 及变化趋势

与土壤 pH 平均值比较，2022 年旱地土壤 pH 增加 0.16 个单位。

2. 土壤 pH 分级情况

根据《江西省耕地质量监测指标分级标准》，宜春市土壤 pH 主要集中在 3 级（中）水平（图 3-160）。处于 1 级（高）水平的监测点有 15 个，占监测点总数 4.0%；处于 2 级（较高）水平的监测点有 107 个，占 28.2%；处于 3 级（中）水平的监测点有 154 个，占 40.5%；处于 4 级（较低）水平的监测点有 97 个，占 25.5%；处于 5 级（低）水平的监测点有 7 个，占 1.8%。

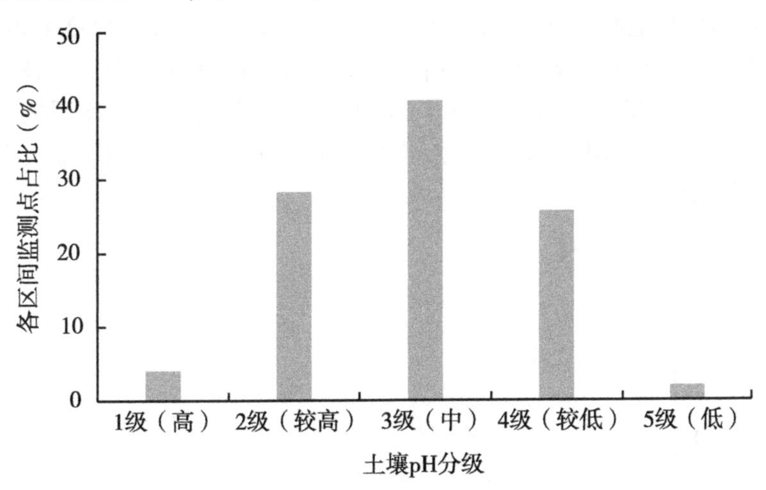

图 3-160　宜春市土壤 pH 各区间监测点占比

（七）土壤耕层厚度现状及演变趋势

1. 土壤耕层厚度现状

2016—2022 年，宜春市耕地质量监测数据分析结果表明（图 3-161），种植粮食作物的耕地土壤耕层厚度有效监测点366个，平均值为 20.4 cm，处于 1 级（高）水平，

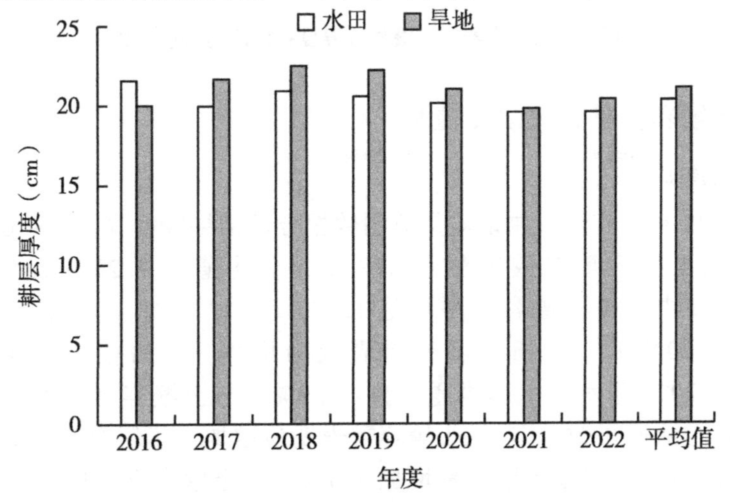

图 3-161　宜春市耕层厚度及变化趋势

其中水田耕层厚度平均值 20.3 cm，旱地耕层厚度平均值 21.1 cm。2016—2022 年，宜春市水田土壤耕层厚度表现为降低，年降幅为 0.27 cm。与 2016 年相比，2022 年水田的土壤耕层厚度降低 9.3%；与土壤耕层厚度平均值比较，2022 年水田土壤耕层厚度降低 3.7%。宜春市旱地土壤耕层厚度变化不明显。与 2016 年相比，2022 年水田土壤土壤耕层厚度增加 1.8%；与土壤耕层厚度平均值比较，2022 年水田土壤耕层厚度降低 3.4%。

2. 土壤耕层厚度分级情况

根据《江西省耕地质量监测指标分级标准》，宜春市土壤耕层厚度主要集中在 2 级（较高）水平（图 3-162）。处于 1 级（高）水平的监测点有 104 个，占 28.4%；处于 2 级（较高）水平的监测点有 222 个，占 60.6%；处于 3 级（中）水平的监测点有 39 个，占 10.7%；处于 4 级（较低）水平的监测点有 1 个，占 0.3%；无处于 5 级（低）水平的监测点。

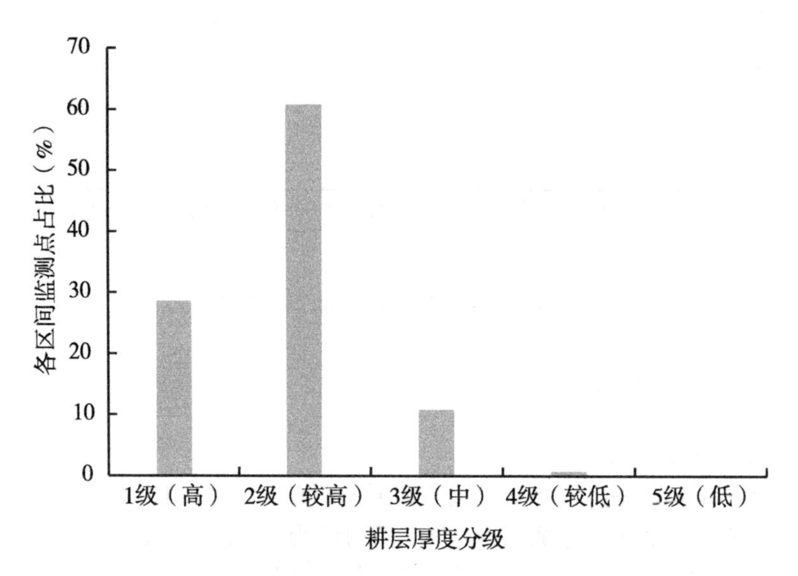

图 3-162　宜春市土壤耕层厚度各区间监测点占比

（八）土壤容重现状及演变趋势

1. 土壤容重现状

2016—2022 年，宜春市耕地质量监测数据分析结果表明（图 3-163），种植粮食作物的耕地土壤容重有效监测点 578 个，平均值为 1.22 g/cm³，处于 1 级（高）水平，其中水田土壤容重平均值 1.22 g/cm³，旱地土壤容重平均值 1.24 g/cm³。2016—2022 年，水田土壤容重表现为增加，年增幅为 0.02 g/cm³。与 2016 年相比，2022 年水田土壤容重增加 11.0%；与土壤容重平均值比较，2022 年水田土壤容重降低 0.5%。旱地土壤容重表现为增加，年增幅为 0.02 g/cm³。与 2016 年相比，2022 年旱地土壤容重增加 7.1%；与土壤容重平均值比较，2022 年旱地土壤容重降低 2.3%。

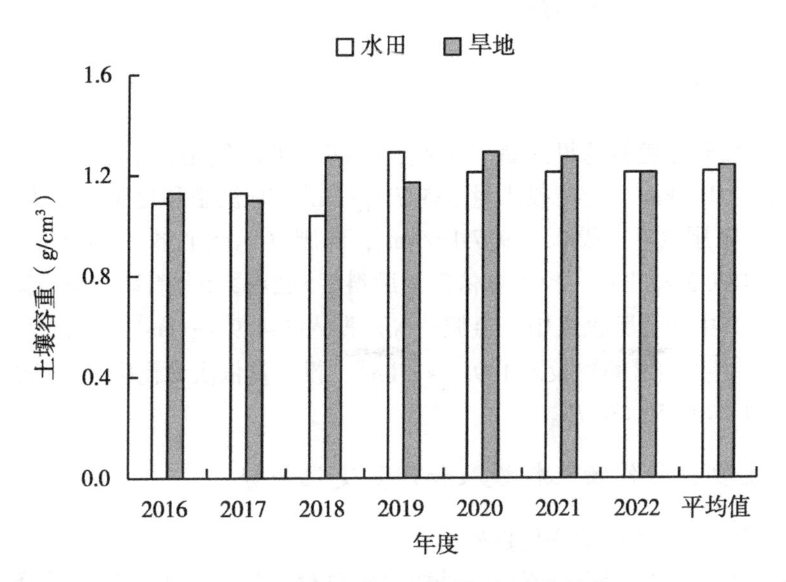

图 3-163　宜春市耕层土壤容重及变化趋势

2. 土壤容重分级情况

根据《江西省耕地质量监测指标分级标准》，宜春市土壤容重主要集中在 1 级（高）水平（图 3-164）。处于 1 级（高）水平的监测点有 126 个，占 52.3%；处于 2 级（较高）水平的监测点有 55 个，占 22.8%；处于 3 级（中）水平的监测点有 20 个，占 8.3%；处于 4 级（较低）水平的监测点有 19 个，占 7.9%；处于 5 级（低）水平的监测点有 21 个，占 8.7%。

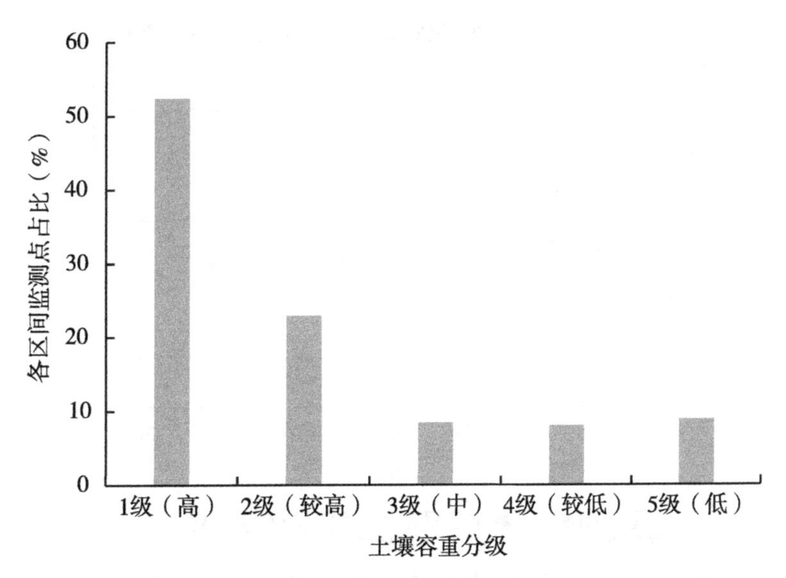

图 3-164　宜春市土壤容重各区间监测点占比

二、肥料投入与利用情况

（一）肥料投入现状

宜春市区监测点肥料总投入量（折纯，下同）平均值 452.8 kg/hm²，其中，有机肥投入量 117.1 kg/hm²，化肥投入量 335.7 kg/hm²，有机肥和化肥之比为 1∶2.9。肥料总投入中，氮肥（N）投入 179.7 kg/hm²，磷肥（P_2O_5）投入 86.9 kg/hm²，钾肥（K_2O）投入 186.3 kg/hm²，投入量依次为肥料钾>肥料氮>肥料磷，氮∶磷∶钾为 1∶0.48∶1.04。其中，化肥投入中，氮肥（N）投入 144.9 kg/hm²、磷肥（P_2O_5）投入 81.4 kg/hm²、钾肥（K_2O）投入 109.4 kg/hm²，投入量依次为化肥氮>化肥钾>化肥磷，氮∶磷∶钾为 1∶0.56∶0.76。

（二）主要粮食作物肥料投入和产量变化趋势

1. 早稻肥料投入和产量变化趋势

2016—2022 年，宜春市区监测点早稻肥料总投入量呈现先上升后下降趋势，2022 年早稻肥料总投入量为 439.0 kg/hm²，比 2016 年降低 32.5 kg/hm²，下降了 6.9%，年际波动范围为 439.0~535.8 kg/hm²。

其中，化肥投入量呈现先上升后下降趋势，2022 年早稻化肥投入量为 316.1 kg/hm²，比 2016 年降低 36.7 kg/hm²，下降了 10.4%，年际波动范围为 316.1~407.6 kg/hm²；有机肥投入量总体水平较低，平均投入水平为 120.5 kg/hm²，远低于化肥投入水平（平均值 351.7 kg/hm²），有机肥料占总投入的比重为 23.3%~28.0%，平均值为 25.6%（图 3-165），近些年呈基本稳定趋势。

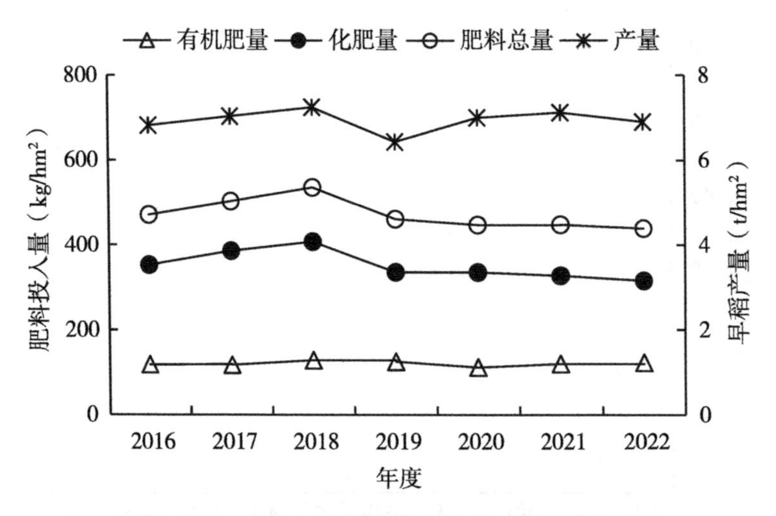

图 3-165　宜春市区早稻肥料投入与产量变化趋势

2016—2022 年，宜春市区早稻产量为 6.4~7.2 t/hm²，波动幅度较大，早稻产量呈现先上升后下降又上升再下降趋势，2022 年早稻产量为 6.9 t/hm²。另外，比较分析 2016—

2022 年宜春市区肥料投入与早稻产量之间关系，两者相关性较弱（图 3-165）。

2. 中稻肥料投入和产量变化趋势

2016—2022 年，宜春市区监测点中稻肥料总投入量呈现先上升后下降趋势，2022 年中稻肥料总投入量为 462.3 kg/hm^2，比 2016 年降低 21.4 kg/hm^2，下降了 4.4%，年际波动范围为 462.3~527.3 kg/hm^2（图 3-166）。

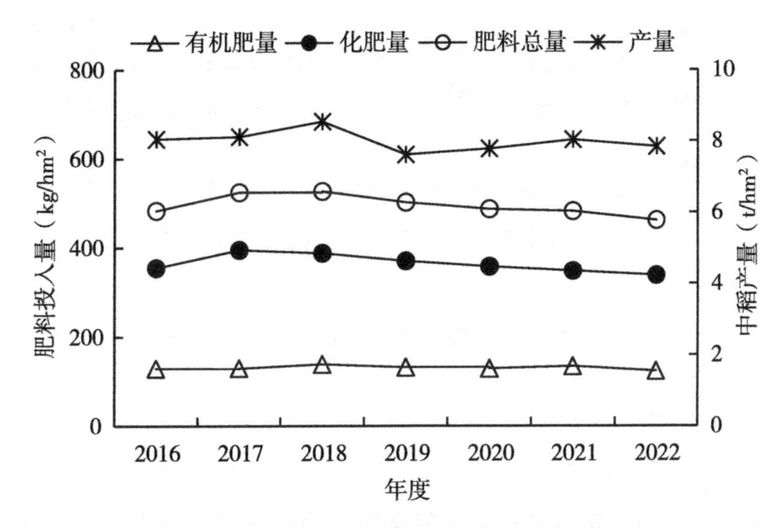

图 3-166　宜春市区中稻肥料投入与产量变化趋势

其中，化肥投入量呈现先上升后下降趋势，2022 年中稻化肥投入量为 338.5 kg/hm^2，比 2016 年降低 16.3 kg/hm^2，下降了 4.6%，年际波动范围为 338.5~395.2 kg/hm^2；有机肥投入量总体水平较低，平均投入水平为 131.1 kg/hm^2，低于化肥投入水平（平均值 364.7 kg/hm^2），有机肥料占总投入的比重为 24.7%~27.8%，平均值为 26.5%，近些年呈基本稳定趋势。

2016—2022 年，宜春市区中稻产量为 7.6~8.5 t/hm^2，波动幅度较大，中稻产量呈现先上升后快速下降又波动上升趋势，2022 年中稻产量为 7.8 t/hm^2。另外，比较分析 2016—2022 年宜春市区肥料投入与中稻产量之间关系，两者相关性较弱（图 3-166）。

3. 晚稻肥料投入和产量变化趋势

2016—2022 年，宜春市区监测点晚稻肥料总投入量呈现先上升后下降趋势，2022 年晚稻肥料总投入量为 467.3 kg/hm^2，比 2016 年降低 26.9 kg/hm^2，下降了 5.4%，年际波动范围为 467.3~561.6 kg/hm^2。

其中，化肥投入量呈现先上升后下降趋势，2022 年晚稻化肥投入量为 335.0 kg/hm^2，比 2016 年降低 31.2 kg/hm^2，下降了 8.5%，年际波动范围为 335.0~426.5 kg/hm^2；有机肥投入量总体水平较低，平均投入水平为 127.4 kg/hm^2，远低于化肥投入水平（平均值 376.6 kg/hm^2），有机肥料占总投入的比重为 23.7%~28.3%，平均值为 25.3%（图 3-167），近些年呈基本稳定趋势。

2016—2022 年，宜春市区晚稻产量为 7.5~7.9 t/hm^2，波动幅度较小，晚稻产量呈波动下降趋势，2022 年晚稻产量为 7.5 t/hm^2。另外，比较分析 2016—2022 年宜春市区肥料投入与晚稻产量之间关系，两者相关性较弱（图 3-167）。

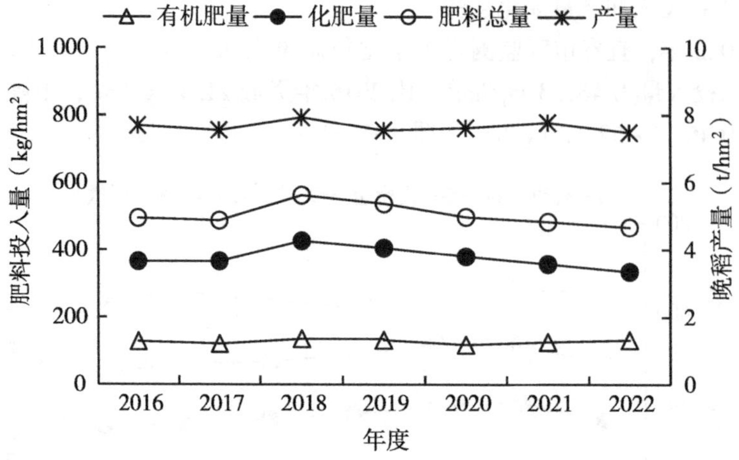

图 3-167　宜春市区晚稻肥料投入与产量变化趋势

（三）偏生产力

1. 早稻肥料偏生产力

2016—2022 年，宜春市区早稻肥料氮偏生产力变化幅度较小，波动范围为 33. 2 ~ 38. 3 kg/kg，2022 年比 2016 年上升了 9. 7%。

肥料磷偏生产力变化幅度较大，波动范围为 78. 1 ~ 86. 4 kg/kg，具体变化情况为 2016—2017 年呈下降趋势，之后呈现先逐渐上升后缓慢下降趋势，2017 年达最低值（78. 1 kg/kg），相比 2016 年下降幅度为 9. 6%。

肥料钾偏生产力变化幅度较大，波动范围为 43. 4 ~ 50. 4 kg/kg，具体变化情况为 2016—2018 年呈基本稳定趋势，之后呈稳步上升趋势，2022 年为 49. 7 kg/kg，比 2016 年的 44. 5 kg/kg 增加了 11. 7%（图 3-168）。

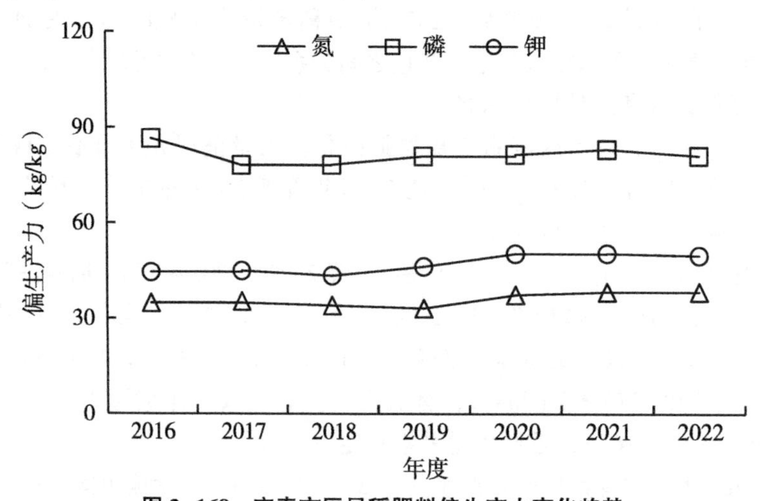

图 3-168　宜春市区早稻肥料偏生产力变化趋势

宜春市区总体上，肥料磷偏生产力>肥料钾偏生产力>肥料氮偏生产力，肥料磷偏生产力和肥料钾偏生产力变化幅度较大，肥料氮偏生产力和肥料钾偏生产力变化趋势大体一致，2016 年以来，肥料氮偏生产力和肥料钾偏生产力均是呈现基本稳定后逐渐上升趋势。

2. 中稻肥料偏生产力

2016—2022 年，宜春市区中稻肥料氮偏生产力变化幅度较大，波动范围为 38. 7～45. 2 kg/kg，2022 年比 2016 年上升了 14. 1%。

肥料磷偏生产力变化幅度较大，波动范围为 72. 1～80. 2 kg/kg，具体变化情况为 2016—2017 年呈先快速下降后上升，之后波动上升趋势，2019 年达最低值（72. 1 kg/kg），相比 2016 年下降幅度为 9. 3%。肥料钾偏生产力变化幅度很小，波动范围为 47. 7～51. 6 kg/kg，具体变化情况为 2016—2022 年呈基本稳定趋势，2022 年为最大值（51. 6 kg/kg），比 2016 年的 50. 3 kg/kg 增加了 2. 6%（图 3-169）。

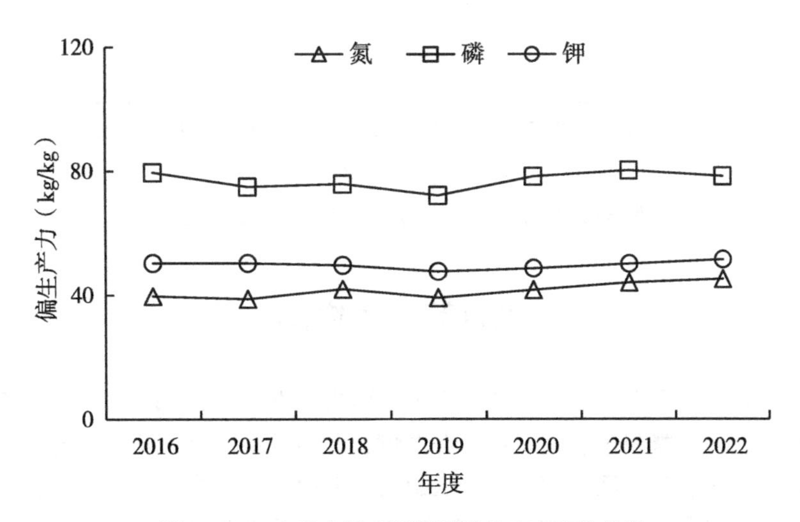

图 3-169　宜春市区中稻肥料偏生产力变化趋势

宜春市区总体上，肥料磷偏生产力>肥料钾偏生产力>肥料氮偏生产力，肥料氮偏生产力和肥料磷偏生产力变化幅度较大，肥料磷偏生产力和肥料钾偏生产力变化趋势大体一致。2016 年以来，肥料磷偏生产力和肥料钾偏生产力均是呈基本稳定趋势，肥料氮偏生产力呈波动上升趋势。

3. 晚稻肥料偏生产力

2016—2022 年，宜春市区晚稻肥料氮偏生产力变化幅度较小，波动范围为 34. 4～38. 7 kg/kg，2022 年比 2016 年上升了 2. 4%。

肥料磷偏生产力变化幅度较大，波动范围为 80. 8～90. 2 kg/kg，具体变化情况为 2016—2019 年呈逐渐下降趋势，之后呈现稳步上升趋势，2019 年达最低值（80. 8 kg/kg），相比 2016 年降幅为 10. 0%。

肥料钾偏生产力变化幅度较小，波动范围为 44. 8～50. 0 kg/kg，具体变化情况为 2016—2017 年呈上升趋势，之后以 2018 年为波谷呈现稳步上升趋势，2022 年为

50. 0 kg/kg，比 2016 年的 46. 8 kg/kg 增加了 6. 8%（图 3-170）。

宜春市区总体上，肥料磷偏生产力>肥料钾偏生产力>肥料氮偏生产力，肥料磷偏生产力变化幅度较大，肥料氮偏生产力和肥料钾偏生产力变化趋势大体一致，2016 年以来，三者均是呈波动上升趋势。

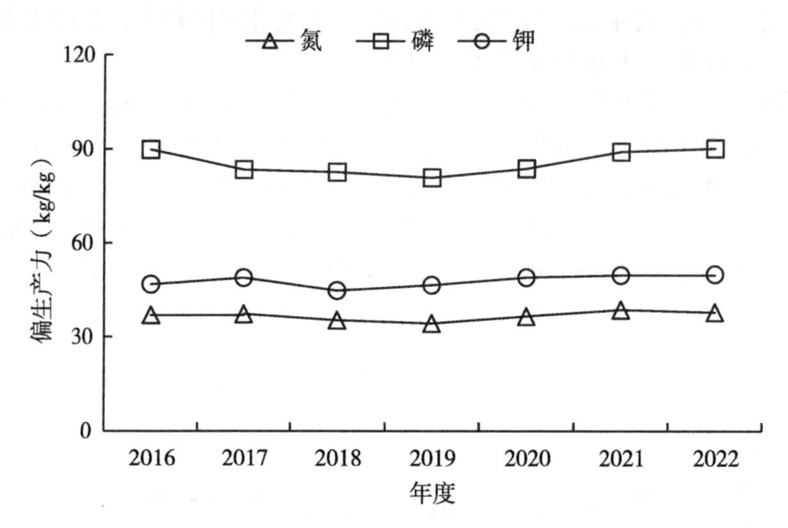

图 3-170　宜春市区晚稻肥料偏生产力变化趋势

第九节　上饶市

上饶市，古称“信州”“广信”，位于江西省东北部，东邻浙江省，南邻福建省、江西省鹰潭市，西邻抚州市、南昌市、九江市，北与景德镇市、安徽省黄山市相依，下辖信州区、广丰区、广信区、德兴市、玉山县、铅山县、横峰县、弋阳县、余干县、鄱阳县、万年县，婺源县城市，总面积 22 791 km^2，占江西省总面积的 13. 68%。上饶市以丘陵为主，东南高、西北低，西有鄱阳湖，属亚热带湿润型气候，由于气候温暖、光照充足、雨量充沛、无霜期长，农作物生长较为繁茂。

2022 年江西省土地利用现状统计资料表明，上饶市耕地面积 653. 30 万亩，其中水田面积 537. 16 万亩、水浇地面积 0. 04 万亩、旱地面积 116. 10 万亩。上饶市共有耕地质量监测点 83 个，其中国家级监测点 12 个、省级监测点 71 个，主要分布在信州区、广丰区、广信区、德兴市、玉山县、铅山县、横峰县、弋阳县、余干县、鄱阳县、万年县，婺源县。

一、耕地质量主要现状

（一）土壤有机质现状及演变趋势

1. 土壤有机质现状

2016—2022 年，上饶市耕地质量监测数据分析结果表明（图 3-171）。土壤有机质含量有效监测点数 436 个，平均含量 32. 4 g/kg，处于 2 级（较高）水平，其中水田土壤有机质平均含量 32.6 g/kg，旱地土壤有机质平均含量 29.5 g/kg。2016—2022 年，上饶市水田土壤有机质表现为增加，年增幅为 0.53 g/kg。与 2016 年相比，2022 年水田土壤有机质含量增加 4.8%；与土壤有机质平均值比较，2022 年水田土壤有机质含量增加 6.7%。上饶市旱地土壤有机质表现为降低，年降幅为 0.85 g/kg。与 2016 年相比，2022 年旱地土壤有机质含量降低 13.0%；与土壤有机质平均值比较，2022 年旱地土壤有机质含量降低 4.7%。

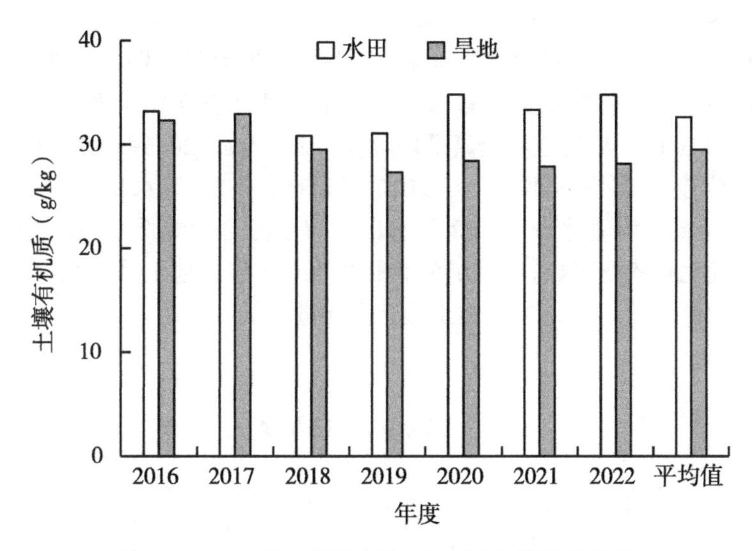

图 3-171　上饶市耕层土壤有机质含量及变化趋势

2. 土壤有机质分级情况

根据《江西省耕地质量监测指标分级标准》，土壤有机质含量主要集中在 2 级（较高）水平（图 3-172）。处于 1 级（高）水平的监测点有 114 个，占 26.2%；处于 2 级

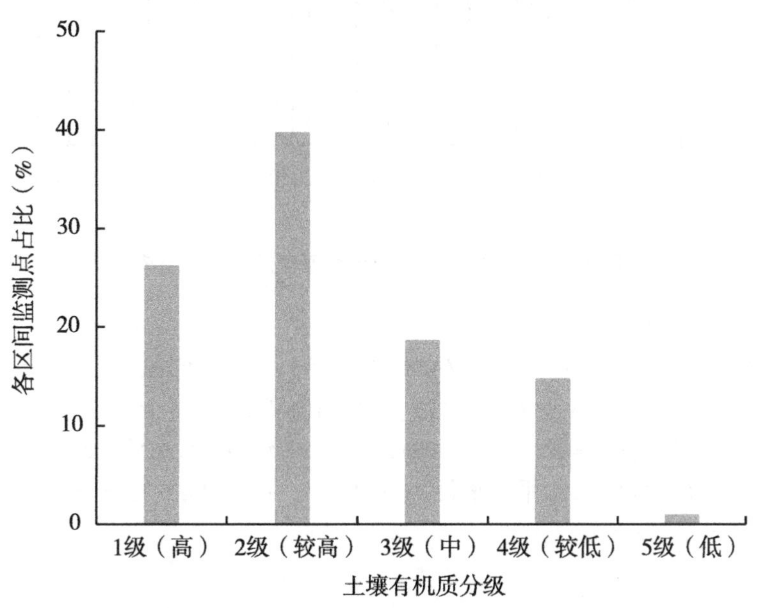

图 3-172　上饶市土壤有机质各区间监测点占比

（较高）水平的监测点有 173 个，占 39.6%；处于 3 级（中）水平的监测点有 81 个，占 18.6%；处于 4 级（较低）水平的监测点有 64 个，占 14.7%；处于 5 级（低）水平的监测点有 4 个，占 0.9%。

（二）土壤全氮现状及演变趋势

1. 土壤全氮现状

2016—2022 年，上饶市耕地质量监测数据分析结果表明（图 3-173），土壤全氮含量有效监测点 291 个，平均含量 1.60 g/kg，处于 2 级（较高）水平，其中水田土壤全氮平均含量 1.62 g/kg，旱地土壤全氮平均含量 1.23 g/kg。2016—2022 年，上饶市水田土壤全氮表现为变化趋势不明显。与 2016 年相比，2022 年水田土壤全氮含量降低 8.1%；与土壤全氮平均值比较，2022 年水田土壤全氮含量降低 4.7%。上饶市旱地土壤全氮表现为变化趋势不明显。与 2016 年相比，2022 年旱地土壤全氮含量降低 8.5%；与土壤全氮平均值比较，2022 年旱地土壤全氮含量降低 8.7%。

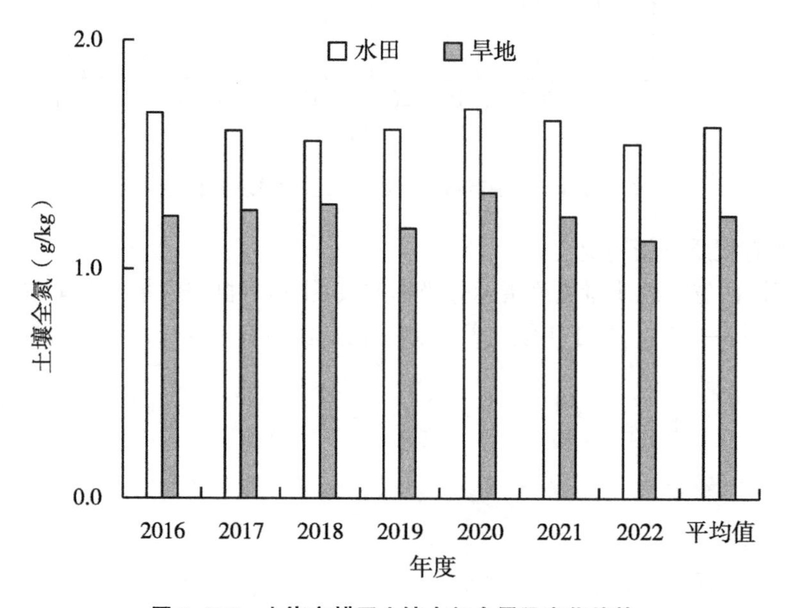

图 3-173　上饶市耕层土壤全氮含量及变化趋势

2. 土壤全氮分级情况

根据《江西省耕地质量监测指标分级标准》，土壤全氮含量主要集中在 1 级（高）水平（图 3-174）。处于 1 级（高）水平的监测点有 81 个，占 27.8%；处于 2 级（较高）水平的监测点有 64 个，占 22.0%；处于 3 级（中）水平的监测点有 71 个，占 24.4%；处于 4 级（较低）水平的监测点有 21 个，占 7.2%；处于 5 级（低）水平的监测点有 54 个，占 18.6%。

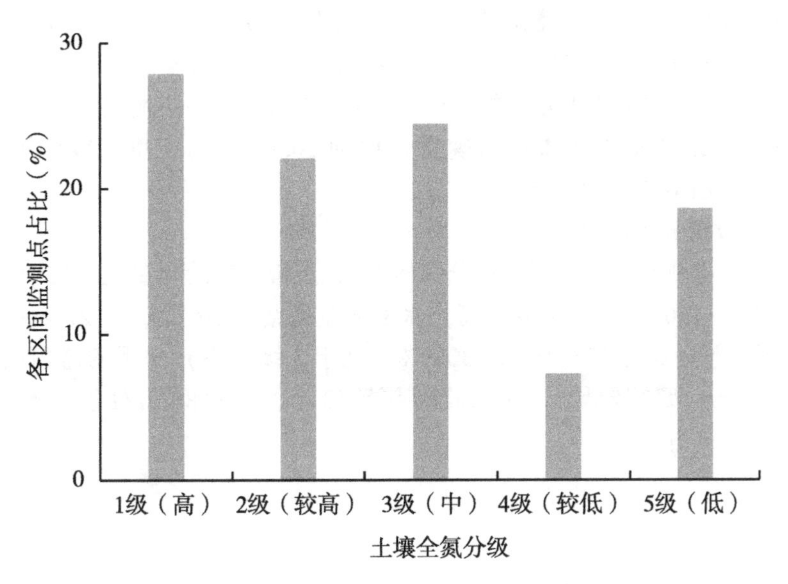

图 3-174　上饶市土壤全氮各区间监测点占比

（三）土壤有效磷现状及演变趋势

1. 土壤有效磷现状

2016—2022 年，上饶市耕地质量监测数据分析结果表明（图 3-175），土壤有效磷含量有效监测点 430 个，平均含量 28.7 mg/kg，处于 2 级（较高）水平，其中水田土壤有效磷平均含量 29.7 mg/kg，旱地土壤有效磷平均含量 8.5 mg/kg。2016—2022 年，

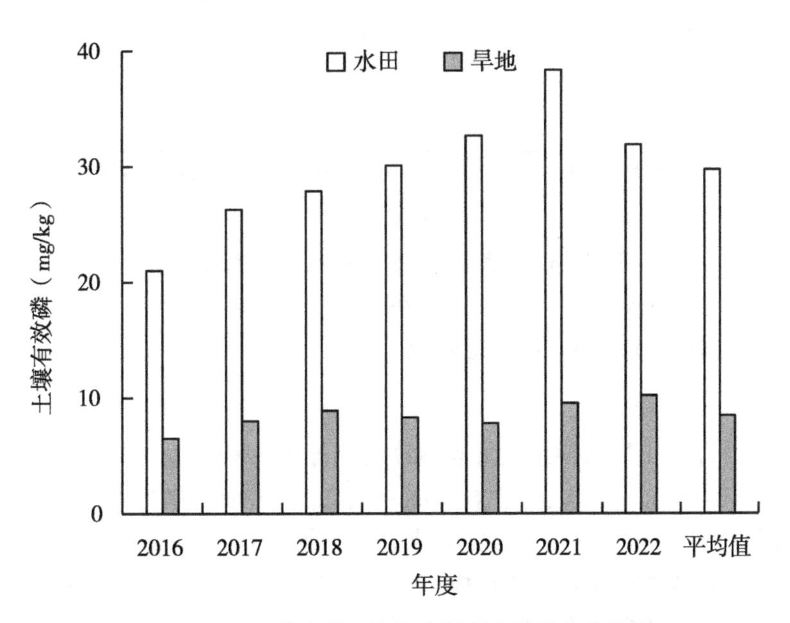

图 3-175　上饶市耕层土壤有效磷含量及变化趋势

上饶市水田土壤有效磷表现为增加趋势，年增幅为 2.20 mg/kg。与 2016 年相比，2022 年水田土壤有效磷含量增加 51.9%；与土壤有效磷平均值比较，2022 年水田土壤有效磷含量增加 7.2%。上饶市旱地土壤有效磷表现为增加趋势，年增幅为 0.47 mg/kg。与 2016 年相比，2022 年旱地土壤有效磷含量增加 56.9%；与土壤有效磷平均值比较，2022 年旱地土壤有效磷含量增加 20.5%。

2. 土壤有效磷分级情况

根据《江西省耕地质量监测指标分级标准》，土壤有效磷含量主要集中在 2 级（较高）水平（图 3-176）。处于 1 级（高）水平的监测点有 116 个，占 27.0%；处于 2 级（较高）水平的监测点有 133 个，占 30.9%；处于 3 级（中）水平的监测点有 130 个，占 30.2%；处于 4 级（较低）水平的监测点有 42 个，占 9.8%；处于 5 级（低）水平的监测点有 9 个，占 2.1%。

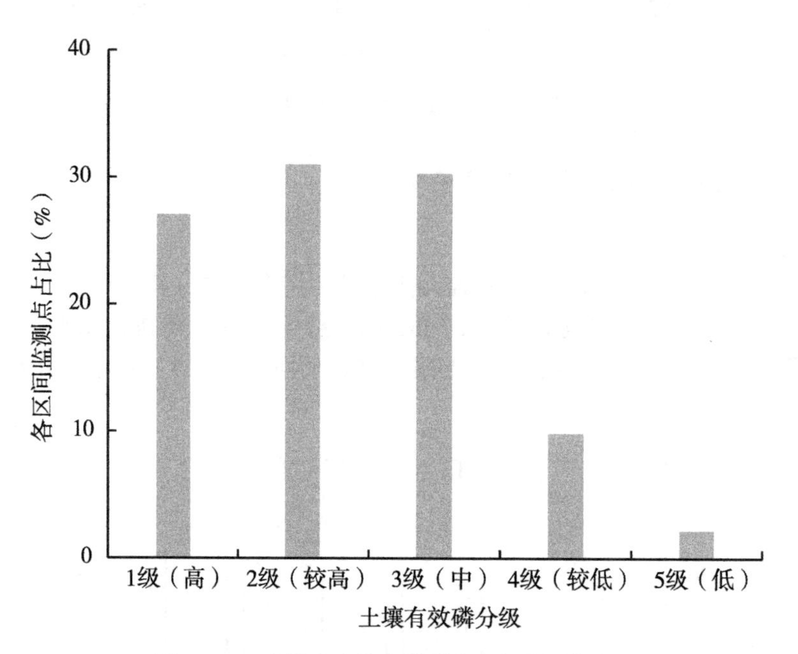

图 3-176　上饶市土壤有效磷各区间监测点占比

（四）土壤速效钾现状及演变趋势

1. 土壤速效钾现状

2016—2022 年，上饶市耕地质量监测数据分析结果表明（图 3-177），土壤速效钾含量有效监测点 429 个，平均含量 96.5 mg/kg，处于 3 级（中）水平，其中水田土壤速效钾平均含量 97.7 mg/kg，旱地土壤速效钾平均含量 75.0 mg/kg。2016—2022 年，上饶市水田土壤速效钾表现为增加趋势，年增幅为 0.84 mg/kg。与 2016 年相比，2022 年水田土壤速效钾含量增加 12.9%；与土壤速效钾平均值比较，2022 年水田土壤速效钾含量增加 5.7%。上饶市旱地土壤速效钾表现为增加趋势，年增幅为 2.02 mg/kg。与

2016 年相比，2022 年旱地土壤速效钾含量增加 23.3%；与土壤速效钾平均值比较，2022 年旱地土壤速效钾含量增加 9.3%。

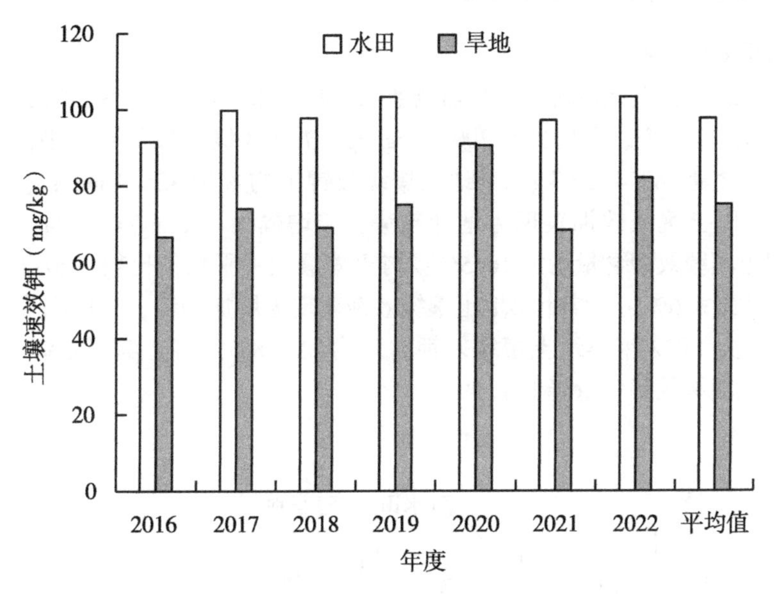

图 3-177　上饶市耕层土壤速效钾含量及变化趋势

2. 土壤速效钾分级情况

根据《江西省耕地质量监测指标分级标准》，土壤速效钾含量主要集中在 3 级（中）水平（图 3-178）。处于 1 级（高）水平的监测点有 14 个，占 3.3%；处于 2 级（较高）水平的监测点有 73 个，占 17.0%；处于 3 级（中）水平的监测点有 175 个，

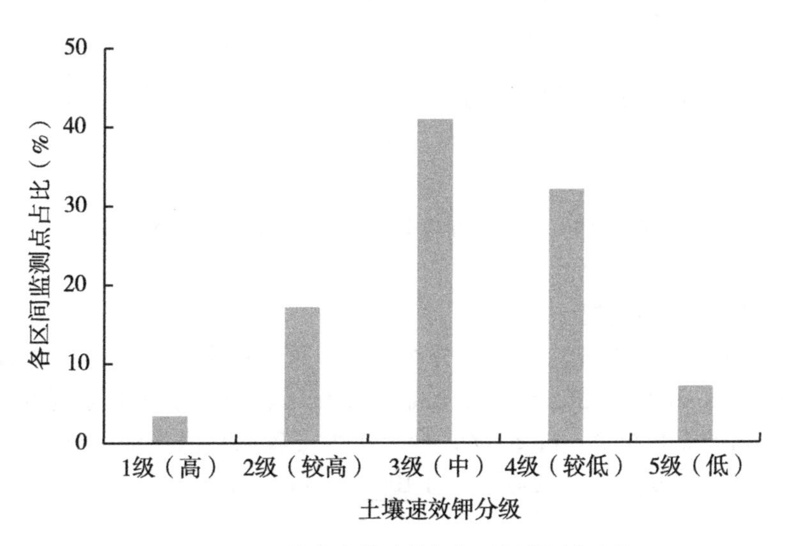

图 3-178　上饶市土壤速效钾各区间监测点占比

占 40.8%；处于 4 级（较低）水平的监测点有 137 个，占 31.9%；处于 5 级（低）水平的监测点有 30 个，占 7.0%。

（五）土壤缓效钾现状及演变趋势

1. 土壤缓效钾现状

2016—2022 年，上饶市耕地质量监测数据分析结果表明（图 3-179），土壤缓效钾含量有效监测点 211 个，平均含量 200.3 mg/kg，处于 4 级（较低）水平，其中水田土壤缓效钾平均含量 188.4 mg/kg，旱地土壤缓效钾平均含量 426.0 mg/kg。2016—2022 年，上饶市水田土壤缓效钾表现为增加趋势，年增幅为 3.1 mg/kg。与 2016 年相比，2022 年水田土壤缓效钾含量增加 16.5%；与土壤缓效钾平均值比较，2022 年水田土壤缓效钾含量增加 6.6%。上饶市旱地土壤缓效钾表现为增加趋势，年增幅为 1.4 mg/kg。与 2016 年相比，2022 年旱地土壤缓效钾含量增加 1.8%；与土壤缓效钾平均值比较，2022 年旱地土壤缓效钾含量降低 1.1%。

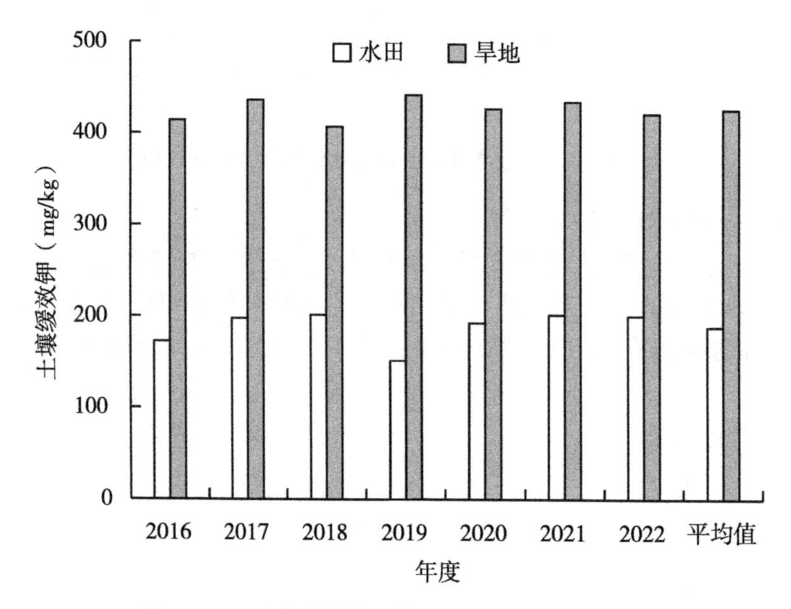

图 3-179　上饶市耕层土壤缓效钾含量及变化趋势

2. 土壤缓效钾分级情况

根据《江西省耕地质量监测指标分级标准》，土壤缓效钾含量主要集中在 5 级（低）水平（图 3-180）。无处于 1 级（高）、2 级（较高）水平的监测点；处于 3 级（中）水平的监测点有 6 个，占 2.8%；处于 4 级（较低）水平的监测点有 96 个，占 45.5%；处于 5 级（低）水平的监测点有 109 个，占 51.7%。

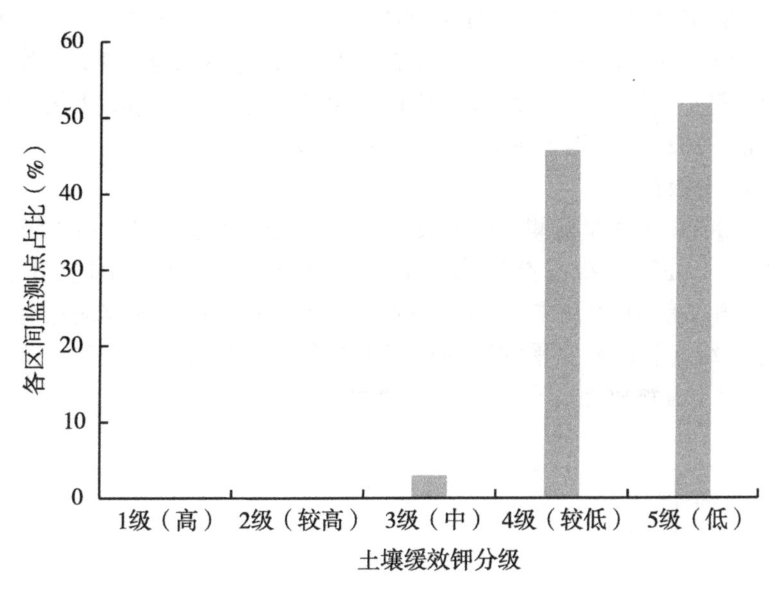

图 3-180　上饶市土壤缓效钾各区间监测点占比

（六）土壤 pH 现状及演变趋势

1. 土壤 pH 现状

2016—2022 年，上饶市耕地质量监测数据分析结果表明（图 3-181），土壤 pH 有效监测点 436 个，平均值为 5.29，处于 3 级（中）水平，其中水田土壤 pH 平均值

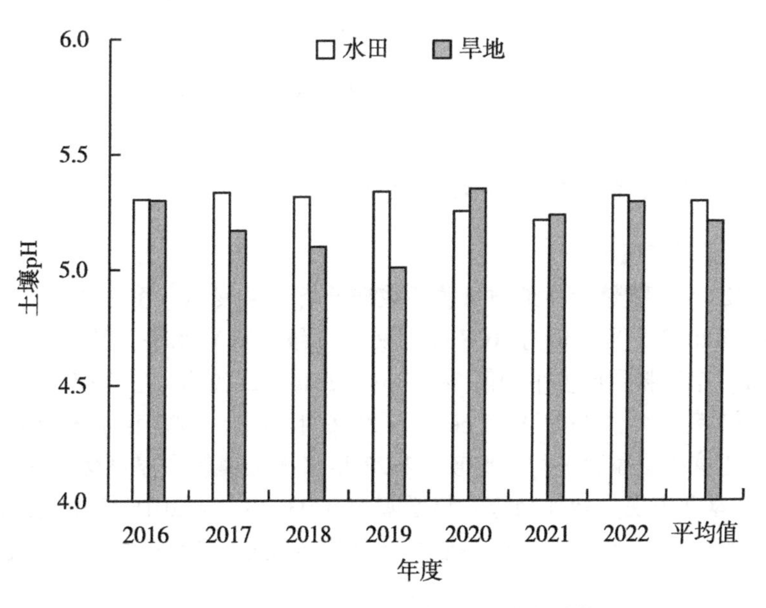

图 3-181　上饶市耕层土壤 pH 及变化趋势

5. 30，旱地土壤 pH 平均值 5. 21。2016—2022 年，上饶市水田土壤 pH 表现为变化趋势不明显。与 2016 年和 pH 平均值比较，2022 年水田 pH 基本稳定不变。上饶市旱地土壤 pH 表现为变化趋势不明显。与 2016 年相比，2022 年旱地土壤 pH 变化微弱；与土壤 pH 平均值比较，2022 年旱地土壤 pH 增加 0. 08 个单位。

2. 土壤 pH 分级情况

根据《江西省耕地质量监测指标分级标准》，土壤 pH 主要集中在 2 级（较高）水平（图 3－182）。处于 1 级（高）水平的监测点有 9 个，占 2. 1%；处于 2 级（较高）水平的监测点有 81 个，占 18. 6%；处于 3 级（中）水平的监测点有 237 个，占 54. 3%；处于 4 级（较低）水平的监测点有 105 个，占 24. 1%；处于 5 级（低）水平的监测点有 4 个，占 0. 9%。

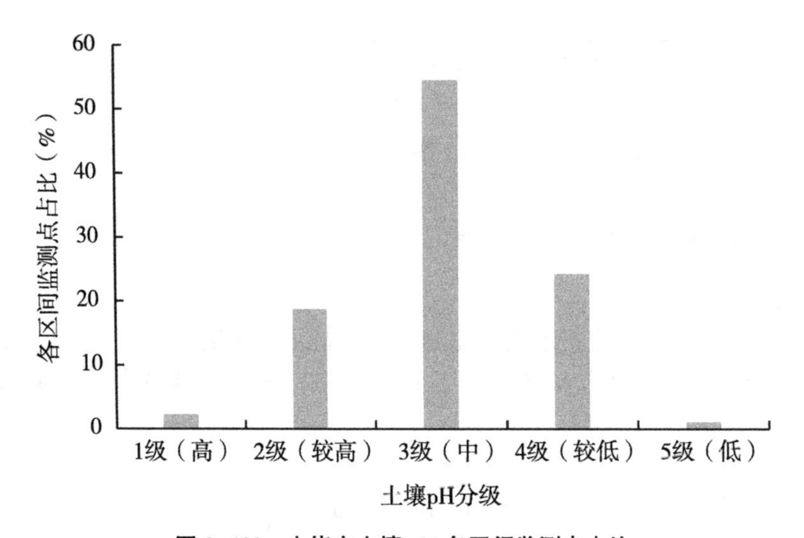

图 3－182　上饶市土壤 pH 各区间监测点占比

（七）土壤耕层厚度现状及演变趋势

1. 土壤耕层厚度现状

2016—2022 年，上饶市耕地质量监测数据分析结果表明（图 3－183），土壤耕层厚度有效监测点 428 个，平均值为 20. 8 cm，处于 1 级（高）水平，其中水田耕层厚度平均值 20. 5 cm，旱地耕层厚度平均值 26. 4 cm。2016—2022 年，上饶市水田土壤耕层厚度表现为降低趋势，年降幅为 0. 36 cm。与 2016 年相比，2022 年水田土壤耕层厚度降低 7. 9%；与土壤耕层厚度平均值比较，2022 年水田土壤耕层厚度降低 3. 7%。上饶市旱地土壤耕层厚度表现为增加趋势，年增幅为 0. 93 cm。与 2016 年相比，2022 年旱地土壤耕层厚度增加 24. 0%；与土壤耕层厚度平均值比较，2022 年旱地土壤耕层厚度增加 17. 3%。

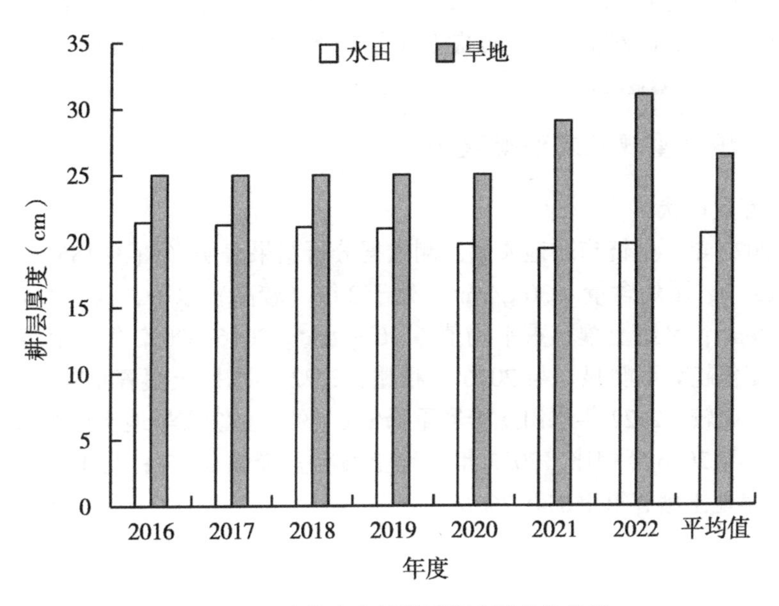

图 3-183　上饶市土壤耕层厚度及变化趋势

2. 土壤耕层厚度分级情况

根据《江西省耕地质量监测指标分级标准》，土壤耕层厚度主要集中在 2 级（较高）水平（图 3-184）。处于 1 级（高）水平的监测点有 87 个，占 20.3%；处于 2 级

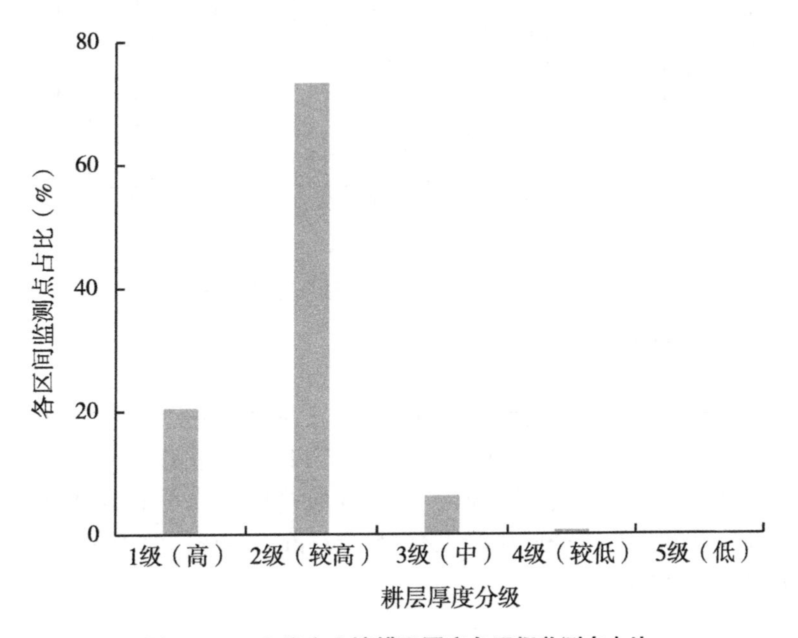

图 3-184　上饶市土壤耕层厚度各区间监测点占比

（较高）水平的监测点有 313 个，占 73.1%；处于 3 级（中）水平的监测点有 26 个，占 6.1%；处于 4 级（较低）水平的监测点有 2 个，占 0.5%；无处于 5 级（低）水平的监测点。

（八）土壤容重现状及演变趋势

1. 土壤容重现状

2016—2022 年，上饶市耕地质量监测数据分析结果表明（图 3-185），土壤容重有效监测点 313 个，平均含量 1.30 g/cm^3，处于 2 级（较高）水平，其中水田土壤容重平均值 1.31 g/cm^3，旱地土壤容重平均值 1.10 g/cm^3。2016—2022 年，上饶市水田土壤容重表现为变化趋势不明显。与 2016 年相比，2022 年水田土壤容重降低 7.4%；与土壤容重平均值比较，2022 年水田土壤容重降低 6.7%。上饶市旱地土壤容重表现为变化趋势不明显。与 2016 年相比，2022 年旱地土壤容重降低 0.4%；与土壤容重平均值比较，2022 年旱地土壤容重增加 0.7%。

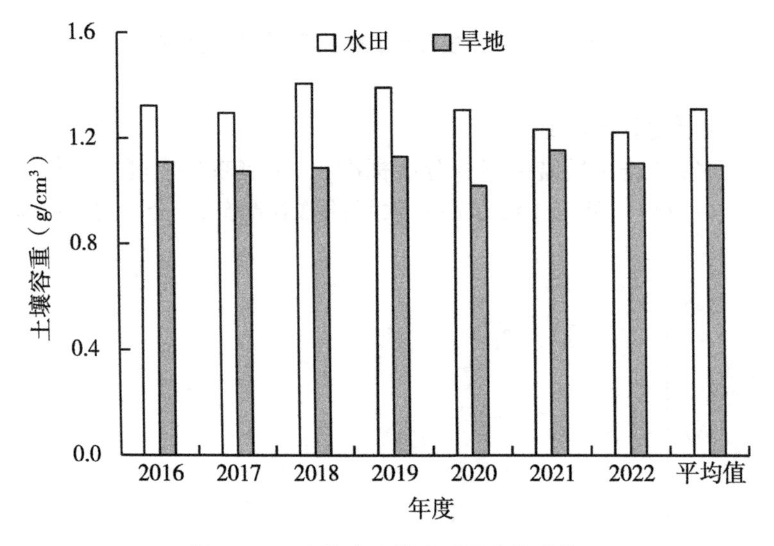

图 3-185　上饶市土壤容重及变化趋势

2. 土壤容重分级情况

根据《江西省耕地质量监测指标分级标准》，土壤容重主要集中在 1 级（高）水平（图 3-186）。处于 1 级（高）水平的监测点有 120 个，占 38.3%；处于 2 级（较高）水平的监测点有 62 个，占 19.8%；处于 3 级（中）水平的监测点有 29 个，占 9.3%；处于 4 级（较低）水平的监测点有 45 个，占 14.4%；处于 5 级（低）水平的监测点有 57 个，占 18.2%。

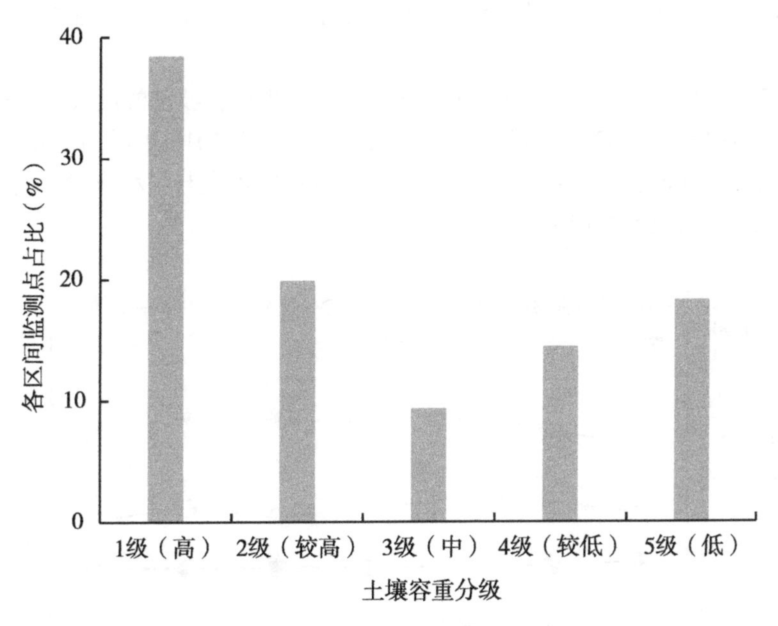

图 3-186　上饶市土壤容重各区间监测点占比

二、肥料投入与利用情况

（一）肥料投入现状

上饶市区监测点肥料总投入量（折纯，下同）平均值 554.3 kg/hm^2，其中，有机肥投入量 184.0 kg/hm^2，化肥投入量 370.3 kg/hm^2，有机肥和化肥之比为 1：2.0。肥料总投入中氮肥（N）投入 243.9 kg/hm^2，磷肥（P_2O_5）投入 104.7 kg/hm^2，钾肥（K_2O）投入 205.7 kg/hm^2，投入量依次为肥料氮>肥料钾>肥料磷，氮：磷：钾为 1：0.4：0.8。其中，化肥投入中氮肥（N）投入 179.3 kg/hm^2、磷肥（P_2O_5）投入 84.7 kg/hm^2、钾肥（K_2O）投入 106.2 kg/hm^2，投入量依次为肥料氮>肥料钾>肥料磷，氮：磷：钾为 1：0.5：0.6。

（二）主要粮食作物肥料投入和产量变化趋势

1. 早稻肥料投入和产量变化趋势

2016—2022 年，上饶市区监测点早稻肥料总投入量呈现先上升后下降趋势，2022 年早稻肥料总投入量为 480.9 kg/hm^2，比 2016 年降低 14.5 kg/hm^2，下降了 2.9%，年际波动范围为 480.9~538.9 kg/hm^2（图 3-187）。

其中，化肥投入量呈稳定下降趋势，2022 年早稻化肥总投入量为 347.1 kg/hm^2，比 2016 年降低 19.5 kg/hm^2，下降了 5.3%，年际波动范围为 347.1~366.6 kg/hm^2；有机肥投入量总体水平较低，平均投入水平为 155.5 kg/hm^2，远低于化肥投入水平（平均值 352. 7 kg/hm²），有机肥料占总投入的比重为 26. 0%～34. 6%，平均值为 30. 6%，近些年呈波动上升趋势，2022 年投入 133. 9 kg/hm²，比 2016 年增加 5. 0 kg/hm²，增幅 3. 9%。

2016—2022 年，上饶市区早稻产量为 6. 9～7. 7 t/hm²，波动幅度较大，水稻产量呈现先上升后下降趋势，2022 年水稻产量为 7. 3 t/hm²，比 2016 年增加了 0. 4 t/hm²，增幅 6. 3%。另外，比较分析 2016—2022 年上饶市区肥料投入与早稻产量之间关系，二者变化趋势基本一致，相关性较高。

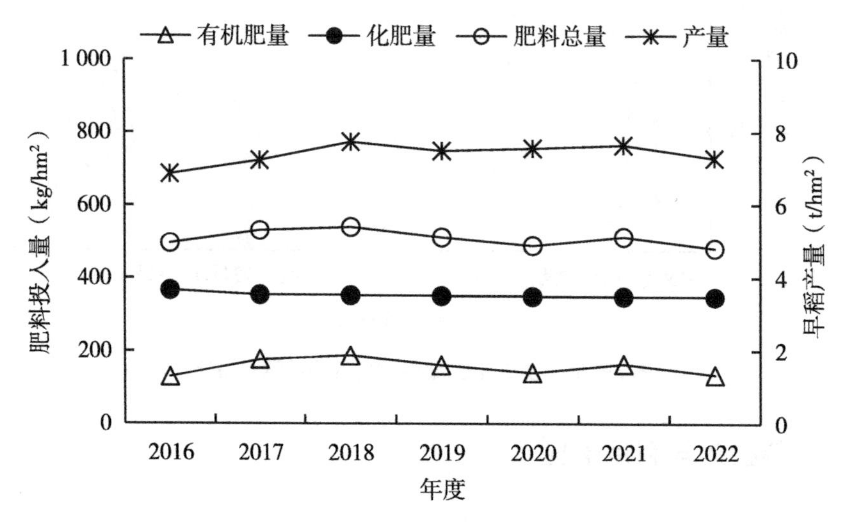

图 3-187　上饶市区早稻肥料投入与产量变化趋势

2. 中稻肥料投入和产量变化趋势

2016—2022 年，上饶市区监测点中稻肥料总投入量呈现先上升后下降趋势，2022 年水稻肥料总投入量为 595. 1 kg/hm²，比 2016 年下降 20. 0 kg/hm²，下降了 3. 2%，年际波动范围为 581. 4～627. 1 kg/hm²。

其中，化肥投入量呈稳定下降趋势，2022 年水稻化肥投入量为 366. 0 kg/hm²，比 2016 年下降 21. 0 kg/hm²，下降了 5. 4%，年际波动范围为 366. 0～387. 0 kg/hm²；有机肥投入量总体水平较低，平均投入水平为 228. 5 kg/hm²，远低于化肥投入水平（平均值 376. 6 kg/hm²），有机肥料占总投入的比重为 36. 1%～39. 8%，平均值为 37. 8%（图 3-188），近些年呈现先上升后下降趋势，2022 年投入 229. 1 kg/hm²，比 2016 年增加 1. 0 kg/hm²，增幅 0. 4%。

2016—2022 年，上饶市区中稻产量为 8. 1～8. 6 t/hm²，波动幅度较小，水稻产量呈波动上升趋势，2022 年水稻产量为 8. 6 t/hm²，比 2016 年增加了 0. 47 t/ hm²，增幅 5. 8%。另外，比较分析 2016—2022 年上饶市区肥料投入与中稻产量之间关系，二者变化趋势相近，相关性较高。

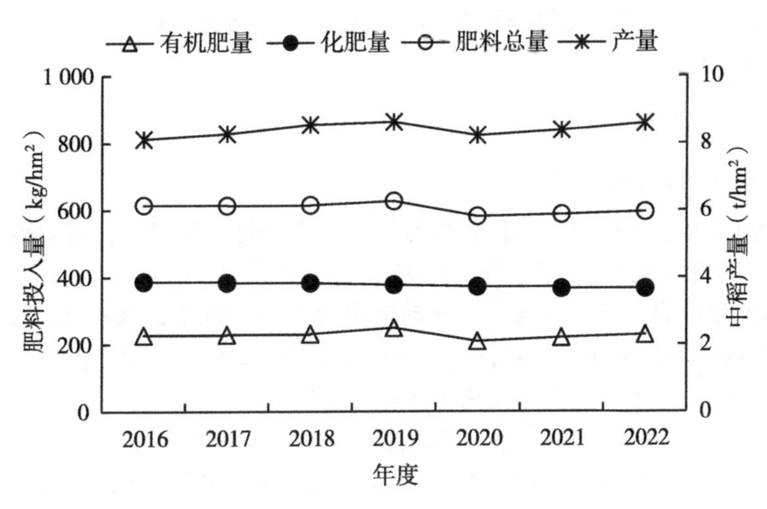

图 3-188　上饶市区中稻肥料投入与产量变化趋势

3. 晚稻肥料投入和产量变化趋势

2016—2022 年，上饶市区监测点晚稻肥料总投入量呈现先上升后下降趋势，2022 年水稻肥料总投入量为 504. 2 kg/hm^2，比 2016 年下降了 62. 9 kg/hm^2，下降了 11. 1%，年际波动范围为 504. 2~584. 8 kg/hm^2。

其中，化肥投入量呈稳定下降趋势，2022 年水稻化肥投入量为 369. 9 kg/hm^2，比 2016 年下降 36. 8 kg/hm^2，下降了 9. 0%，年际波动范围为 369. 9~406. 6 kg/hm^2；有机肥投入量总体水平较低，平均投入水平为 177. 3 kg/hm^2，远低于化肥投入水平（平均值 385. 4 kg/hm^2），有机肥料占总投入的比重为 28. 3%~33. 9%，平均值为 31. 5%（图 3-189），近些年呈现先上升后下降趋势，2022 年投入 152. 3 kg/hm^2，比 2016 年降低 8. 1 kg/hm^2，下降了 5. 1%。

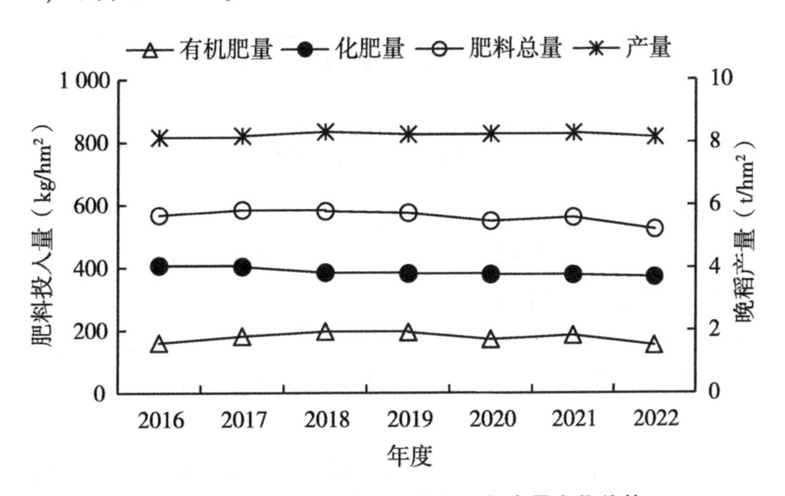

图 3-189　上饶市区晚稻肥料投入与产量变化趋势

2016—2022 年，上饶市区晚稻产量为 8. 2~8. 3 t/hm^2，波动幅度很小。2022 年水稻产量为 8. 2 t/hm^2。另外，比较分析 2016—2022 年上饶市区肥料投入与晚稻产量之间关系，二者相关性较好。

（三）偏生产力

1. 早稻肥料偏生产力

2016—2022 年，上饶市区早稻肥料氮偏生产力变化幅度较大，波动范围为 33. 2~41. 0 kg/kg，2022 年比 2016 年上升了 9. 9%。

肥料磷偏生产力变化幅度较大，波动范围为 73. 8~80. 2 kg/kg，呈波动上升趋势，在 2020 年达最高值（80. 2 kg/kg），2016 年是最低值（73. 8 kg/kg），2022 年达 77. 4 kg/kg，相比 2016 年上升幅度为 4. 9%。

肥料钾偏生产力变化幅度较小，波动范围为 43. 0~48. 5 kg/kg，呈现先下降后上升趋势，2022 年为 48. 5 kg/kg，比 2016 年的 45. 5 kg/kg 上升了 6. 6%（图 3-190）。

上饶市区总体上，肥料磷偏生产力>肥料钾偏生产力>肥料氮偏生产力，肥料氮、磷偏生产力的变化较大，2016 年以来，三者均是波动上升的趋势。

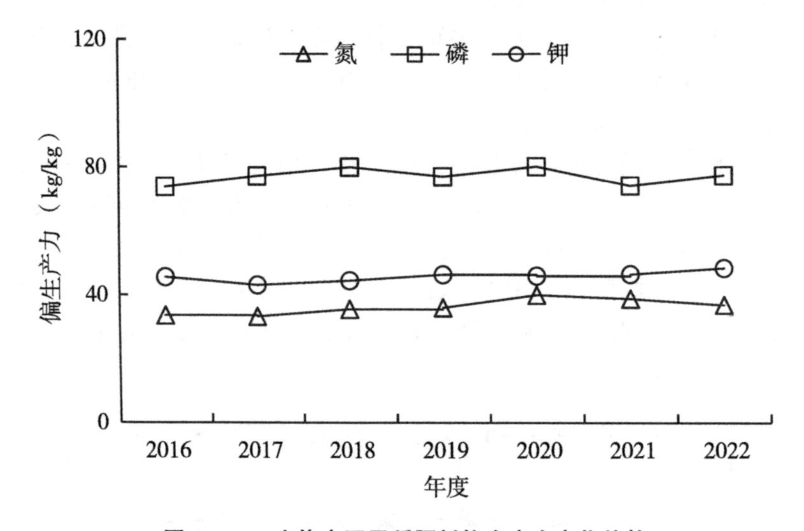

图 3-190　上饶市区早稻肥料偏生产力变化趋势

2. 中稻肥料偏生产力

2016—2022 年，上饶市区中稻肥料氮偏生产力变化幅度较小，波动范围为 32. 5~36. 7 kg/kg，2022 年比 2016 年上升了 13. 2%。

肥料磷偏生产力变化幅度较大，波动范围为 68. 6~75. 2 kg/kg，呈波动上升趋势，在 2022 年达最高值（75. 2 kg/kg），2016 年是最低值（68. 6 kg/kg），2022 年相比 2016 年增幅为 9. 6%。

肥料钾偏生产力变化幅度很小，波动范围为 43. 6 ~ 45. 8 kg/kg，2022 年为 43. 6 kg/kg，比 2016 年的 43. 7 kg/kg 下降了 0. 2%（图 3-191）。

上饶市区总体上，肥料磷偏生产力>肥料钾偏生产力>肥料氮偏生产力，肥料磷偏生产力变化较大，肥料钾偏生产力和肥料氮偏生产力变化趋势大体一致，2016 年以来，

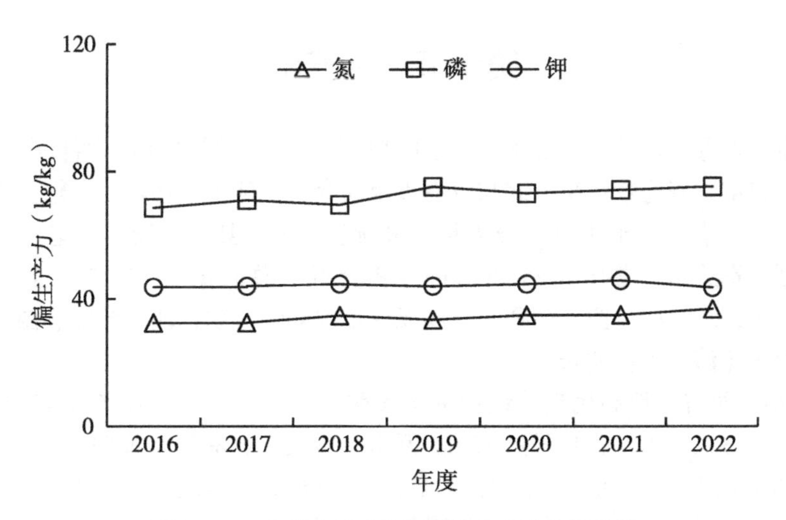

图 3-191　上饶市区中稻肥料偏生产力变化趋势

肥料磷、氮偏生产力均是呈波动上升的趋势。

3. 晚稻肥料偏生产力

2016—2022 年，上饶市区晚稻肥料氮偏生产力变化幅度较小，波动范围为 34.6～39.6 kg/kg，2022 年比 2016 年上升了 10.5%。

肥料磷偏生产力变化幅度较大，波动范围为 74.9～80.1 kg/kg，呈波动上升趋势，2022 年达 80.1 kg/kg，相比 2016 年上升 6.9%。

肥料钾偏生产力变化幅度较大，波动范围为 43.2～46.9 kg/kg，2022 年达最低值，为 43.2 kg/kg，比 2016 年的 45.6 kg/kg 下降了 5.3%（图 3-192）。

上饶市区总体上，肥料磷偏生产力>肥料钾偏生产力>肥料氮偏生产力，肥料磷偏生产力变化较大，肥料氮偏生产力和肥料钾偏生产力变化较小，且二者变化趋势大体一致。

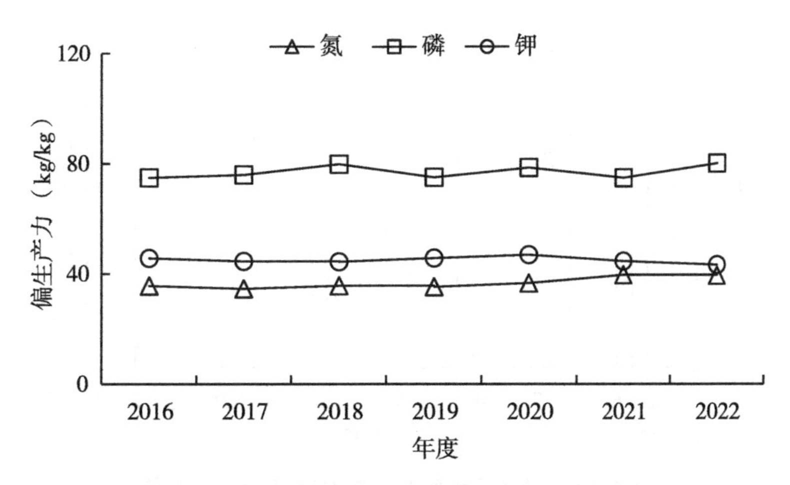

图 3-192　上饶市区晚稻肥料偏生产力变化趋势

第十节　吉安市

吉安市，古称“庐陵”“吉州”，位于江西省中部、赣江中游，西接湖南省，东邻抚州市及赣州市，南连赣州市，北与宜春市及新余市、萍乡市接壤，下辖新干县、峡江县、吉水县、吉安县、永丰县、安福县、永新县、泰和县、万安县、遂川县、井冈山市、吉州区、青原区，总面积25 283 km^2，占江西省总面积的 15.1%。全市地形以山地、丘陵为主，东、南、西三面环山，属亚热带湿润性气候，四季分明、温和湿润、日照充足、雨量充沛、无霜期长。

2022 年江西省土地利用现状统计资料表明，吉安市耕地面积 594.47 万亩，其中水田面积 537.36 万亩、旱地面积 57.11 万亩。吉安市共有耕地质量监测点 81 个，其中国家级监测点 10 个、省级监测点 71 个，主要分布在永丰县、吉州区、青原区、吉安县、吉水县、峡江县、新干县、泰和县、遂川县、万安县、安福县、永新县、井冈山市。

一、耕地质量主要现状

（一）土壤有机质现状及演变趋势

1. 土壤有机质现状

2016—2022 年，吉安市耕地质量监测数据分析结果表明（图 3-193），土壤有机质含量有效监测点 775 个，平均含量 34.7 g/kg，处于 2 级（较高）水平，其中水田土壤有机质平均含量 35.4 g/kg，旱地土壤有机质平均含量 21.8 g/kg。2016—2022 年，吉安

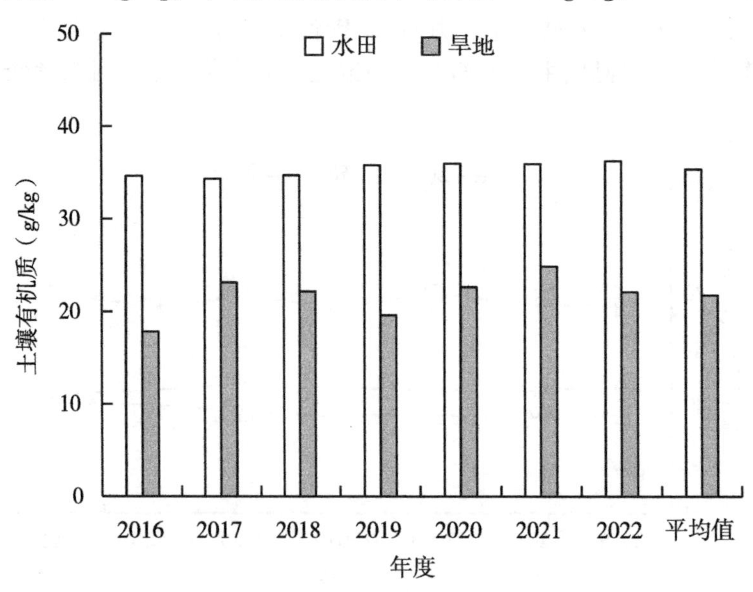

图 3-193　吉安市耕层土壤有机质含量及变化趋势

市水田土壤有机质缓慢增加，每年增加0.33 g/kg。与2016年相比，2022年水田土壤有机质含量增加4.7%；与土壤有机质平均值比较，2022年水田土壤有机质含量增加2.5%。2016—2022年吉安市旱地土壤有机质表现为增加，年增幅为0.60 g/kg。与2016年相比，2022年旱地土壤有机质含量增加23.9%；与土壤有机质平均值比较，2022年旱地土壤有机质含量增加1.6%。

2. 土壤有机质分级情况

根据《江西省耕地质量监测指标分级标准》，吉安市土壤有机质含量主要集中在2级（较高）水平（图3-194）。处于1级（高）水平的监测点有208个，占26.8%；处于2级（较高）水平的监测点有312个，占40.3%；处于3级（中）水平的监测点有186个，占24.0%；处于4级（较低）水平的监测点有60个，占7.7%；处于5级（低）水平的监测点有9个，占1.2%。

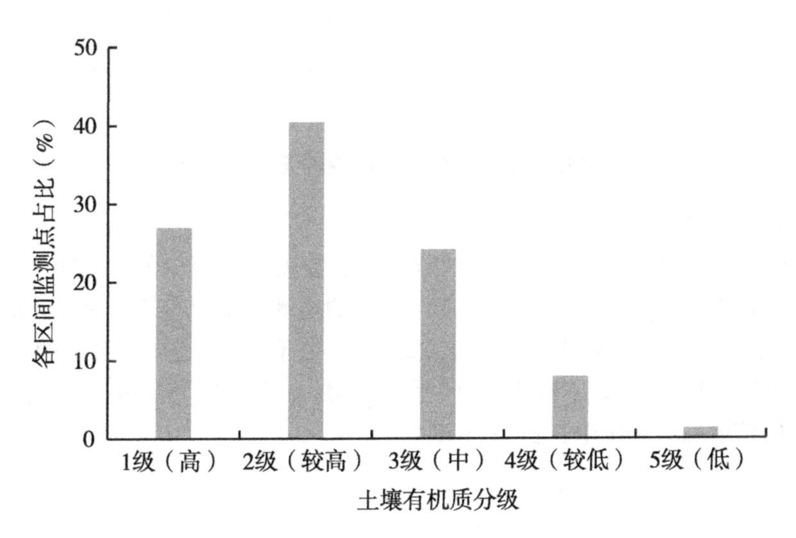

图3-194　吉安市土壤有机质各区间监测点占比

（二）土壤全氮现状及演变趋势

1. 土壤全氮现状

2016—2022年，吉安市耕地质量监测数据分析结果表明（图3-195），土壤全氮含量有效监测点681个，平均含量1.34 g/kg，处于3级（中）水平，其中水田土壤全氮平均含量1.36 g/kg，旱地土壤全氮平均含量1.07 g/kg。2016—2022年，吉安市水田土壤全氮表现为增加，年增幅为0.05 g/kg。与2016年相比，2022年水田土壤全氮含量增加37.6%；与土壤全氮平均值比较，2022年水田土壤全氮含量增加14.7%。吉安市旱地土壤全氮表现为缓慢减少，年降幅为0.03 g/kg。与2016年相比，2022年旱地土壤全氮含量增加2.9%；与土壤全氮平均值比较，2022年旱地土壤全氮含量增加5.0%。

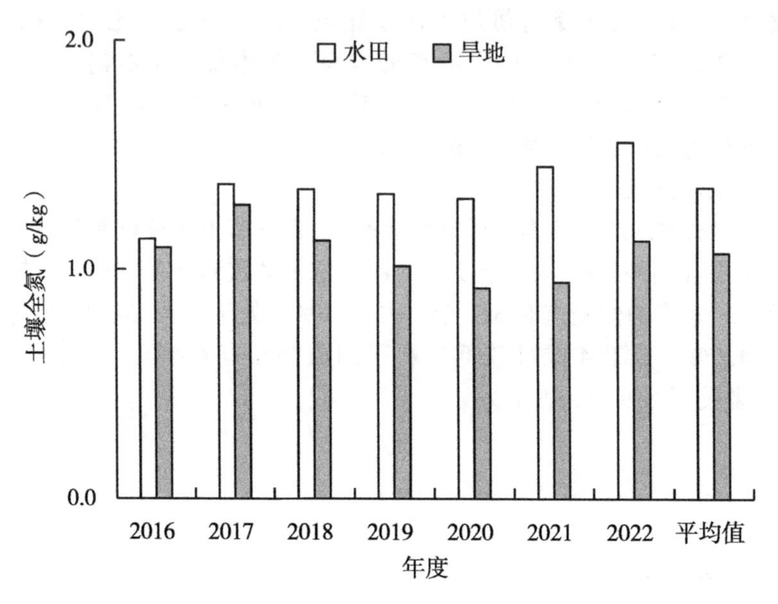

图 3-195　吉安市耕层土壤全氮含量及变化趋势

2. 土壤全氮分级情况

根据《江西省耕地质量监测指标分级标准》，吉安市土壤全氮含量主要集中在 1 级（高）水平（图 3-196）。处于 1 级（高）水平的监测点有 229 个，占 33.6%；处于 2 级（较高）水平的监测点有 155 个，占 22.8%；处于 3 级（中）水平的监测点有 85 个，占 12.5%；处于 4 级（较低）水平的监测点有 31 个，占 4.5%；处于 5 级（低）水平的监测点有 181 个，占 26.6%。

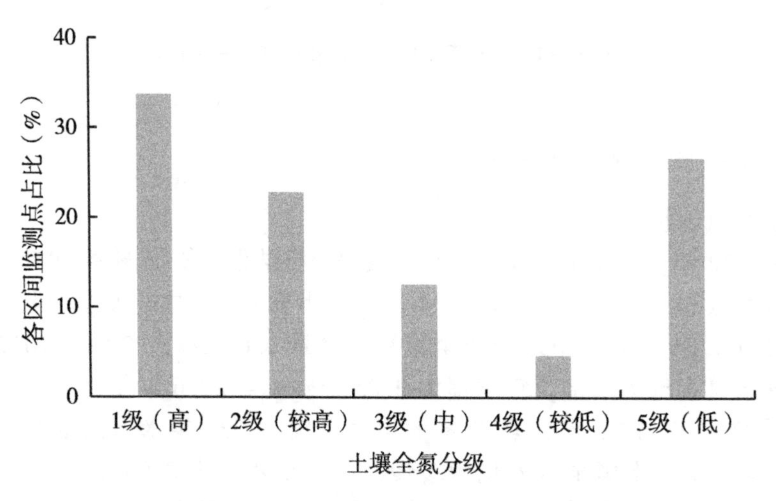

图 3-196　吉安市耕层土壤全氮各区间监测点占比

（三）土壤有效磷现状及演变趋势

1. 土壤有效磷现状

2016—2022 年，吉安市耕地质量监测数据分析结果表明（图 3-197），土壤有效磷含量有效监测点数 796 个，平均含量 34.2 mg/kg，处于 2 级（较高）水平，其中水田土壤有效磷平均含量 30.0 mg/kg，旱地土壤有效磷平均含量 114.8 mg/kg。2016—2022 年，吉安市水田土壤有效磷表现为变化趋势不明显，年增幅为 0.32 mg/kg。与 2016 年相比，2022 年水田土壤有效磷含量增加 3.34%；与土壤有效磷平均值比较，2022 年水田土壤有效磷含量增加 5.8%。吉安市旱地土壤有效磷表现为降低趋势，年降幅为 3.2 mg/kg。与 2016 年相比，2022 年旱地土壤有效磷含量增加 18.8%；与土壤有效磷平均值比较，2022 年旱地土壤有效磷含量增加 12.3%。

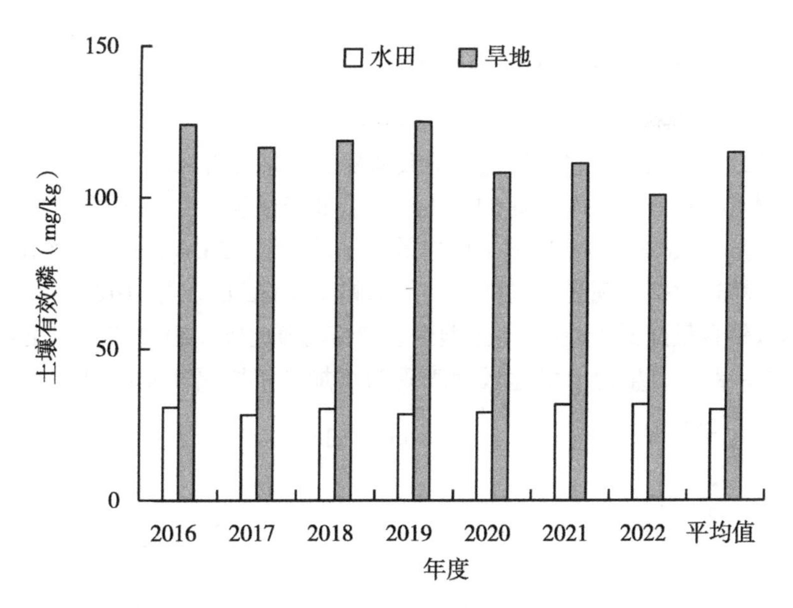

图 3-197　吉安市耕层土壤有效磷含量及变化趋势

2. 土壤有效磷分级情况

根据《江西省耕地质量监测指标分级标准》，吉安市土壤有效磷含量主要集中在 1 级（高）水平（图 3-198）。处于 1 级（高）水平的监测点有 218 个，占 27.4%；处于 2 级（较高）水平的监测点有 204 个，占 25.6%；处于 3 级（中）水平的监测点有 194 个，占 24.4%；处于 4 级（较低）水平的监测点有 278 个，占 10.4%；处于 5 级（低）水平的监测点有 206 个，占 12.2%。

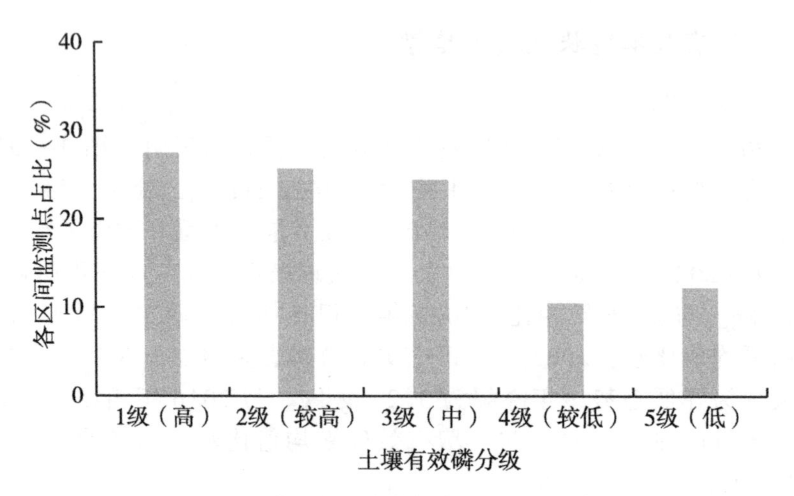

图 3-198　吉安市土壤有效磷各区间监测点占比

（四）土壤速效钾现状及演变趋势

1. 土壤速效钾现状

2016—2022 年，吉安市耕地质量监测数据分析结果表明（图 3-199），土壤速效钾含量有效监测点 790 个，平均含量 84.1 mg/kg，处于 3 级（中）水平，其中水田土壤速效钾平均含量 80.3 mg/kg，旱地土壤速效钾平均含量 155.4 mg/kg。2016—2022 年，吉安市水田土壤速效钾表现为缓慢降低，年降幅 1.8 mg/kg。与 2016 年相比，2022 年水田土壤速效钾含量降低 4.4%；与土壤速效钾平均值比较，2022 年水田土壤速效钾含量降低 0.3%。吉安市旱地土壤速效钾表现为增加，年增幅 9.8 mg/kg。与 2016 年相

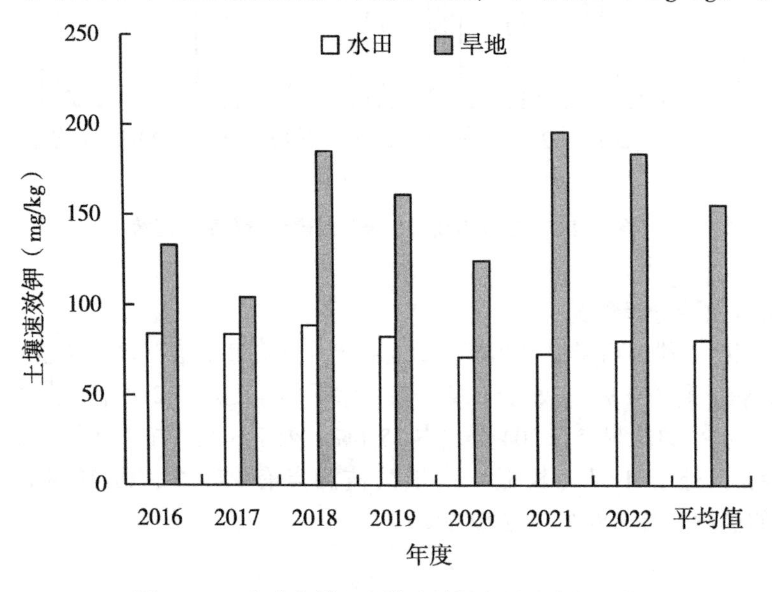

图 3-199　吉安市耕层土壤速效钾含量及变化趋势

比，2022 年旱地土壤速效钾含量增加 37.9%；与土壤速效钾平均值比较，2022 年旱地土壤速效钾含量增加 18.1%。

2. 土壤速效钾分级情况

根据《江西省耕地质量监测指标分级标准》，吉安市土壤速效钾含量主要集中在 4 级（较低）水平（图 3-200）。处于 1 级（高）水平的监测点有 24 个，占 3.0%；处于 2 级（较高）水平的监测点有 85 个，占 10.8%；处于 3 级（中）水平的监测点有 197 个，占 24.9%；处于 4 级（较低）水平的监测点有 278 个，占 35.2%；处于 5 级（低）水平的监测点有 206 个，占 26.1%。

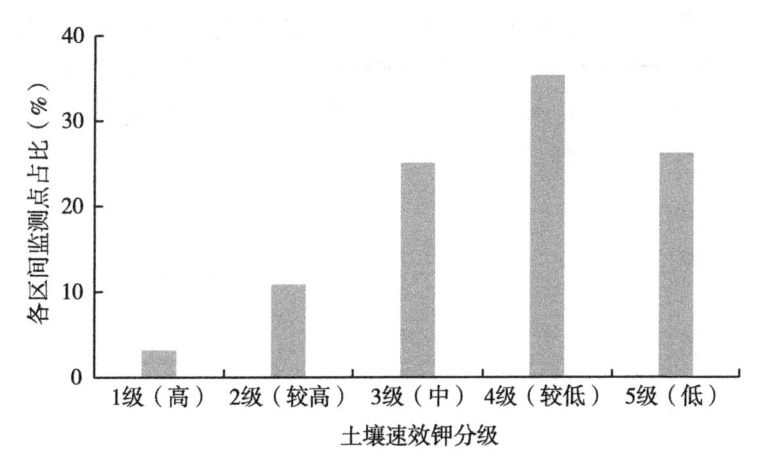

图 3-200 吉安市耕层土壤速效钾各区间监测点占比

（五）土壤缓效钾现状及演变趋势

1. 土壤缓效钾现状

2016—2022 年，吉安市耕地质量监测数据分析结果表明（图 3-201），土壤缓效钾含量有效监测点586个，平均含量 208.6 mg/kg，处于 4 级（较低）水平，其中水田土

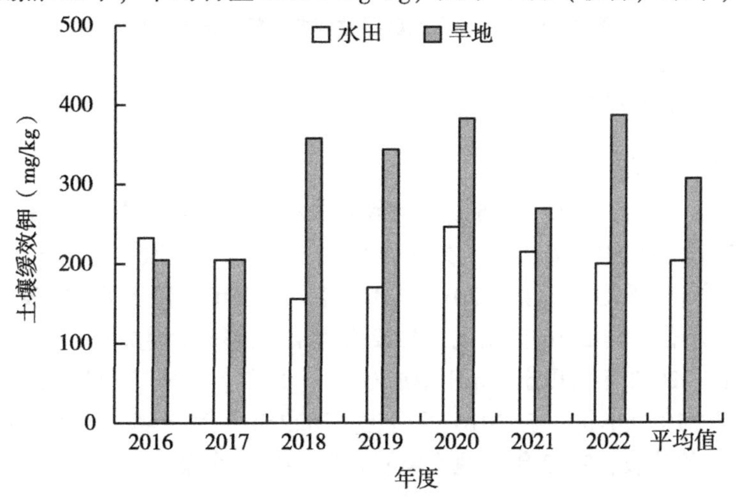

图 3-201 吉安市耕层土壤缓效钾含量及变化趋势

壤缓效钾平均含量 203. 5 mg/kg，旱地土壤缓效钾平均含量 307. 1 mg/kg。2016—2022 年，吉安市水田土壤缓效钾变化不明显，年降幅仅为 0. 37 mg/kg。与 2016 年相比，2022 年水田土壤缓效钾含量降低 14. 2%；与土壤缓效钾平均值比较，2022 年水田土壤缓效钾含量降低 1. 8%。吉安市旱地土壤缓效钾表现为增加，年增幅为 24. 9 mg/kg。与 2016 年相比，2022 年旱地土壤缓效钾含量增加 88. 5%；与土壤缓效钾平均值比较，2022 年旱地土壤缓效钾含量增加 25. 9%。

2. 土壤缓效钾分级情况

根据《江西省耕地质量监测指标分级标准》，吉安市土壤缓效钾含量主要集中在 5 级（低）水平（图 3-202）。处于 1 级（高）水平的监测点有 14 个，占 2. 4%；处于 2 级（较高）水平的监测点有 18 个，占 3. 1%；处于 3 级（中）水平的监测点有 39 个，占 6. 7%；处于 4 级（较低）水平的监测点有 152 个，占 25. 9%；处于 5 级（低）水平的监测点有 363 个，占 61. 9%。

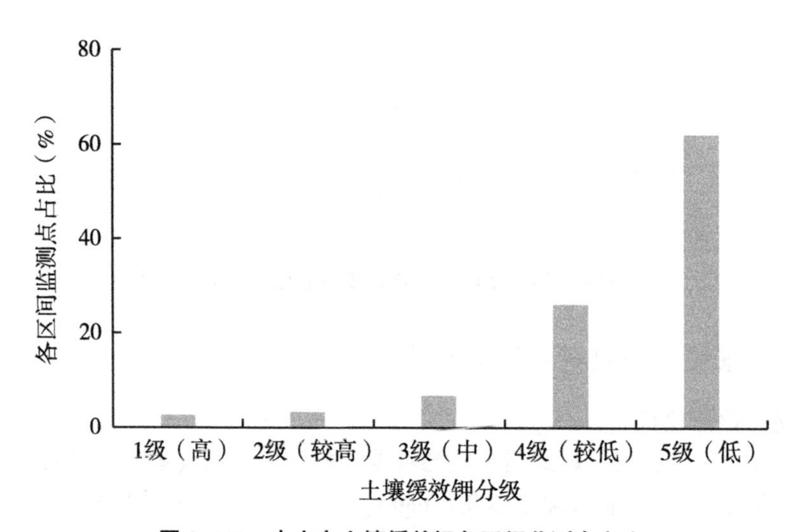

图 3-202　吉安市土壤缓效钾各区间监测点占比

（六）土壤 pH 现状及演变趋势

1. 土壤 pH 值现状

2016—2022 年，吉安市耕地质量监测数据分析结果表明（图 3-203），土壤 pH 有效监测点 807 个，平均值为 5.11，处于 3 级（中）水平，其中水田土壤 pH 平均值 5.11，旱地土壤 pH 平均值 5.18。2016—2022 年，吉安市水田土壤 pH 表现为增加，年增幅为 0. 04 个单位。与 2016 年相比，2022 年水田土壤 pH 增加 0. 28 个单位；与土壤 pH 平均值比较，2022 年水田土壤 pH 增加 0. 12 个单位。吉安市旱地土壤 pH 表现为增加，年增幅为 0. 10 个单位。与 2016 年相比，2022 年旱地土壤 pH 增加 0. 56 个单位；与土壤 pH 平均值比较，2022 年旱地土壤 pH 增加 0. 23 个单位。

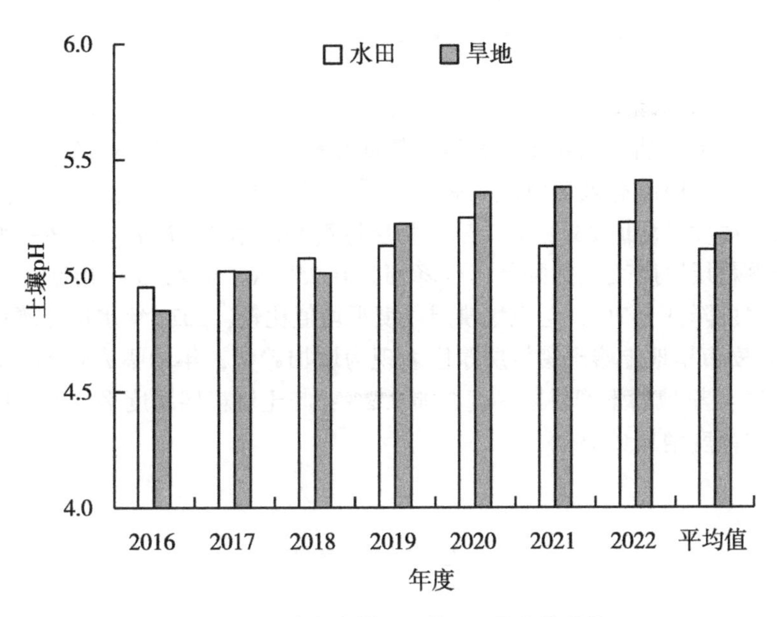

图 3-203　吉安市耕层土壤 pH 及变化趋势

2. 土壤 pH 分级情况

根据《江西省耕地质量监测指标分级标准》，吉安市土壤 pH 主要集中在 4 级（较低）水平（图 3-204）。处于 1 级（高）水平的监测点有 13 个，占 1.6%；处于 2 级（较高）水平的监测点有 120 个，占 14.9%；处于 3 级（中）水平的监测点有 315 个，占 39.0%；处于 4 级（较低）水平的监测点有 350 个，占 43.4%；处于 5 级（低）水平的监测点有 9 个，占 1.1%。

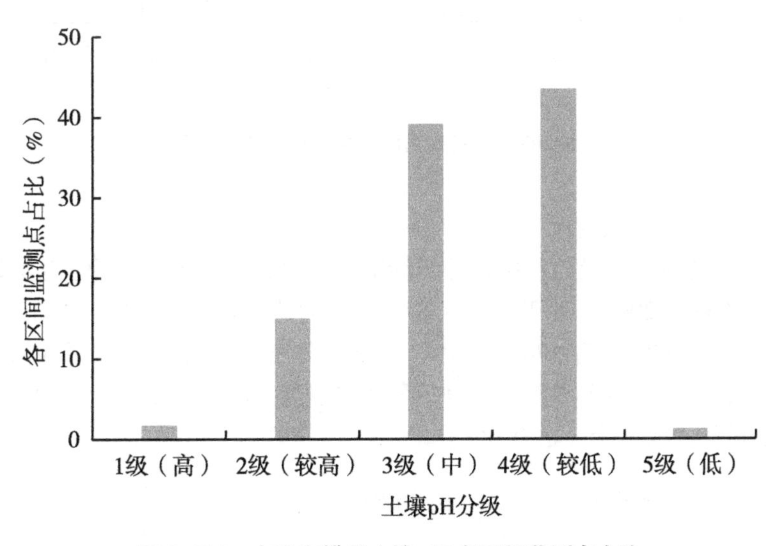

图 3-204　吉安市耕层土壤 pH 各区间监测点占比

（七）土壤耕层厚度现状及演变趋势

1. 土壤耕层厚度现状

2016—2022 年，吉安市耕地质量监测数据分析结果表明（图 3-205），种植粮食作物的耕地土壤耕层厚度有效监测点 798 个，平均值为 23.3 cm，处于 1 级（高）水平，其中水田耕层厚度平均值 23.1 cm，旱地耕层厚度平均值 26.7 cm。2016—2022 年，吉安市水田土壤耕层厚度表现为降低，年降幅为 0.25 cm。与 2016 年相比，2022 年水田的土壤耕层厚度降低 3.7%；与土壤耕层厚度平均值比较，2022 年水田土壤耕层厚度降低 2.1%。吉安市旱地土壤土壤耕层厚度表现为增加趋势，年增幅为 0.41 cm。与 2016 年相比，2022 年旱地的土壤耕层厚度增加 9.2%；与土壤耕层厚度平均值比较，2022 年旱地土壤耕层厚度增加 2.1%。

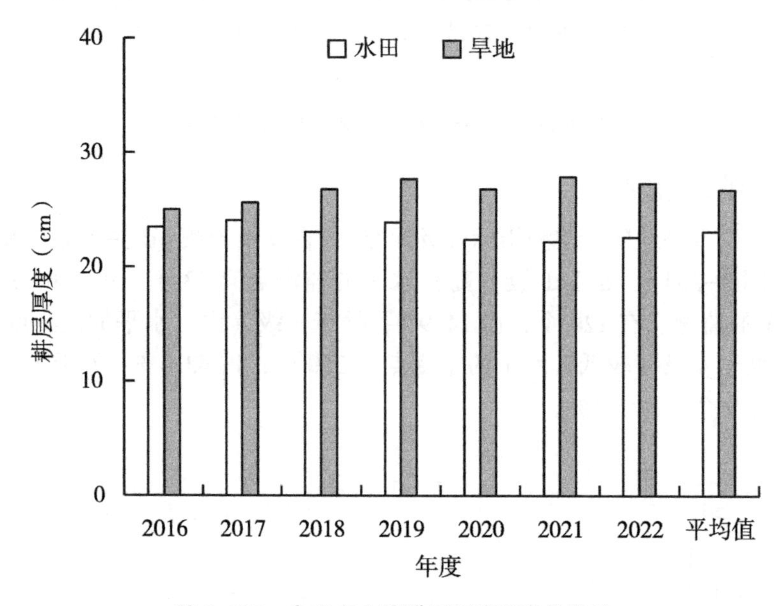

图 3-205　吉安市土壤耕层厚度及变化趋势

2. 土壤耕层厚度分级情况

根据《江西省耕地质量监测指标分级标准》，吉安市土壤耕层厚度主要集中在 2 级（较高）水平（图 3-206）。处于 1 级（高）水平的监测点有 95 个，占 11.9%；处于 2 级（较高）水平的监测点有 570 个，占 71.4%；处于 3 级（中）水平的监测点有 106 个，占 13.3%；处于 4 级（较低）水平的监测点有 22 个，占 2.8%；处于 5 级（低）水平的监测点有 5 个，占 0.6%。

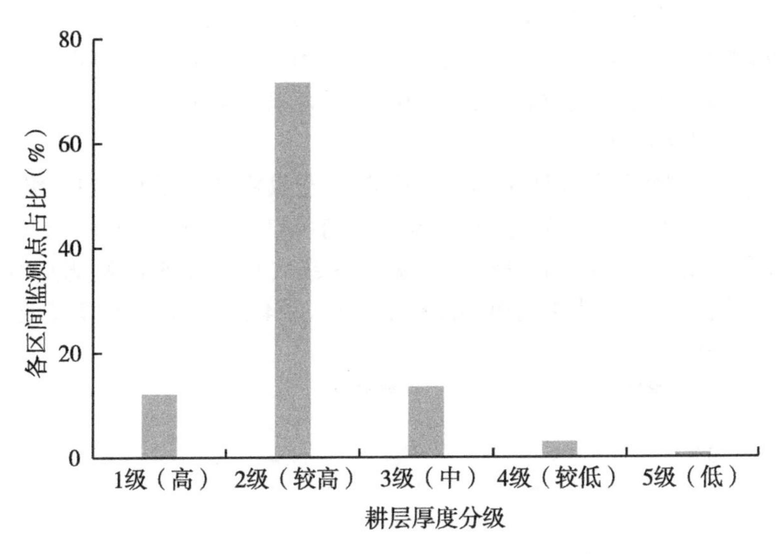

图 3-206　吉安市土壤耕层厚度各区间监测点占比

（八）土壤容重现状及演变趋势

1. 土壤容重现状

2016—2022 年，吉安市耕地质量监测数据分析结果表明（图 3-207），种植粮食作物的耕地土壤容重有效监测点 578 个，平均值为 1.18 g/cm^3，处于 1 级（高）水平，其中水田土壤容重平均值 1.19 g/cm^3，旱地土壤容重平均值 1.16 g/cm^3。2016—2022 年，吉安市水田土壤容重表现为变化趋势不明显。与 2016 年相比，2022 年水田土壤容重增

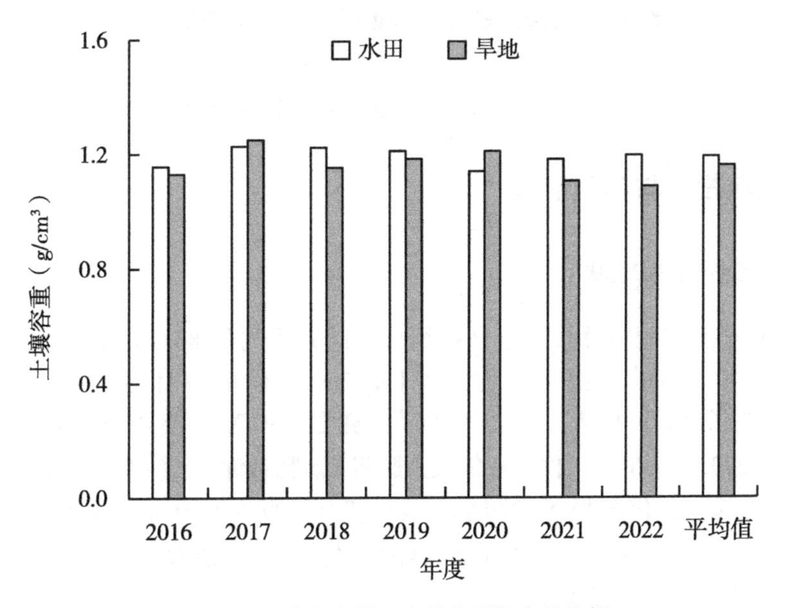

图 3-207　吉安市耕层土壤容重及变化趋势

加 3.4%；与土壤容重平均值比较，2022 年水田土壤容重降低 0.4%。吉安市旱地土壤容重表现为降低趋势，年降幅为 0.01 g/cm^3。与 2016 年相比，2022 年旱地土壤容重降低 3.8%；与土壤容重平均值比较，2022 年旱地土壤容重降低 6.2%。

2. 土壤容重分级情况

根据《江西省耕地质量监测指标分级标准》，土壤容重主要集中在 1 级（高）水平（图 3-208）。处于 1 级（高）水平的监测点有 437 个，占 75.6%；处于 2 级（较高）水平的监测点有 91 个，占 15.7%；处于 3 级（中）水平的监测点有 19 个，占 3.3%；处于 4 级（较低）水平的监测点有 26 个，占 4.5%；处于 5 级（低）水平的监测点有 5 个，占 0.9%。

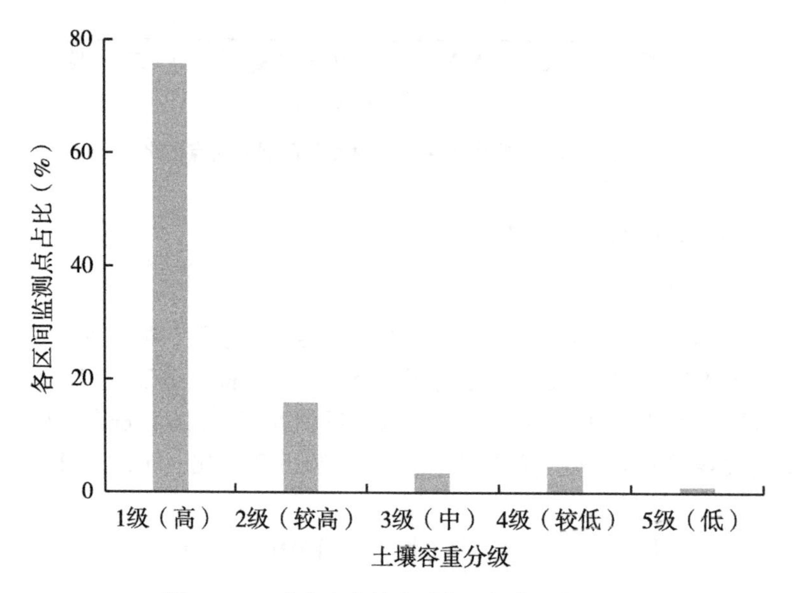

图 3-208　吉安市土壤容重各区间监测点占比

二、肥料投入与利用清理

（一）肥料投入现状

吉安市区监测点肥料总投入量（折纯，下同）平均值 807.0 kg/hm^2，其中，有机肥投入量 384.8 kg/hm^2，化肥投入量 422.1 kg/hm^2，有机肥和化肥之比为 1∶1.10。肥料总投入中氮肥（N）投入 329.4 kg/hm^2，磷肥（P_2O_5）投入 198.4 kg/hm^2，钾肥（K_2O）投入 279.2 kg/hm^2，投入量依次为肥料氮>肥料钾>肥料磷，氮∶磷∶钾为 1∶0.60∶0.85。其中，化肥投入中氮肥（N）投入 177.7 kg/hm^2，磷肥（P_2O_5）投入 111.9 kg/hm^2，钾肥（K_2O）投入 132.6 kg/hm^2，投入量依次为肥料氮>肥料钾>肥料磷，氮∶磷∶钾为 1∶0.63∶0.75。

（二）主要粮食作物肥料投入和产量变化趋势

1. 早稻肥料投入与产量变化趋势

2016—2022 年，吉安市区监测点早稻肥料总投入量呈现上升后下降趋势，2022 年早稻肥料总投入量为 519.2 kg/hm²，比 2016 年降低 13.1 kg/hm²，下降了 2.5%，年际波动范围为 519.2～601.0 kg/hm²（图 3-209）。

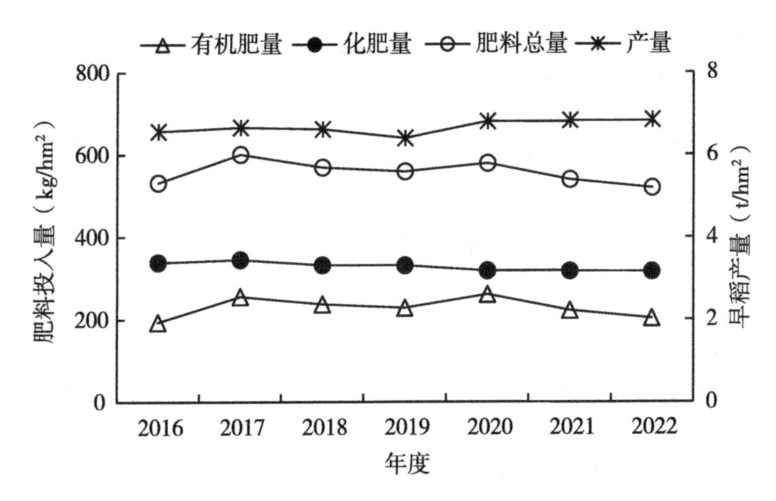

图 3-209　吉安市区早稻肥料投入与产量变化趋势

其中，化肥投入量呈稳定下降趋势，2022 年早稻化肥投入量为 316.6 kg/hm²，比 2016 年降低 21.8 kg/hm²，降幅为 6.4%，年际波动范围为 316.6～338.3 kg/hm²；有机肥投入量呈现上升后下降趋势，2022 年有机肥投入量 202.6 kg/hm²，较 2016 年增加了 8.7 kg/hm²，增幅为 4.5%。

2016—2022 年，吉安市区早稻产量为 6.4～6.9 t/hm²，波动幅度较小，早稻产量呈基本稳定趋势，2022 年早稻产量为 6.9 t/hm²。另外，比较分析 2016—2022 年吉安市区肥料投入与早稻产量之间关系，两者相关度不高。

2. 中稻肥料投入与产量变化趋势

2016—2022 年，吉安市区监测点中稻肥料总投入量变化范围较大，2022 年中稻肥料总投入量为 466.0 kg/hm²，比 2016 年下降了 56.4 kg/hm²，降幅 11.3%，年际波动范围为 419.8～525.4 kg/hm²。

其中，化肥投入量呈波动下降趋势，2022 年中稻化肥投入量为 287.3 kg/hm²，比 2016 年下降了 49.5 kg/hm²，降幅 14.7%，年际波动范围为 287.3～336.8 kg/hm²；有机肥投入量总体水平较低，平均投入水平为 164.6 kg/hm²，远低于化肥投入水平（平均值 311.5 kg/hm²），自 2016 年以来，变化较为稳定（图 3-210）。

2016—2022 年，吉安市区中稻产量为 7.9～8.4 t/hm²，波动幅度较小，中稻产量呈基本稳定趋势，2022 年中稻产量为 7.9 t/hm²。另外，比较分析 2016—2022 年吉安市区肥料投入与中稻产量之间关系，两者相关性不高（相关系数为 0.27）。

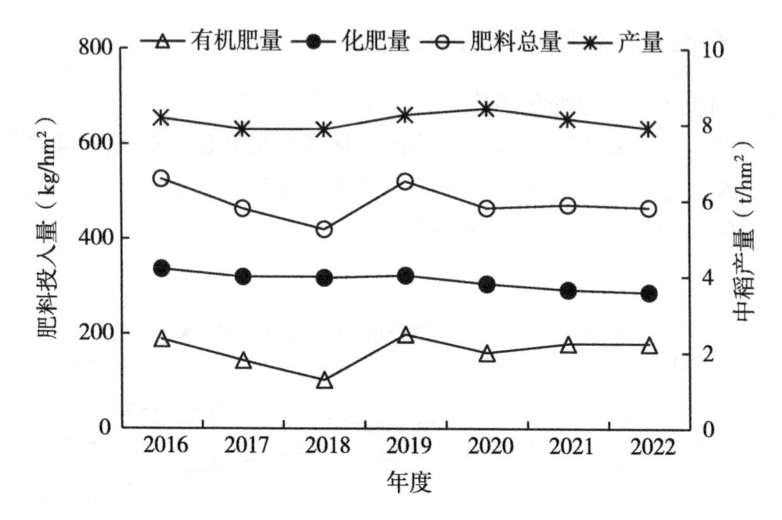

图 3-210　吉安市区中稻肥料投入与产量变化趋势

3. 晚稻肥料投入与产量变化趋势

2016—2022 年，吉安市区监测点晚稻肥料总投入量呈现先上升后下降趋势，2022 年晚稻肥料总投入量为 537.4 kg/hm²，比 2016 年降低 8.2 kg/hm²，下降了 1.5%，年际波动范围为 537.4~615.7 kg/hm²。

其中，化肥投入量变化幅度较小，呈现稳定下降趋势，2022 年晚稻化肥投入量为 313.0 kg/hm²，比 2016 年降低了 36.7 kg/hm²，下降了 10.5%，年际波动范围为 313.0~349.7 kg/hm²；有机肥投入量呈现波动上升趋势，2022 年晚稻有机肥投入量为 224.4 kg/hm²，比 2016 年增加了 28.5 kg/hm²，增加了 14.5%，年际波动范围为 195.9~282.7 kg/hm²。

2016—2022 年，吉安市区晚稻产量为 6.7~7.2 t/hm²，波动幅度较小，晚稻产量基本持平，2022 年晚稻产量为 7.2 t/hm²。另外，比较分析 2016—2022 年吉安市区肥料投入与晚稻产量之间关系，两者相关度不高（图 3-211）。

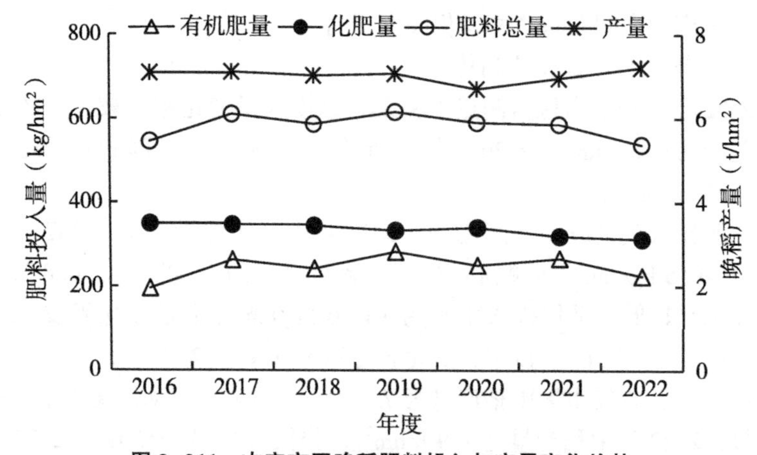

图 3-211　吉安市区晚稻肥料投入与产量变化趋势

（三）偏生产力

1. 早稻生产力

2016—2022 年，吉安市区早稻肥料氮偏生产力变化幅度较小，波动范围为 18.5～31.3 kg/kg，2022 年与 2016 年相比无明显变化。

肥料磷偏生产力变化幅度较大，波动范围为 59.2～76.3 kg/kg，具体变化情况为 2016—2019 年呈下降趋势，2019 年达最低值（59.2 kg/kg），之后呈现上升的趋势，2022 年达 75.1 kg/kg，相比 2016 年无明显变化。

肥料钾偏生产力变化幅度较小，波动范围为 27.5～45.3 kg/kg，呈波动下降趋势，2022 年为 35.2 kg/kg，比 2016 年的 40.3 kg/kg 下降了 12.8%（图 3-212）。

吉安市区总体上，早稻肥料磷偏生产力>肥料钾偏生产力>肥料氮偏生产力，肥料磷偏生产力变化幅度较大，肥料氮偏生产力和肥料钾偏生产力变化幅度较小，三者变化趋势大体一致，2016 年以来，三者均是先下降，在 2019 年达到低谷，然后缓慢上升。

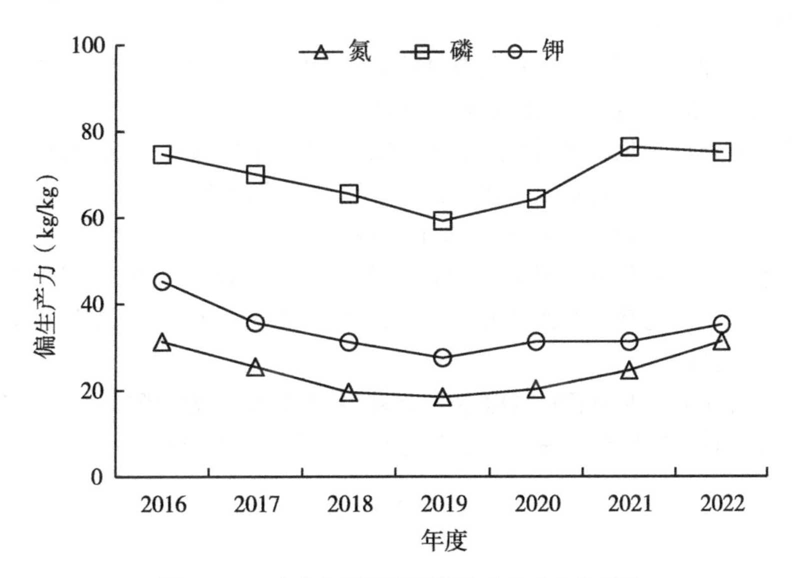

图 3-212　吉安市区早稻肥料偏生产力变化趋势

2. 中稻肥料偏生产力

2016—2022 年，吉安市区中稻肥料氮偏生产力变化幅度较小，波动范围为 33.1～37.4 kg/kg，2022 年比 2016 年上升了 2.6%。

肥料磷偏生产力波动上升趋势，波动范围为 76.6～94.4 kg/kg，2022 年达 84.8 kg/kg，相比 2016 年无明显变化。

肥料钾偏生产力变化幅度较小，波动范围为 41.0～49.6 kg/kg，2022 年为 41.0 k g/kg，比 2016 年的 44.9 kg/kg 下降了 8.5%（图 3-213）。

吉安市区总体上，中稻肥料磷偏生产力>肥料钾偏生产力>肥料氮偏生产力，肥料磷偏生产力较大，肥料钾偏生产力和肥料氮偏生产力相差不大，肥料磷偏生产力变化幅度较大一些，肥料氮偏生产力和肥料钾偏生产力变化趋势大体一致。

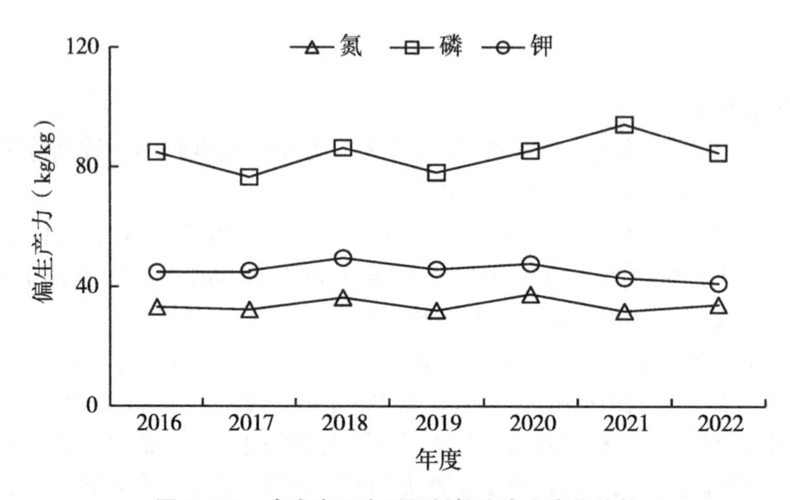

图 3-213　吉安市区中稻肥料偏生产力变化趋势

3. 晚稻肥料偏生产力

2016—2022 年，吉安市区晚稻肥料氮偏生产力变化幅度较大，呈现波动上升趋势，波动范围为 19.9～30.6 kg/kg，2022 年比 2016 年增幅 25.5%。

肥料磷偏生产力变化幅度较大，波动范围为 70.3～88.1 kg/kg，具体变化情况为 2016—2018 年呈小幅上升趋势，2018—2019 年呈现下降趋势，之后呈现快速上升趋势，2022 年达 88.1 kg/kg，相比 2016 年上升 15.5%。

肥料钾偏生产力变化幅度较大，波动范围为 29.6～42.7 kg/kg，具体变化情况为 2016—2020 年呈下降趋势，2020 为最低值，之后呈现上升趋势，2022 年达 42.6 kg/kg，相比 2016 年无明显变化。

吉安市区总体上，晚稻肥料磷偏生产力>肥料钾偏生产力>肥料氮偏生产力，三者变化趋势大体一致，2016 年以来，三者均是呈波动上升趋势（图 3-214）。

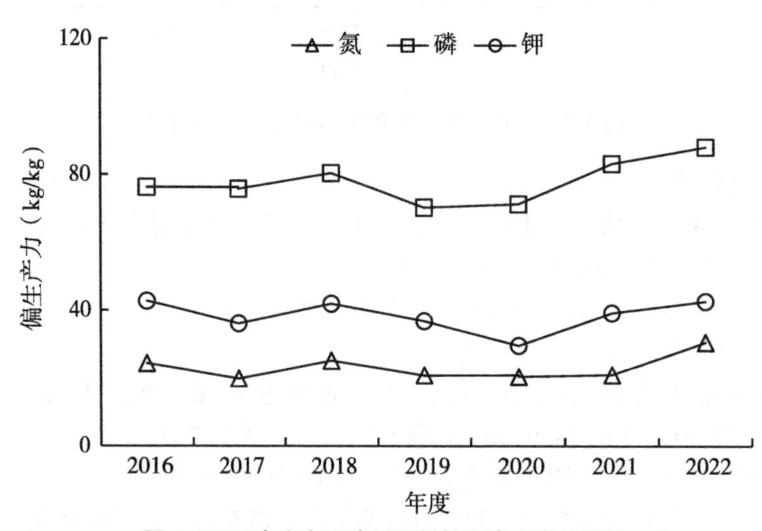

图 3-214　吉安市区晚稻肥料偏生产力变化趋势

第十一节　抚州市

抚州市，古称“临川”，地处长三角、珠三角和闽东南三角区腹地，东邻福建省，南接江西省赣州市，西连吉安市和宜春市，北毗鹰潭市南昌市，下辖临川区、东乡区、南城县、黎川县、南丰县、崇仁县、乐安县、宜黄县、金溪县、资溪县、广昌县，城市总面积 18 816.92 km^2，占江西省总面积的 11.27%。抚州市境内东、南、西三面环山，中部丘陵与河谷盆地相间。地势南高北低，渐次向鄱阳湖平原地区倾斜。地貌以丘陵为主，山地、岗地和河谷平原次之。全市属南方湿润多雨季风气候区，气候湿润、雨量充沛、光热充足、四季分明、生长期长。

2022 年江西省土地利用现状统计资料表明，抚州市耕地面积 445.08 万亩，其中水田面积 409.49 万亩、水浇地面积 0.01 万亩、旱地面积 35.59 万亩。抚州市共有耕地质量监测点 57 个，其中国家级监测点 5 个、省级监测点 54 个，主要分布在临川区、东乡区、南城县、黎川县、南丰县、崇仁县、乐安县、宜黄县、金溪县、资溪县、广昌县。

一、耕地质量主要现状

（一）土壤有机质现状及演变趋势

1. 土壤有机质现状

2016—2022 年，抚州市耕地质量监测数据分析结果表明（图 3-215）。土壤有机质含量有效监测点 377 个，平均含量 32.9 g/kg，处于 2 级（较高）水平，其中水田土壤有机质平均含量 33.2 g/kg，旱地土壤有机质平均含量 26.5 g/kg。2016—2022 年，抚州

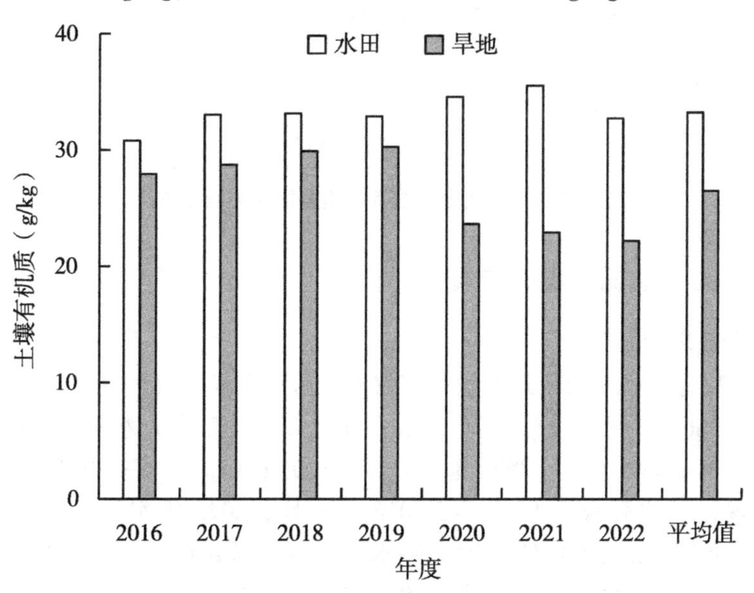

图 3-215　抚州市耕层土壤有机质含量及变化趋势

市水田土壤有机质表现为增加趋势，年增幅为 0.44 g/kg。与 2016 年相比，2022 年水田土壤有机质含量增加 6.3%；与土壤有机质平均值比较，2022 年水田土壤有机质含量降低 1.5%。抚州市旱地土壤有机质表现为降低，年降幅为 1.25 g/kg。与 2016 年相比，2022 年旱地土壤有机质含量降低 20.5%；与土壤有机质平均值比较，2022 年旱地土壤有机质含量降低 16.3%。

2. 土壤有机质分级情况

根据《江西省耕地质量监测指标分级标准》。抚州市土壤有机质含量主要集中在 2 级（较高）水平（图 3-216）。处于 1 级（高）水平的监测点有 75 个，占 19.9%；处于 2 级（较高）水平的监测点有 168 个，占 44.6%；处于 3 级（中）水平的监测点有 114 个，占 30.2%；处于 4 级（较低）水平的监测点有 15 个，占 4.0%；处于 5 级（低）水平的监测点有 5 个，占 1.3%。

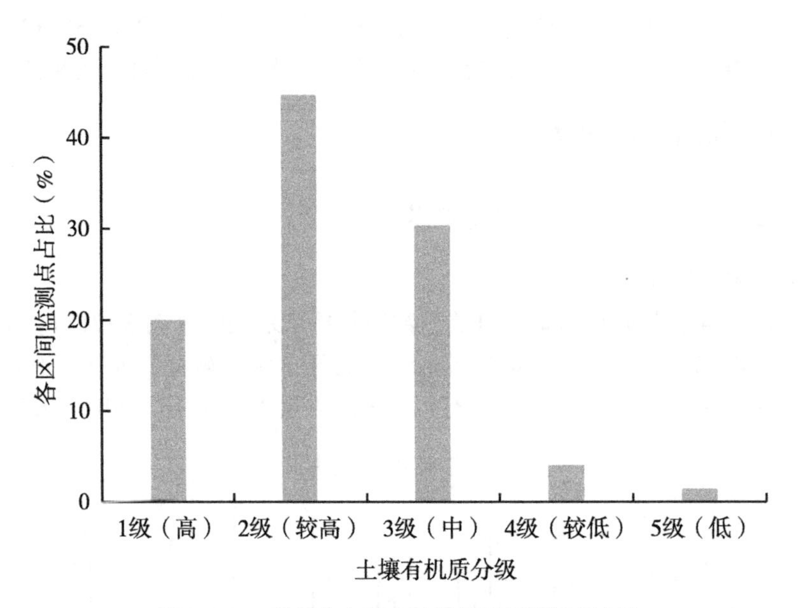

图 3-216　抚州市土壤有机质各区间监测点占比

（二）土壤全氮现状及演变趋势

1. 土壤全氮现状

2016—2022 年，抚州市耕地质量监测数据分析结果表明（图 3-217），土壤全氮含量有效监测点 286 个，平均含量 1.71 g/kg，处于 2 级（较高）水平，其中水田土壤全氮平均含量 1.74 g/kg，旱地土壤全氮平均含量 1.07 g/kg。2016—2022 年，抚州市水田土壤全氮表现为变化趋势不明显。与 2016 年相比，2022 年水田土壤全氮含量增加 12.5%；与土壤全氮平均值比较，2022 年水田土壤全氮含量增加 14.9%。抚州市旱地土壤全氮表现为降低趋势，年降幅为 0.06 g/kg。与 2016 年相比，2022 年旱地土壤全氮含量降低 27.3%；与土壤全氮平均值比较，2022 年旱地土壤全氮含量降低 19.4%。

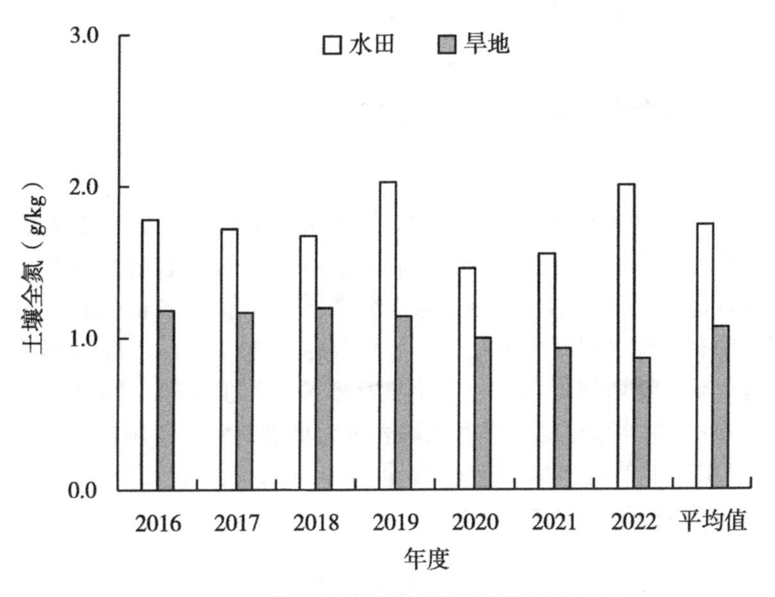

图 3-217 抚州市耕层土壤全氮含量及变化趋势

2. 土壤全氮分级情况

根据《江西省耕地质量监测指标分级标准》，抚州市土壤全氮含量主要集中在 1 级（高）和 2 级（较高）水平（图 3-218）。处于 1 级（高）水平的监测点有 97 个，占 33.9%；处于 2 级（较高）水平的监测点有 94 个，占 32.9%；处于 3 级（中）水平的

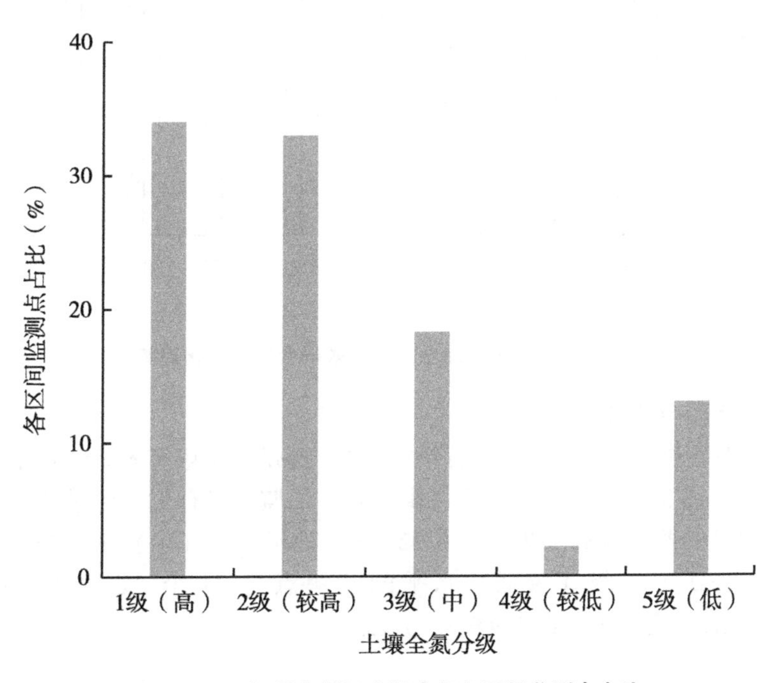

图 3-218 抚州市耕层土壤全氮各区间监测点占比

监测点有 52 个，占 18.2%；处于 4 级（较低）水平的监测点有 6 个，占 2.1%；处于 5 级（低）水平的监测点有 37 个，占 12.9%。

（三）土壤有效磷现状及演变趋势

1. 土壤有效磷现状

2016—2022 年，抚州市耕地质量监测数据分析结果表明（图 3-219），土壤有效磷含量有效监测点 375 个，平均含量 22.6 mg/kg，处于 2 级（较高）水平，其中水田土壤有效磷平均含量 22.5 mg/kg，旱地土壤有效磷平均含量 23.5 mg/kg。2016—2022 年，抚州市水田土壤有效磷表现为增加趋势，年增幅为 0.76 mg/kg。与 2016 年相比，2022 年水田土壤有效磷含量增加 11.1%；与土壤有效磷平均值比较，2022 年水田土壤有效磷含量降低 2.6%。抚州市旱地土壤有效磷表现为增加趋势，年增幅为 0.99 mg/kg。与 2016 年相比，2022 年旱地土壤有效磷含量增加 40.2%；与土壤有效磷平均值比较，2022 年旱地土壤有效磷含量增加 19.0%。

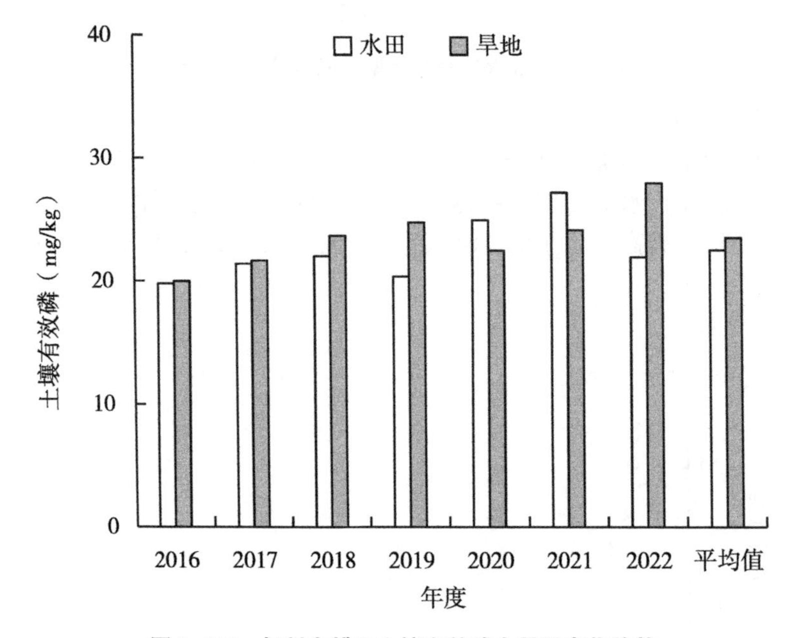

图 3-219　抚州市耕层土壤有效磷含量及变化趋势

2. 土壤有效磷分级情况

根据《江西省耕地质量监测指标分级标准》，抚州市土壤有效磷含量主要集中在 3 级（中）水平（图 3-220）。处于 1 级（高）水平的监测点有 53 个，占 14.1%；处于 2 级（较高）水平的监测点有 122 个，占 32.5%；处于 3 级（中）水平的监测点有 159 个，占 42.4%；处于 4 级（较低）水平的监测点有 34 个，占 9.1%；处于 5 级（低）水平的监测点有 7 个，占 1.9%。

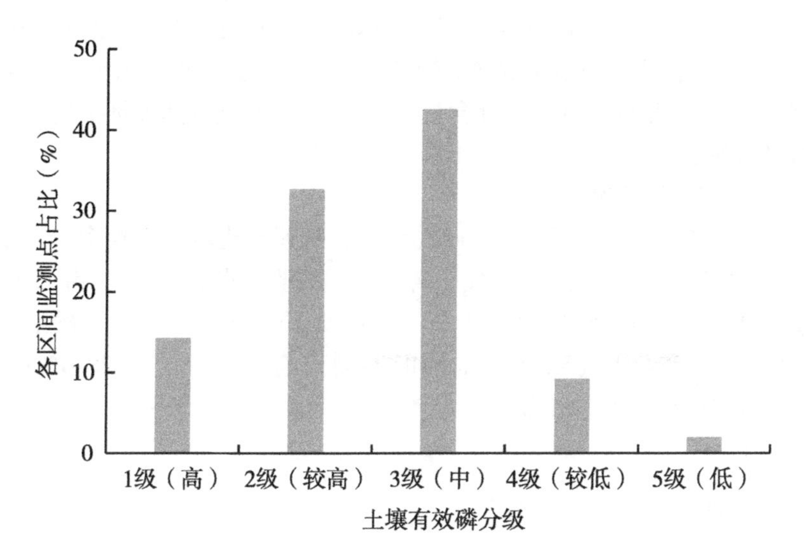

图 3-220　抚州市土壤有效磷各区间监测点占比

（四）土壤速效钾现状及演变趋势

1. 土壤速效钾现状

2016—2022 年，抚州市耕地质量监测数据分析结果表明（图 3-221），土壤速效钾含量有效监测点 377 个，平均含量 104.2 mg/kg，处于 3 级（中）水平，其中水田土壤速效钾平均含量 103.2 mg/kg，旱地土壤速效钾平均含量 127.4 mg/kg。2016—2022 年，

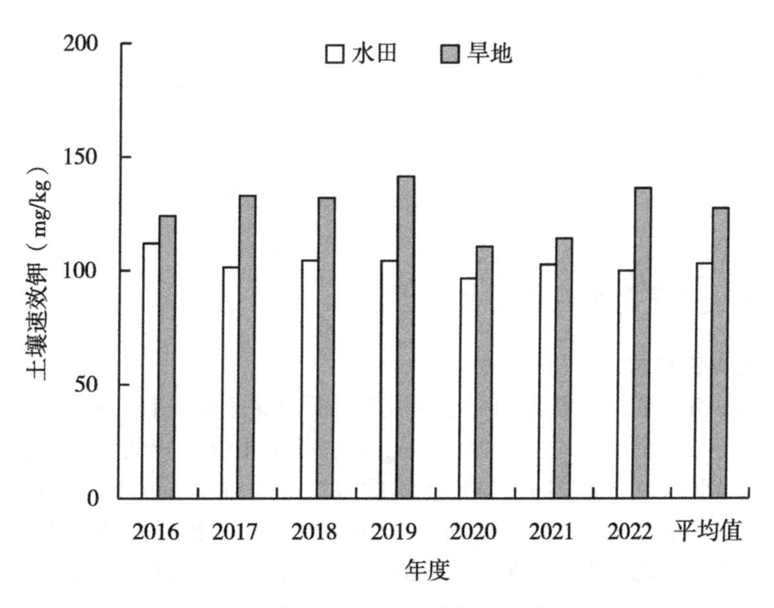

图 3-221　抚州市耕层土壤速效钾含量及变化趋势

抚州市水田土壤速效钾表现为降低趋势，年降幅为 1.50 mg/kg。与 2016 年相比，2022 年水田土壤速效钾含量降低 10.8%；与土壤速效钾平均值比较，2022 年水田土壤速效钾含量降低 3.1%。抚州市旱地土壤速效钾表现为降低趋势，年降幅为 0.79 mg/kg。与 2016 年相比，2022 年旱地土壤速效钾含量增加 9.9%；与土壤速效钾平均值比较，2022 年旱地土壤速效钾含量增加 7.1%。

2. 土壤速效钾分级情况

根据《江西省耕地质量监测指标分级标准》，抚州市土壤速效钾含量主要集中在 3 级（中）水平（图 3-222）。处于 1 级（高）水平的监测点有 10 个，占 2.7%；处于 2 级（较高）水平的监测点有 89 个，占 23.6%；处于 3 级（中）水平的监测点有 164 个，占 43.4%；处于 4 级（较低）水平的监测点有 107 个，占 28.4%；处于 5 级（低）水平的监测点有 7 个，占 1.9%。

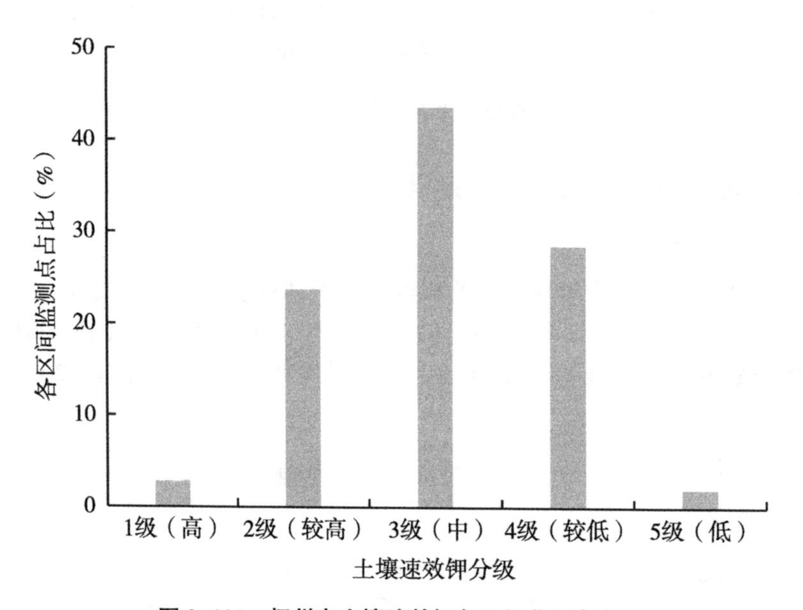

图 3-222　抚州市土壤速效钾各区间监测点占比

（五）土壤缓效钾现状及演变趋势

1. 土壤缓效钾现状

2016—2022 年，抚州市耕地质量监测数据分析结果表明（图 3-223），土壤缓效钾含量有效监测点 238 个，平均含量 266.9 mg/kg，处于 4 级（较低）水平，其中水田土壤缓效钾平均含量 257.7 mg/kg，旱地土壤缓效钾平均含量 443.1 mg/kg。2016—2022 年，抚州市水田土壤缓效钾变化不明显。与 2016 年相比，2022 年水田土壤缓效钾含量降低 1.0%；与土壤缓效钾平均值比较，2022 年水田土壤缓效钾含量增加 4.8%。抚州市旱地土壤缓效钾变化不明显。与 2016 年相比，2022 年旱地土壤缓效钾含量增加 0.6%；与土壤缓效钾平均值比较，2022 年旱地土壤缓效钾含量增加 0.6%。

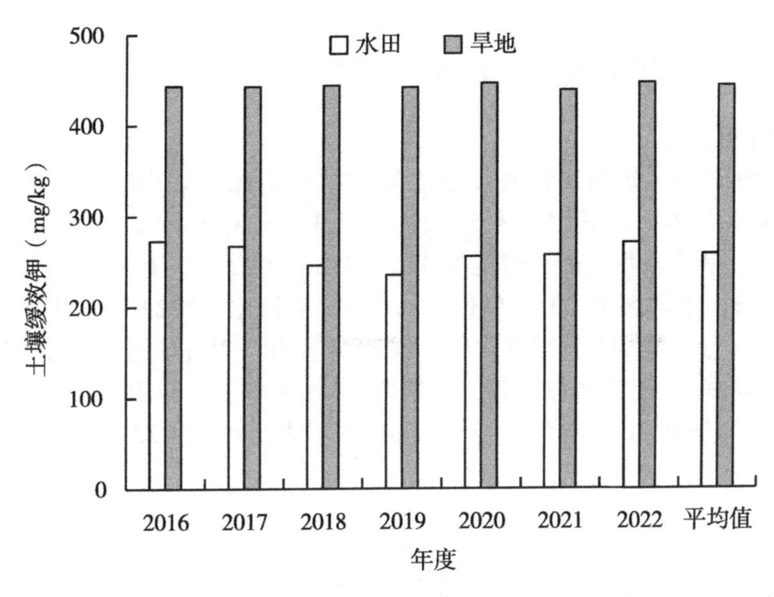

图 3-223　抚州市耕层土壤缓效钾含量及变化趋势

2. 土壤缓效钾分级情况

根据《江西省耕地质量监测指标分级标准》，抚州市土壤缓效钾含量主要集中在 4 级（较低）水平（图 3-224）。处于 1 级（高）水平的监测点有 14 个，占 5.9%；处于 2 级（较高）水平的监测点有 12 个，占 5.0%；处于 3 级（中）水平的监测点有 37 个，

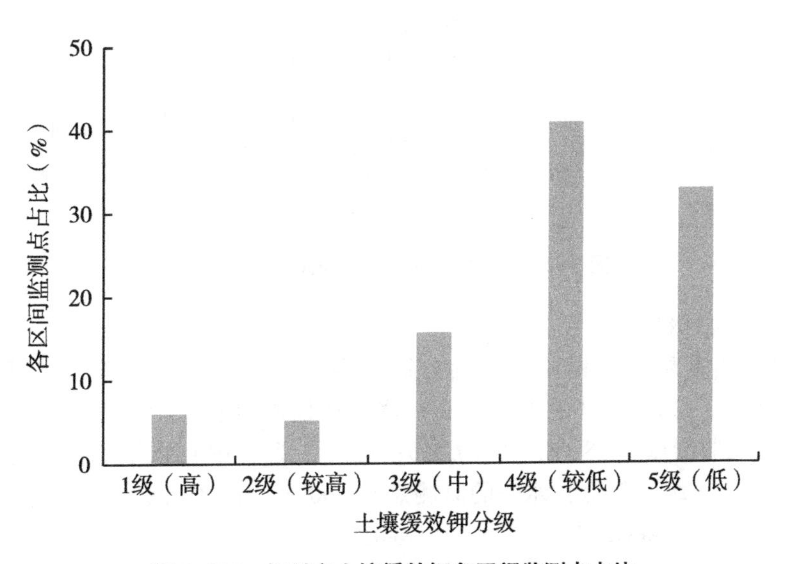

图 3-224　抚州市土壤缓效钾各区间监测点占比

占 15.6%；处于 4 级（较低）水平的监测点有 97 个，占 40.7%；处于 5 级（低）水平的监测点有 78 个，占 32.8%。

（六）土壤 pH 现状及演变趋势

1. 土壤 pH 现状

2016—2022 年，抚州市耕地质量监测数据分析结果表明（图 3-225），土壤 pH 有效监测点 378 个，平均值为 5.12，处于 3 级（中）水平，其中水田土壤 pH 平均值 5.12，旱地土壤 pH 平均值 5.12。2016—2022 年，抚州市水田土壤 pH 表现为增加趋势，年增幅 0.03 个单位。与 2016 年相比，2022 年水田土壤 pH 增加 0.10 个单位；与土壤 pH 平均值比较，2022 年水田土壤 pH 增加 0.10 个单位。抚州市旱地土壤 pH 表现为增加趋势，年增幅 0.04 个单位。与 2016 年相比，2022 年旱地土壤 pH 增加 0.30 个单位；与土壤 pH 平均值比较，2022 年旱地土壤 pH 增加 0.10 个单位。

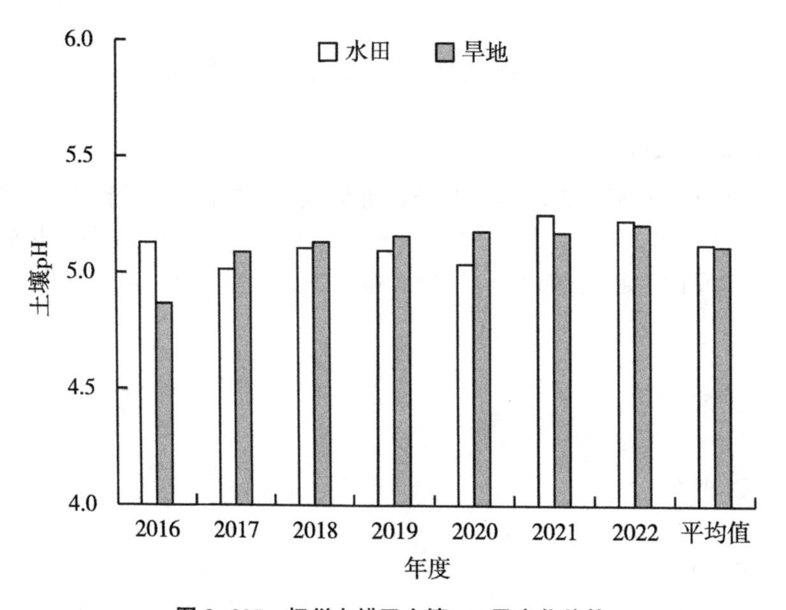

图 3-225　抚州市耕层土壤 pH 及变化趋势

2. 土壤 pH 分级情况

根据《江西省耕地质量监测指标分级标准》，抚州市土壤 pH 主要集中在 3 级（中）水平（图 3-226）。处于 1 级（高）水平的监测点有 3 个，占 0.8%；处于 2 级（较高）水平的监测点有 38 个，占 10.1%；处于 3 级（中）水平的监测点有 167 个，占 44.1%；处于 4 级（较低）水平的监测点有 160 个，占 42.3%；处于 5 级（低）水平的监测点有 10 个，占 2.7%。

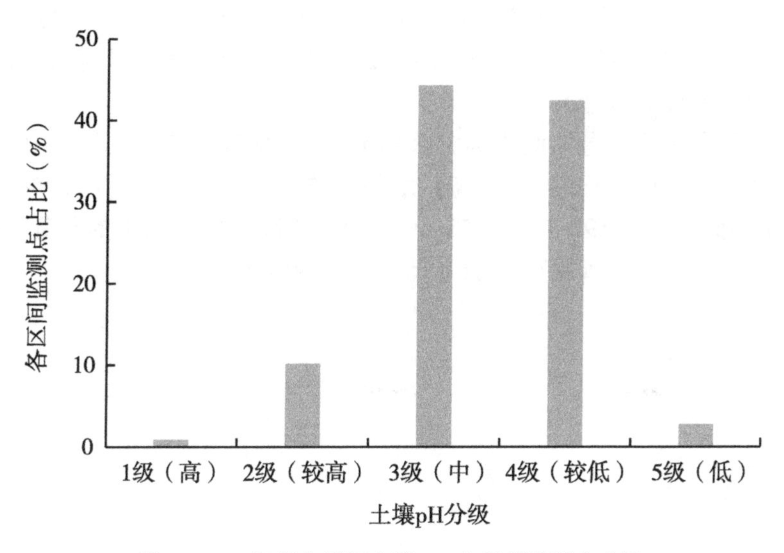

图 3-226　抚州市耕层土壤 pH 各区间监测点占比

（七）土壤耕层厚度现状及演变趋势

1. 土壤耕层厚度现状

2016—2022 年，抚州市耕地质量监测数据分析结果表明（图 3-227），土壤耕层厚度有效监测点 358 个，平均值为 17.6 cm，处于 2 级（较高）水平，其中水田耕层厚度平均值 17.5 cm，旱地耕层厚度平均值 20.4 cm。2016—2022 年，抚州市水田土壤耕层厚度较为稳定，呈增加趋势。与 2016 年相比，2022 年水田土壤耕层厚度增加 12.4%；与土壤耕层厚度平均值比较，2022 年水田土壤耕层厚度增加 6.9%。抚州市旱地土壤耕

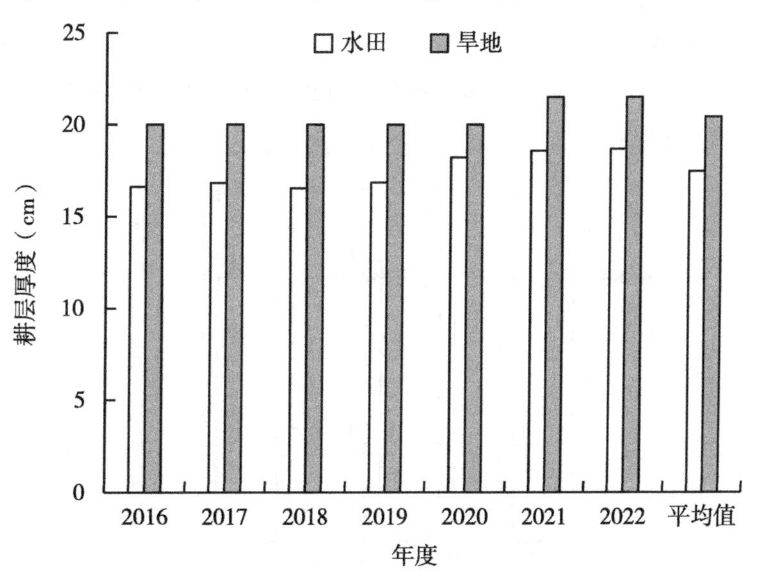

图 3-227　抚州市耕层厚度及变化趋势

层厚度表现为增加趋势，年增幅为 0.41 cm。与 2016 年相比，2022 年旱地土壤耕层厚度增加 7.5%；与土壤耕层厚度平均值比较，2022 年旱地土壤耕层厚度增加 5.2%。

2. 土壤耕层厚度分级情况

根据《江西省耕地质量监测指标分级标准》，土壤耕层厚度主要集中在 2 级（较高）水平（图 3-228）。处于 1 级（高）水平的监测点有 28 个，占 7.8%；处于 2 级（较高）水平的监测点有 192 个，占 53.6%；处于 3 级（中）水平的监测点有 138 个，占 38.6%；无处于 4 级（较低）、5 级（低）水平的监测点。

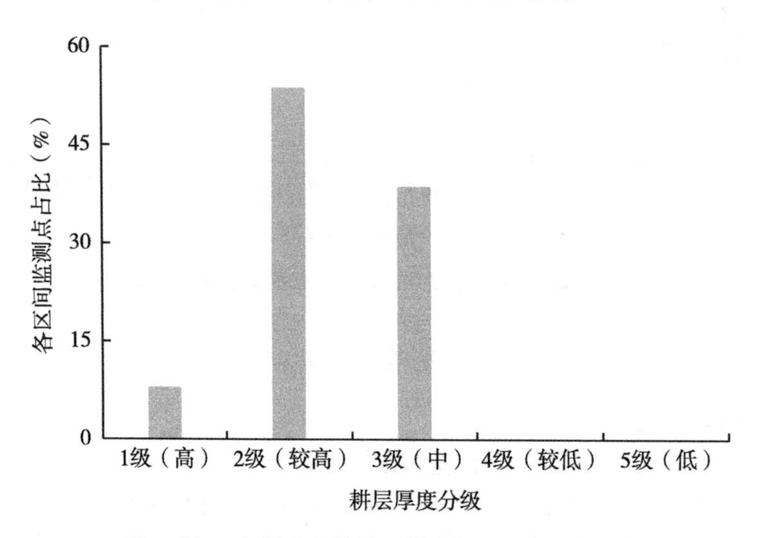

图 3-228　抚州市土壤耕层厚度各区间监测点占比

（八）土壤容重现状及演变趋势

1. 土壤容重现状

2016—2022 年，抚州市耕地质量监测数据分析结果表明（图 3-229），土壤容重有

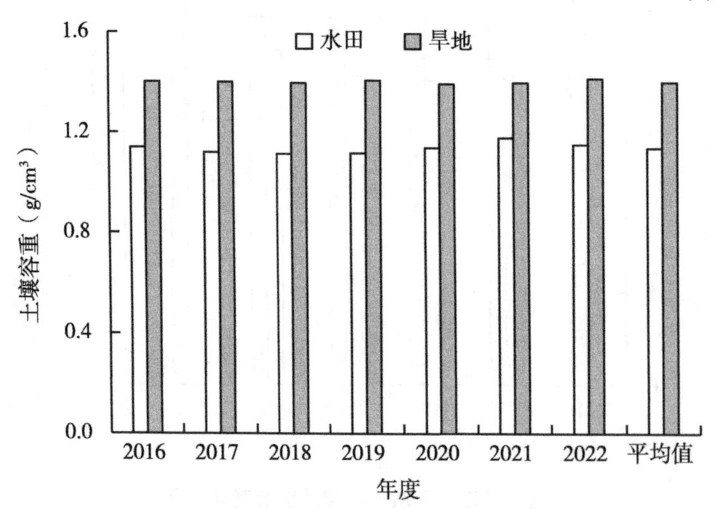

图 3-229　抚州市耕层土壤容重及变化趋势

效监测点数199个，平均含量 1.15 g/cm³，处于 1 级（高）水平，其中水田土壤容重平均值 1.14 g/cm³，旱地土壤容重平均值 1.40 g/cm³。2016—2022 年，抚州市水田土壤容重表现为变化趋势不明显。与 2016 年相比，2022 年水田土壤容重增加 1.0%；与土壤容重平均值比较，2022 年水田土壤容重增加 1.2%。抚州市旱地土壤容重表现为下降趋势。与 2016 年相比，2022 年旱地土壤容重增加 1.0%；与土壤容重平均值比较，2022 年旱地土壤容重增加 0.9%。

2. 土壤容重分级情况

根据《江西省耕地质量监测指标分级标准》，抚州市土壤容重主要集中在 1 级（高）水平（图 3-230）。处于 1 级（高）水平的监测点有 150 个，占 75.4%；处于 2 级（较高）水平的监测点有 41 个，占 20.6%；处于 3 级（中）水平的监测点有 7 个，占 3.5%；处于 4 级（较低）水平的监测点有 1 个，占 0.5%；无处于 5 级（低）水平的监测点。

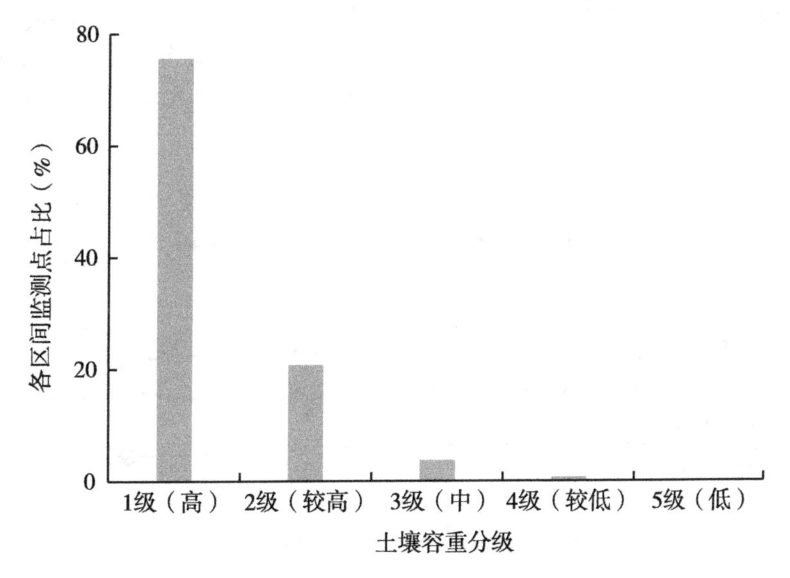

图 3-230　抚州市土壤容重各区间监测点占比

二、肥料投入与利用情况

（一）肥料投入现状

抚州市区监测点肥料总投入量（折纯，下同）平均值 517.1 kg/hm²，其中，有机肥投入量 146.4 kg/hm²，化肥投入量 370.8 kg/hm²，有机肥和化肥之比为 1∶2.5。肥料总投入中氮肥（N）投入 215.6 kg/hm²，磷肥（P_2O_5）投入 108.8 kg/hm²，钾肥（K_2O）投入 192.8 kg/hm²，投入量依次为肥料氮>肥料钾>肥料磷，氮∶磷∶钾为 1∶0.5∶0.9。其中，化肥投入中氮肥（N）投入 159.7 kg/hm²、磷肥（P_2O_5）投入 91.9 kg/hm²、钾肥（K_2O）投入 119.2 kg/hm²，投入量依次为肥料氮>肥料钾>肥料磷，氮：磷：钾为 1：0.6：0.7。

（二）主要粮食作物肥料投入和产量变化趋势

1. 早稻肥料投入和产量变化趋势

2016—2022 年，抚州市区监测点早稻肥料总投入量呈现先下降后上升趋势，2022 年早稻肥料总投入量为 492.2 kg/hm^2，比 2016 年降低 0.2 kg/hm^2，下降了 0.05%，年际波动范围为 468.6~494.6 kg/hm^2（图 3-231）。

其中，化肥投入量呈稳定下降趋势，2022 年早稻化肥投入量为 335.9 kg/hm^2，比 2016 年降低 28.3 kg/hm^2，下降了 7.8%，年际波动范围为 335.9~364.3 kg/hm^2；有机肥投入量总体水平较低，平均投入水平为 132.2 kg/hm^2，远低于化肥投入水平（平均值 353.6 kg/hm^2），有机肥料占总投入的比重为 25.5%~31.8%，平均值为 27.2%，近些年呈波动上升趋势。

2016—2022 年，抚州市区早稻产量为 6.9~7.4 t/hm^2，早稻产量呈上下波动趋势，波动幅度较小。2022 年早稻产量为 7.1 t/hm^2，比 2016 年增加了 0.1 t/hm^2，增幅 1.3%。另外，比较分析 2016—2022 年抚州市区肥料投入与早稻产量之间关系，两者相关性不明显。

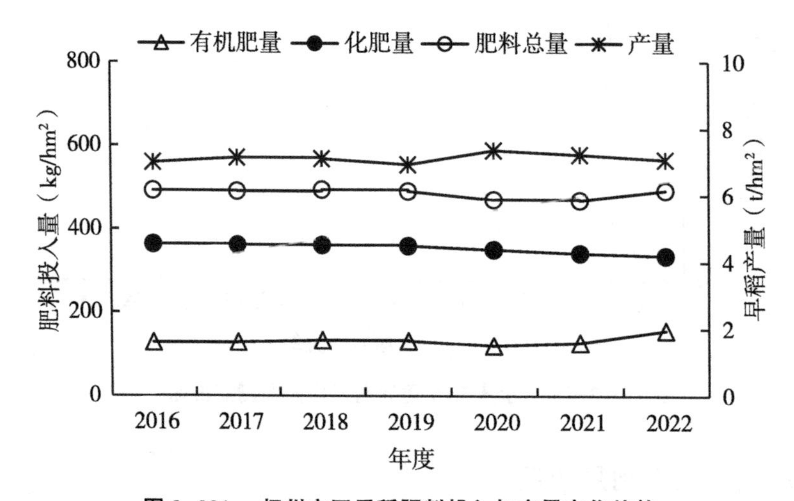

图 3-231　抚州市区早稻肥料投入与产量变化趋势

2. 中稻肥料投入和产量变化趋势

2016—2022 年，抚州市区监测点中稻肥料总投入量呈现先下降后上升趋势，2021 年达到最低值。2022 年中稻肥料总投入量为 513.0 kg/hm^2，比 2016 年降低 24.3 kg/hm^2，下降了 4.5%，年际波动范围为 471.9~537.2 kg/hm^2（图 3-232）。

其中，化肥投入量呈稳定下降趋势，2022 年中稻化肥投入量为 329.0 kg/hm^2，比 2016 年降低 56.6 kg/hm^2，下降了 14.7%，年际波动范围为 329.0~385.6 kg/hm^2；有机肥投入量总体水平较低，平均投入水平为 144.1 kg/hm^2，远低于化肥投入水平（平均值 354.0 kg/hm^2），有机肥料占总投入的比重为 25.8%~35.9%，平均值为 28.9%，近些年呈现先下降后上升趋势，2022 年投入最多，为 184.0 kg/hm²，比 2016 年增加了 32.3 kg/hm²，增幅 21.3%。

2016—2022 年，抚州市区中稻产量为 7.5~8.0 t/hm²，中稻产量呈上下波动趋势，波动幅度较小。2022 年中稻产量为 7.5 t/hm²，比 2016 年降低了 0.2 t/hm²，降低了 2.6%。另外，比较分析 2016—2022 年抚州市区肥料投入与中稻产量之间关系，两者相关度不高。

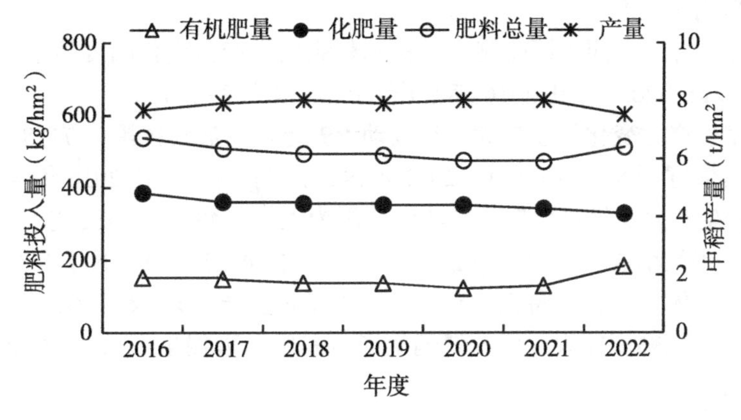

图 3-232　抚州市区中稻肥料投入与产量变化趋势

3. 晚稻肥料投入和产量变化趋势

2016—2022 年，抚州市区监测点晚稻肥料总投入量呈现先上升后下降趋势，2020 年达到最高值，2022 年达到最低值。2022 年晚稻肥料总投入量为 510.8 kg/hm²，比 2016 年降低 28.1 kg/hm²，下降了 5.2%，年际波动范围为 510.8~551.4 kg/hm²。

其中，化肥投入量呈稳定下降趋势，2022 年晚稻化肥投入量为 351.4 kg/hm²，比 2016 年降低 40.9 kg/hm²，下降了 10.4%，年际波动范围为 351.4~392.4 kg/hm²；有机肥投入量总体水平较低，平均投入水平为 154.9 kg/hm²，远低于化肥投入水平（平均值 380.1 kg/hm²），有机肥料占总投入的比重为 27.2%~31.2%，平均值为 29.0%（图 3-233），近些年稳定上升趋势，2022 年投入 184.0 kg/hm²，比 2016 年增加了

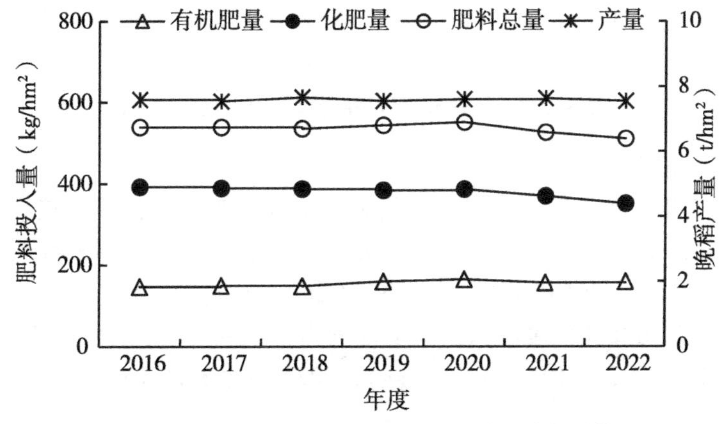

图 3-233　抚州市区晚稻肥料投入与产量变化趋势

12.8 kg/hm^2，增幅 8.7%。

2016—2022 年，抚州市区晚稻产量为 7.5～7.7 t/hm^2，波动幅度很小，基本持平，2022 年晚稻产量为 7.6 t/hm^2，基本与 2016 年持平。另外，比较分析 2016—2022 年抚州市区肥料投入与晚稻产量之间关系，两者相关性较好。

（三）偏生产力

1. 早稻肥料偏生产力

2016—2022 年，抚州市区监测点早稻肥料氮偏生产力变化幅度很小，波动范围为 33.5～36.4 kg/kg，2022 年比 2016 年上升了 0.7%（图 3-234）。

肥料磷偏生产力变化幅度较大，呈波动上升趋势，波动范围为 71.8～82.7 kg/kg，在 2020 年达最高值（82.7 kg/kg），2022 年达 81.5 kg/kg，相比 2016 年增幅为 12.9%。

肥料钾偏生产力变化幅度较小，波动范围为 43.9～49.7 kg/kg，以 2021 年为最大值，2022 年达到最小值（33.9 kg/kg），比 2016 年的 45.5 kg/kg 下降了 3.5%。

抚州市区总体上，肥料磷偏生产力>肥料钾偏生产力>肥料氮偏生产力，其中肥料磷偏生产力变化幅度较大，肥料氮偏生产力和肥料磷偏生产力变化趋势大体一致，变化幅度都较小。

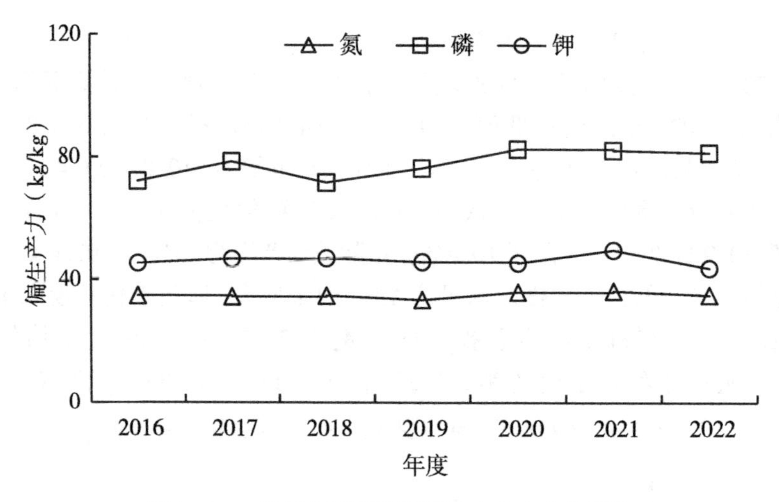

图 3-234　抚州市区早稻肥料偏生产力变化趋势

2. 中稻肥料偏生产力

2016—2022 年，抚州市区监测点中稻肥料氮偏生产力变化幅度较小，2016—2021 年呈上升趋势，2021—2022 年下降，2021 年达到最大值，波动范围为 33.4～38.6 kg/kg，2022 年比 2016 年下降了 3.9%（图 3-235）。

肥料磷偏生产力变化幅度较大，波动范围为 70.0～100.5 kg/kg，呈现先上升后下降趋势，在 2021 年达最高值（90.5 kg/kg），2022 年达 80.2 kg/kg，相比 2016 年无明显变化。

肥料钾偏生产力变化幅度较小，波动范围为 41.2~48.6 kg/kg，呈波动上升趋势，2021 年达到最高值，2022 年为 43.0 kg/kg，比 2016 年的 41.2 kg/kg 增幅了 4.2%。

抚州市区总体上，肥料磷偏生产力>肥料钾偏生产力>肥料氮偏生产力，其中肥料磷偏生产力变化幅度较大，肥料氮偏生产力和肥料磷偏生产力变化趋势大体一致，变化幅度都较小。

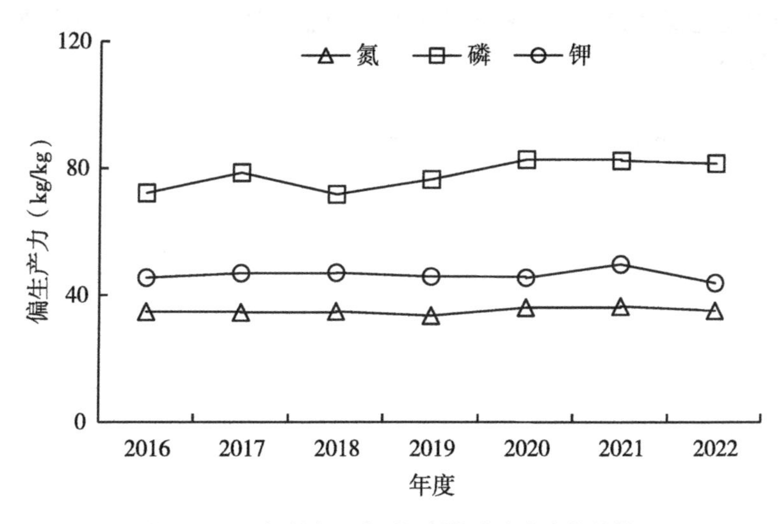

图 3-235　抚州市区中稻肥料偏生产力变化趋势

3. 晚稻肥料偏生产力

2016—2022 年，抚州市区监测点晚稻肥料氮偏生产力变化幅度很小，呈波动上升趋势，波动范围为 33.0~35.5 kg/kg，2022 年比 2016 年增幅 4.8%（图 3-236）。

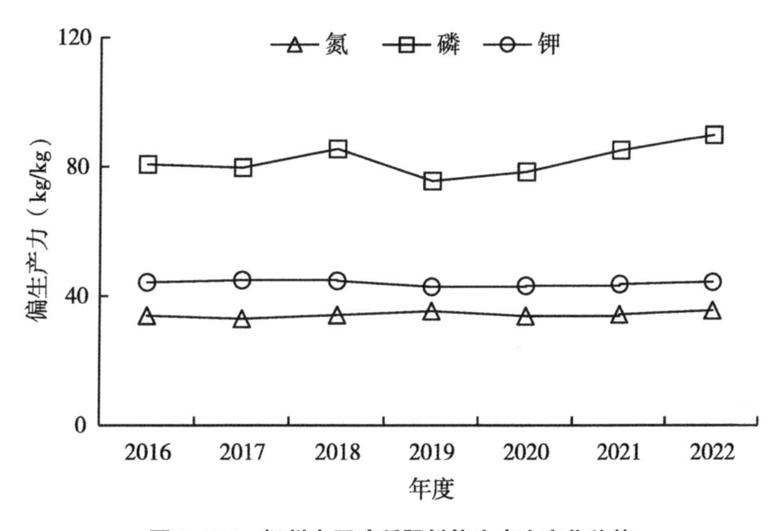

图 3-236　抚州市区晚稻肥料偏生产力变化趋势

肥料磷偏生产力变化幅度较大，波动范围为 75.6~89.9 kg/kg，呈波动上升趋势，在 2022 年达 89.9 kg/kg，相比 2016 年增幅为 11.3%。

肥料钾偏生产力变化幅度很小，波动范围为 42.8~44.9 kg/kg，呈现先下降后上升的趋势，在 2019 年达到最低值，2022 年为 44.4 kg/kg，相比 2016 年增幅 0.3%，无明显变化。

抚州市区总体上，肥料磷偏生产力>肥料氮偏生产力>肥料钾偏生产力，其中肥料磷偏生产力变化幅度较大，肥料氮偏生产力和肥料磷偏生产力变化趋势大体一致，变化幅度都较小。

第四章　江西省主要作物产量、肥料投入分析与评价

第一节　江西省主要作物产量现状

一、主要作物产量现状分析

江西省主要作物无肥区产量及常规区产量如图 4-1 所示。结果表明，不同类型作物无肥区产量和常规区产量均存在较大差异。无肥区瓜果类作物产量最高，为 9.61 t/hm^2，其次为水稻（4.25 t/hm^2）、其他经济作物（1.57 t/hm^2），油料作物产量处于最低水平，为 1.01 t/hm^2。常规区（在施肥条件下，包括化肥、有机肥等）水稻、瓜果类作物产量处于较高水平，分别为 7.69 t/hm^2、27.25 t/hm^2，其他经济作物（3.62 t/hm^2）次之，油料作物产量处于较低的水平，为 2.24 t/hm^2。由此可知，肥料

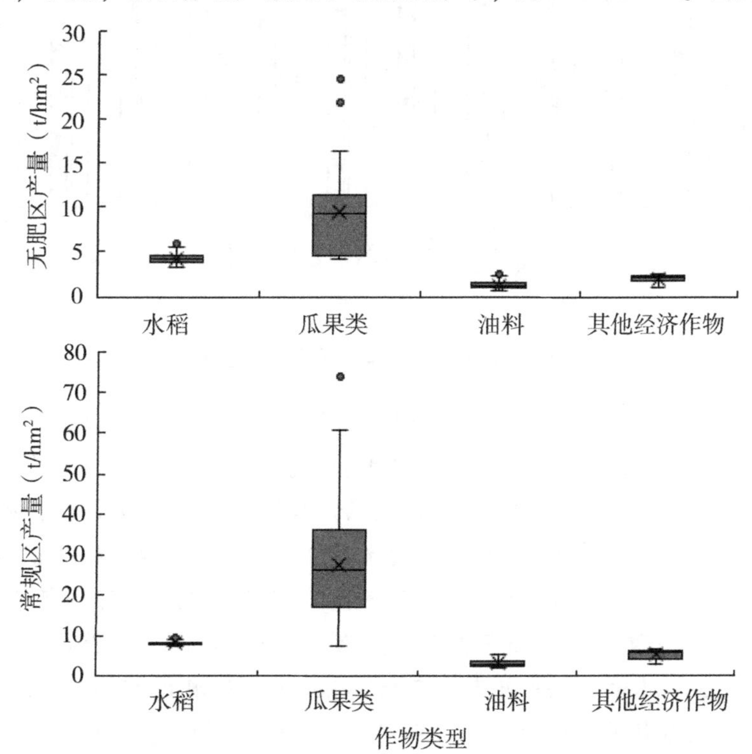

图 4-1　江西省主要作物无肥区及常规区产量

的施用使各种作物的产量均大幅增加，增幅达到 44.7%~783.3%。

二、主要作物产量的空间分布

水稻是江西省主要种植的粮食作物，包括一季稻、双季稻，其中，一季稻以中稻为主，双季稻为早稻-晚稻轮作。在南昌市、九江市、景德镇市、萍乡市、新余市、鹰潭市、赣州市、宜春市、上饶市、吉安市和抚州市 11 个设区市均布设水稻国家级耕地质量监测点。萍乡市无肥区产量最高，为 5.16 t/hm^2；其次为景德镇市、鹰潭市、上饶市、九江市、宜春市、赣州市、新余市、吉安市、抚州市，无肥区产量分别为 4.83 t/hm^2、4.57 t/hm^2、4.33 t/hm^2、4.31 t/hm^2、4.14 t/hm^2、4.10 t/hm^2、3.76 t/hm^2、3.72 t/hm^2、3.70 t/hm^2；南昌市产量最低，为 3.41 t/hm^2。常规区产量由高到低依次为景德镇市（8.35 t/hm^2）、萍乡市（8.21 t/hm^2）、上饶市（8.01 t/hm^2）、赣州市（7.76 t/hm^2）、新余市（7.72 t/hm^2）、宜春市（7.59 t/hm^2）、南昌市（7.54 t/hm^2）、抚州市（7.53 t/hm^2）、九江市（7.35 t/hm^2）、吉安市（7.27 t/hm^2）、鹰潭市(7.14 t/hm^2)(图 4-2)。肥料施用显著提高水稻产量 56.3%~120.8%。

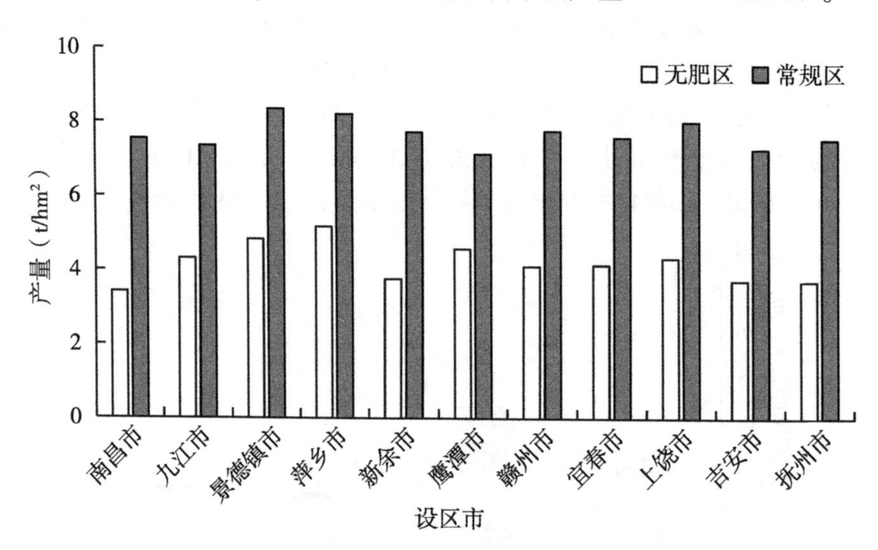

图 4-2　水稻无肥区及常规区产量的空间分布

在南昌市、九江市、景德镇市、新余市、鹰潭市、赣州市、宜春市、上饶市、吉安市、抚州市 10 个设区市均布设早稻国家级耕地质量监测点，萍乡市则无早稻监测点。鹰潭市无肥区产量最高，为 4.51 t/hm^2；其次为景德镇市、上饶市、九江市、赣州市、宜春市、吉安市、新余市、抚州市，无肥区产量分别为 4.29 t/hm^2、4.12 t/hm^2、4.08 t/hm^2、3.86 t/hm^2、3.61 t/hm^2、3.40 t/hm^2、3.31 t/hm^2、3.22 t/hm^2；南昌市产量最低，为 2.97 t/hm^2。常规区产量由高到低依次为新余市（7.59 t/hm^2）、上饶市（7.40 t/hm^2）、景德镇市（7.38 t/hm^2）、赣州市（7.15 t/hm^2）、抚州市(7.12 t/hm^2)、南昌市（6.99 t/hm^2）、鹰潭市（6.95 t/hm^2）、宜春市（6.88 t/hm^2）、吉安市(6.68 t/hm^2)、九江市（6.46 t/hm^2）（图 4-3）。肥料施用提高早稻产量 53.4%~135.09%。

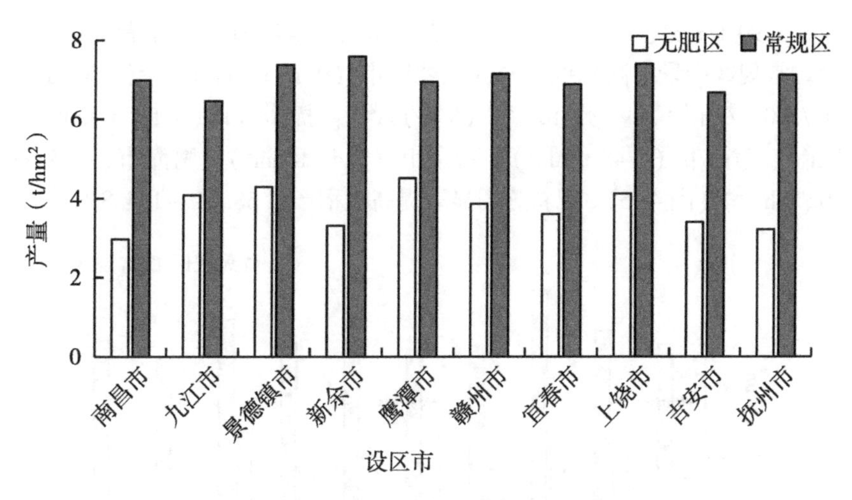

图 4-3 早稻无肥区及常规区产量的空间分布

在南昌市、九江市、景德镇市、新余市、萍乡市、赣州市、宜春市、上饶市、吉安市、抚州市10个设区市均布设中稻国家级耕地质量监测点，鹰潭市则无中稻监测点。萍乡市无肥区产量最高，为5.16 t/hm^2；其次为宜春市、景德镇市、九江市、抚州市、赣州市、新余市、吉安市、上饶市，无肥区产量分别为4.92t/hm^2、4.91 t/hm^2、4.66 t/hm^2、4.45 t/hm^2、4.40 t/hm^2、4.35 t/hm^2、4.22 t/hm^2、4.12 t/hm^2；南昌市产量最低，为3.93 t/hm^2。常规区产量由高到低依次为景德镇市（8.51 t/hm^2）、赣州市（8.48 t/hm^2）、上饶市（8.39 t/hm^2）、宜春市（8.33 t/hm^2）、萍乡市（8.21 t/hm^2）、南昌市(8.15 t/hm^2)、新余市（8.15 t/hm^2）、吉安市（8.10 t/hm^2）、抚州市(7.88 t/hm^2)、九江市（7.70 t/hm^2）（图4-4）。肥料施用显著提高中稻产量59.1%~107.4%。

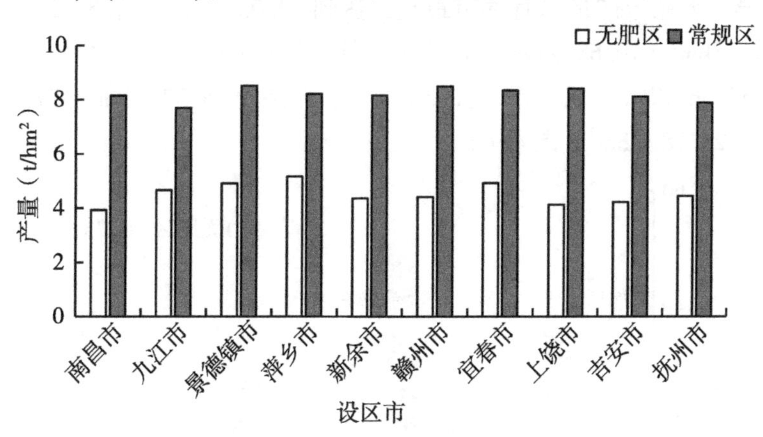

图 4-4 中稻无肥区及常规区产量的空间分布

在南昌市、九江市、景德镇市、新余市、鹰潭市、赣州市、宜春市、上饶市、吉安市、抚州市10个设区市均布设晚稻国家级耕地质量监测点，萍乡市则无晚稻监测点。景德镇市无肥区产量最高，为5.27 t/hm^2；其次为上饶市、鹰潭市、九江市、赣州市、宜春市、新余市、吉安市、抚州市，无肥区产量分别为4.74 t/hm^2、4.62 t/hm^2、4.18 t/hm^2、

4.05 t/hm^2、3.90 t/hm^2、3.60 t/hm^2、3.55 t/hm^2、3.44 t/hm^2；南昌市产量最低，为3.34 t/hm^2。常规区产量由高到低依次为景德镇市（9.16 t/hm^2）、上饶市（8.24 t/hm^2）、九江市（7.90 t/hm^2）、赣州市（7.65 t/hm^2）、抚州市（7.59 t/hm^2）、宜春市（7.56 t/hm^2）、南昌市（7.48 t/hm^2）、新余市（7.43 t/hm^2）、鹰潭市(7.33 t/hm^2)、吉安市（7.02 t/hm^2）（图4-5）。肥料施用显著提高晚稻产量58.6%~123.8%。

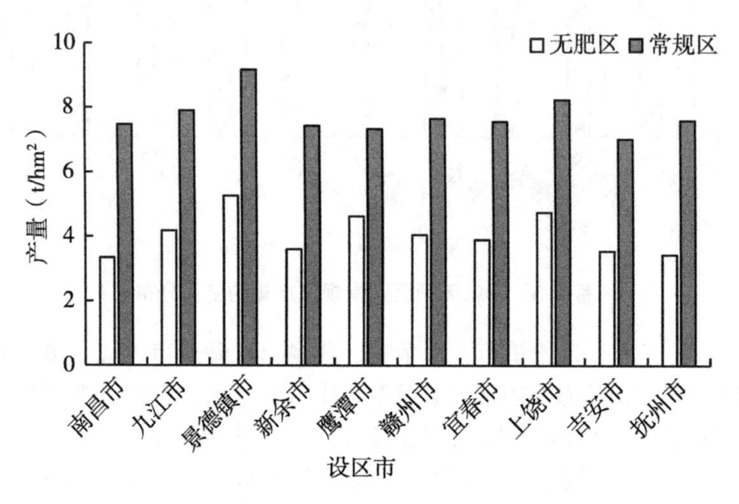

图4-5　晚稻无肥区及常规区产量的空间分布

在宜春市、赣州市、吉安市、抚州市4个设区市均布设瓜果类作物国家级耕地质量监测点，南昌市、九江市、景德镇市、萍乡市、新余市、鹰潭市及上饶市则无瓜果类作物监测点。瓜果类作物无肥区及常规区产量相较于其他作物处于较高水平，且在区域间存在较大差异。无肥区产量以宜春市最高，达到19.05 t/hm^2；赣州市、吉安市次之，分别为10.81 t/hm^2、10.65 t/hm^2；抚州市较低，为6.96 t/hm^2。常规区产量以宜春市最高，达到53.36 t/hm^2；赣州市、吉安市次之，分别为35.97 t/hm^2、27.99 t/hm^2；抚州市最低，为21.78 t/hm^2（图4-6）。

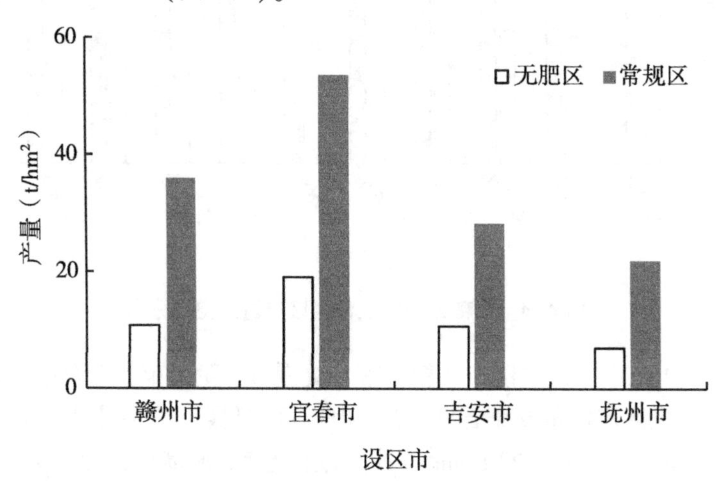

图4-6　瓜果类作物无肥区及常规区产量的空间分布

在上饶市、萍乡市、九江市、宜春市、吉安市、南昌市6个设区市均布设油料作物国家级耕地质量监测点，抚州市、赣州市、景德镇市、新余市、鹰潭市则无油料作物监测点。油料作物无肥区及常规区产量相较于其他作物处于较低水平，且在区域间存在较大差异。无肥区产量以南昌市最高，达到1.50 t/hm^2；吉安市、宜春市、九江市次之，分别为1.28 t/hm^2、1.07 t/hm^2、1.00 t/hm^2；萍乡市及上饶市较低，分别为0.91 t/hm^2和0.71 t/hm^2。常规区产量以南昌市最高，达到3.42 t/hm^2；宜春市、吉安市次之，分别为2.91 t/hm^2、2.31 t/hm^2；九江市、萍乡市、上饶市较低，分别为1.93 t/hm^2、1.93 t/hm^2、1.92 t/hm^2（图4-7）。

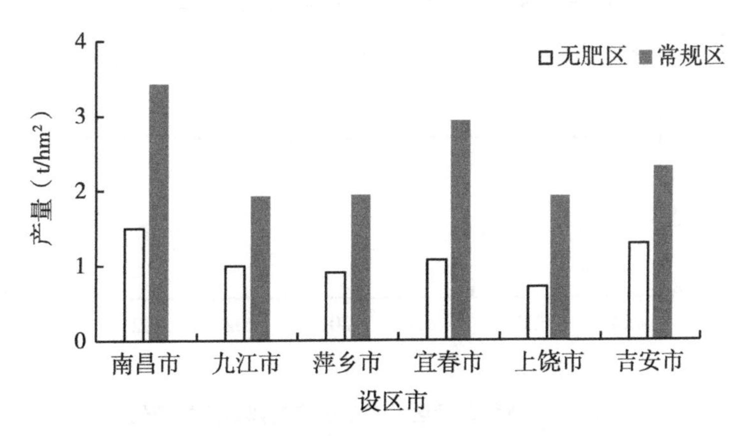

图4-7　油料作物无肥区及常规区产量的空间分布

在南昌市、九江市2个设区市均布设其他经济作物国家级耕地质量监测点，上饶市、萍乡市、宜春市、吉安市、抚州市、赣州市、景德镇市、鹰潭市则无其他经济作物监测点。其他经济作物无肥区及常规区产量相较于其他作物处于较低水平，且在区域间存在较大差异。无肥区产量以南昌市最高，达到2.15 t/hm^2；九江市较低，为1.50 t/hm^2。常规区产量以南昌市最高，达到5.77 t/hm^2；九江市最低，为3.35 t/hm^2（图4-8）。

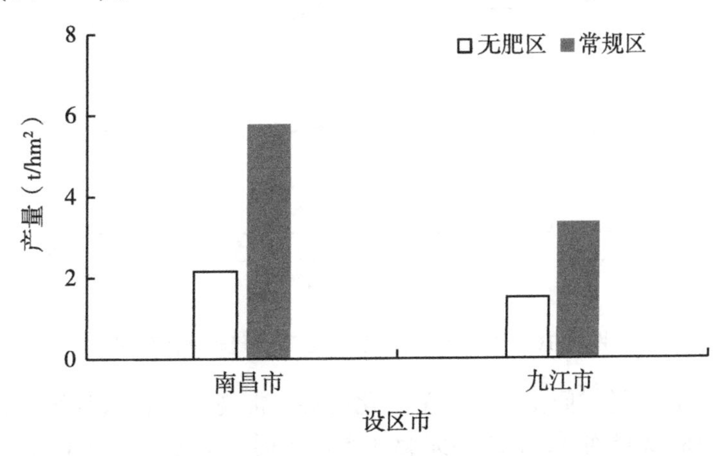

图4-8　其他经济作物无肥区及常规区产量的空间分布

三、主要粮食作物产量的时间变化趋势

2016—2022 年，水稻无肥区、常规区产量随时间推移均无明显变化趋势（图 4-9），2016 年的无肥区产量与 2022 年的无肥区产量相同，均为 4.2 t/hm^2，这说明土壤基础地力随时间推移无明显变化趋势。水稻 2016 年的常规区产量和 2022 年的常规区产量相同。

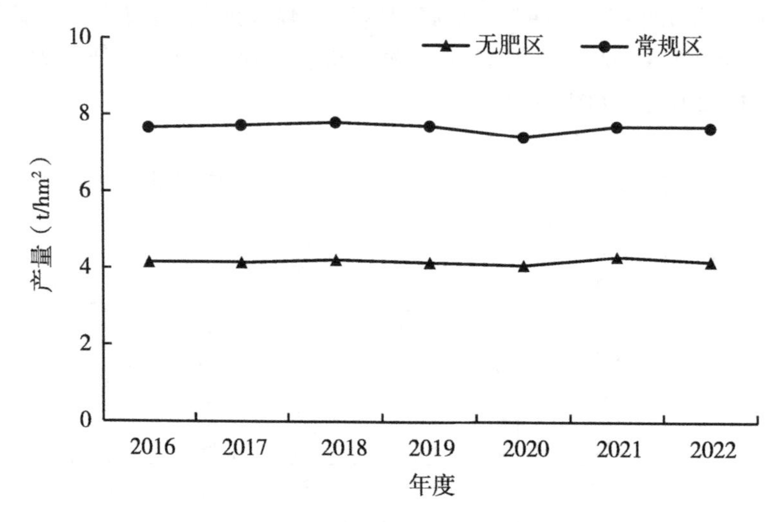

图 4-9　水稻无肥区及常规区产量随时间的变化

早稻无肥区、常规区产量随时间推移无明显的变化趋势（图 4-10）。早稻无肥区产量由 2016 年的 6.8 t/hm^2 增加到 2022 年的 7.7 t/hm^2，增加了 13.2%。常规区产量由 2016 年的 15.9 t/hm^2 降低到 2022 年的 15.2 t/hm^2，降低了 4.4%。

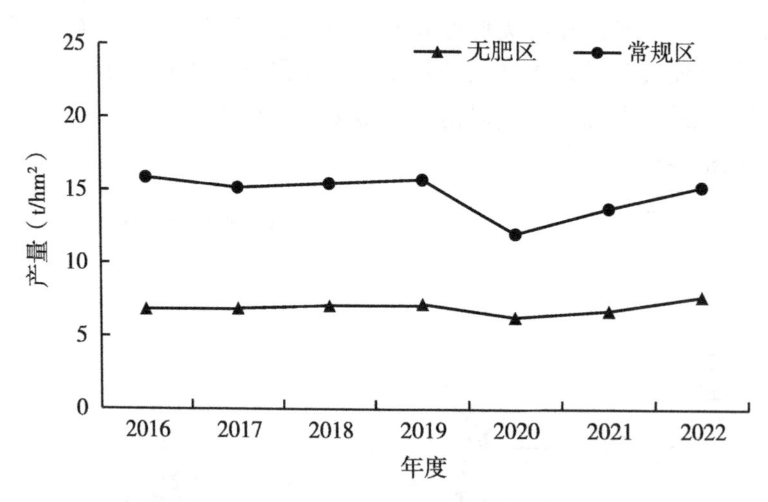

图 4-10　早稻无肥区及常规区产量随时间的变化

中稻无肥区产量随时间推移无明显变化趋势，常规区产量随时间推移呈下降趋势（图 4-11）。中稻 2016 年和 2022 年无肥区产量相同，均为 7.8 t/hm^2，无明显变化趋势。常规区产量由 2016 年的 17.3 t/hm^2 下降到 2022 年的 14.8 t/hm^2，下降了 14.5%。

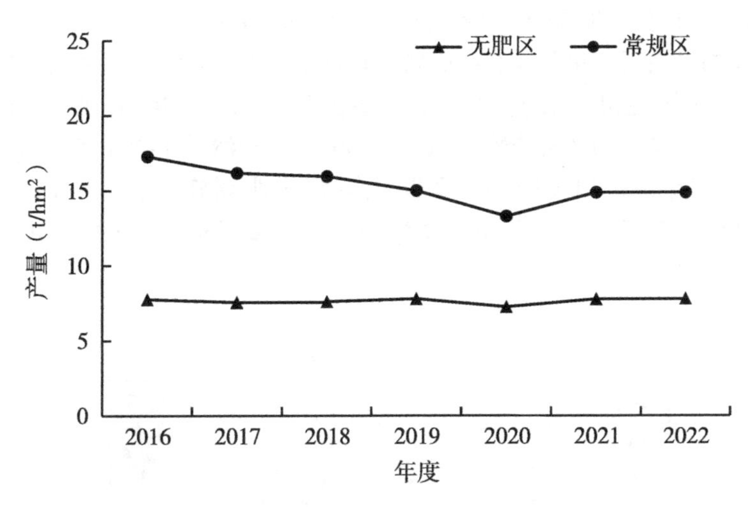

图 4-11　中稻无肥区及常规区产量随时间的变化

晚稻无肥区产量随时间推移无明显变化趋势，常规区产量随时间推移呈下降趋势（图 4-12）。晚稻无肥区产量由 2016 年的 7.4 t/hm^2 增加到 2022 的 7.6 t/hm^2，变化不大。常规区产量由 2016 年的 18.8 t/m^2 下降到 2022 年的 15.5 t/m^2，下降了 17.6%。

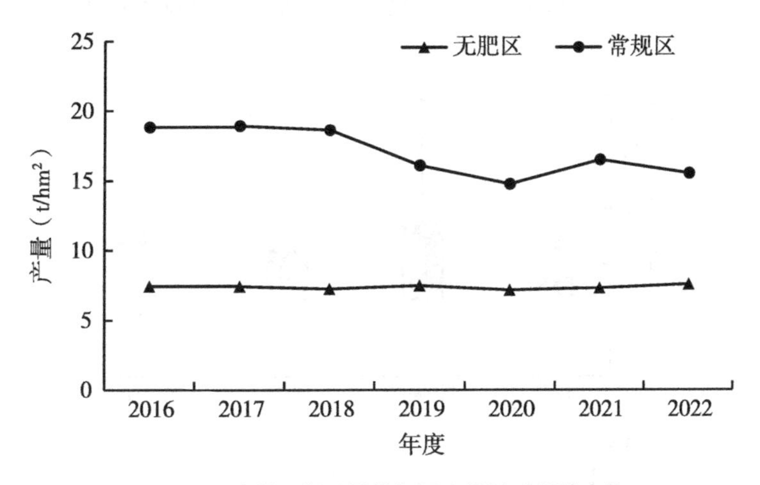

图 4-12　晚稻无肥区及常规区产量随时间的变化

第二节　主要作物肥料投入分析

一、主要作物化肥及有机肥投入现状

不同作物的化肥及有机肥氮、磷、钾施用量存在较大差异（图 4-13）。结果表明，其他经济作物化肥氮施用量最高（319.8 kg/hm^2），其次为瓜果类作物（175.0 kg/hm^2）和水稻（163.1 kg/hm^2），油料作物化肥氮施用量最低（138.2 kg/hm^2）。瓜果类作物有机肥氮施用量最高（153.0 kg/hm^2），其次为经济作物（63.2 kg/hm^2）和油料作物

（60.6 kg/hm²），水稻有机肥氮施用量最低（57.0 kg/hm²）。

在不同作物类型间，化肥及有机肥磷（P_2O_5）、钾（K_2O）用量的差异与氮肥呈现基本相似的规律（图4-13）。结果表明，瓜果类作物化肥磷施用量最高（125.4 kg/hm²），其次为经济作物（119.9 kg/hm²）和油料作物（85.5 kg/hm²），水稻化肥磷施用量最低（82.7 kg/hm²）。瓜果类作物有机肥磷施用量最高（115.6 kg/hm²），其次为油料作物（21.7 kg/hm²）和经济作物（18.0 kg/hm²），水稻有机肥磷施用量最低（16.2 kg/hm²）。

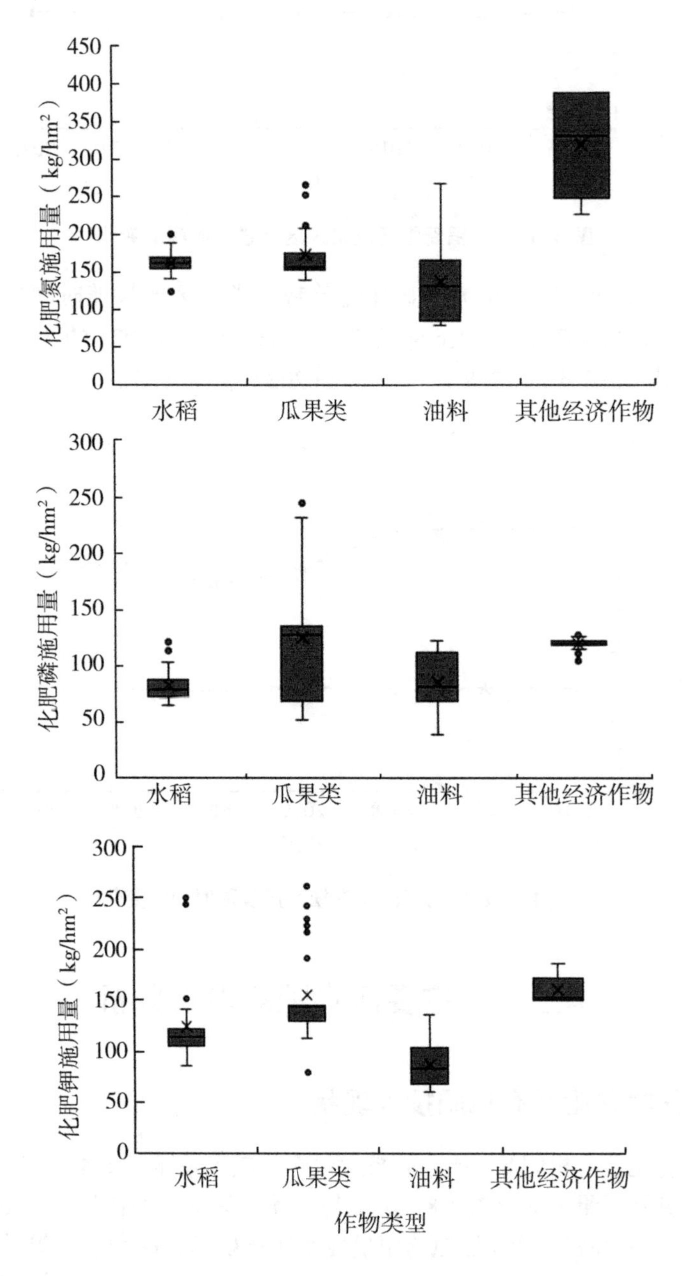

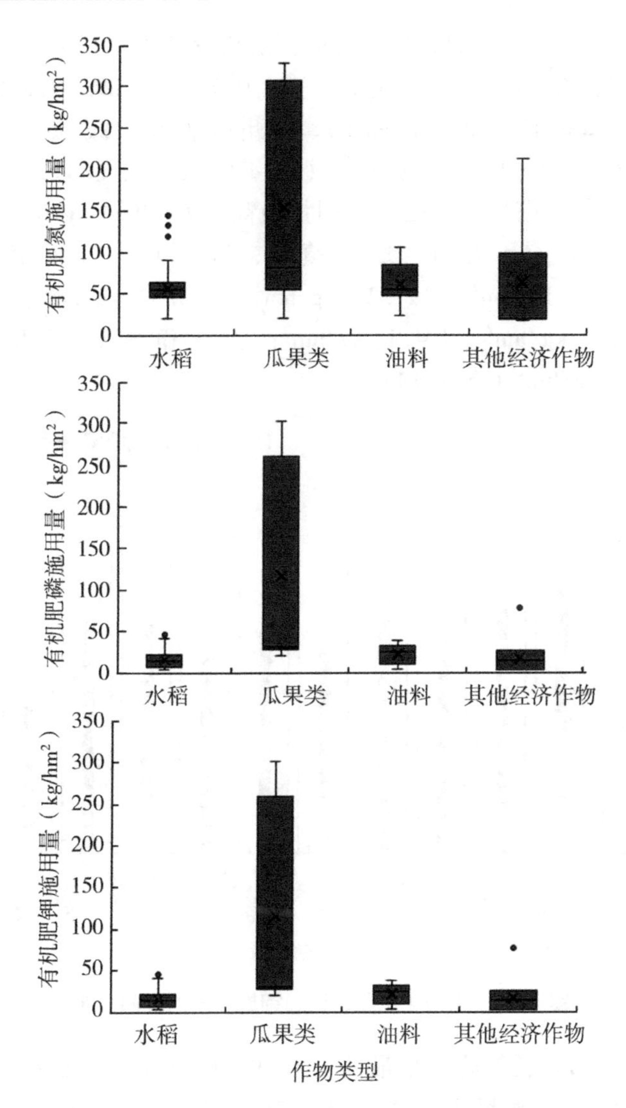

图 4-13 江西省主要作物化肥及有机肥施用量

注：氮为 N，磷为 P_2O_5，钾为 K_2O。

其他经济作物化肥钾、有机肥钾施用量分别为 159.9 kg/hm^2、71.6 kg/hm^2。瓜果类作物化肥钾、有机肥钾施用量分别为 154.2 kg/hm^2、118.8 kg/hm^2。水稻化肥钾、有机肥钾施用量分别为 124.4 kg/hm^2、89.0 kg/hm^2。油料作物化肥钾、有机肥钾施用量分别为 87.0 kg/hm^2、62.6 kg/hm^2。

二、主要作物化肥施用量的空间分布

各种作物化肥用量在各设区市间存在较大差异。对于水稻，南昌市化肥氮施用量最高，为 191.5 kg/hm^2；九江市、上饶市、抚州市、鹰潭市、宜春市、萍乡市、景德镇市次之，分别为 187.9 kg/hm^2、166.9 kg/hm^2、166.1 kg/hm^2、163.2 kg/hm^2、162.1 kg/hm^2、161.0 kg/hm^2、160.3 kg/hm^2；新余市、赣州市、吉安市较低，分别为

157.1 kg/hm²、156.6 kg/hm²、152.1 kg/hm²。化肥磷施用量由高到低依次为南昌市（95.4 kg/hm²）、宜春市（89.8 kg/hm²）、上饶市（89.7 kg/hm²）、萍乡市（87.6 kg/hm²）、景德镇市（82.5 kg/hm²）、抚州市（80.4 kg/hm²）、吉安市（76.2 kg/hm²）、九江市（74.7 kg/hm²）、赣州市（74.4 kg/hm²）、新余市（72.0 kg/hm²）、鹰潭市（66.1 kg/hm²）。南昌市化肥钾施用量最高，为 149.4 kg/hm²；萍乡市、九江市、抚州市、宜春市、上饶市、景德镇市、鹰潭市、新余市次之，分别为 128.8 kg/hm²、121.6 kg/hm²、117.2 kg/hm²、115.8 kg/hm²、114.7 kg/hm²、112.7 kg/hm²、110.4 kg/hm²、104.1 kg/hm²；吉安市和赣州市较低，分别为 96.7 kg/hm²和 96.6 kg/hm²（图 4-14）。

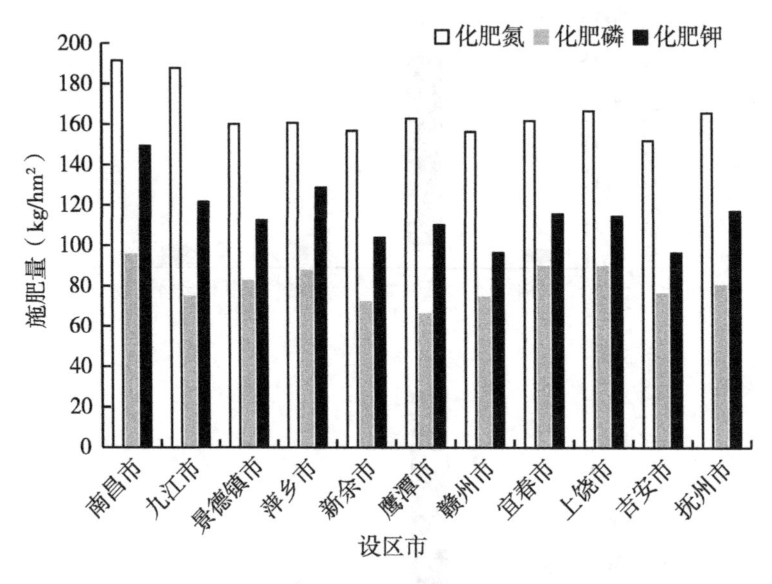

图 4-14 水稻化肥氮、磷、钾施用量的空间分布

对于早稻，南昌市化肥氮施用量最高，为 194.1 kg/hm²；九江市、上饶市、吉安市、抚州市、宜春市、鹰潭市、赣州市、新余市次之，分别为 165.7 kg/hm²、161.2 kg/hm²、159.9 kg/hm²、159.2 kg/hm²、159.1 kg/hm²、158.4 kg/hm²、153.5 kg/hm²、151.0 kg/hm²；景德镇市最低，为 144.0 kg/hm²。化肥磷施用量由高到低依次为南昌市（110.0 kg/hm²）、上饶市（86.7 kg/hm²）、宜春市（86.0 kg/hm²）、新余市（80.8 kg/hm²）、景德镇市（79.0 kg/hm²）、抚州市（78.5 kg/hm²）、九江市（77.3 kg/hm²）、吉安市（72.7 kg/hm²）、赣州市（69.1 kg/hm²）、鹰潭市（66.4 kg/hm²）。化肥钾施用量由高到低依次为南昌市（152.2 kg/hm²）、九江市（147.5 kg/hm²）、抚州市（116.8 kg/hm²）、宜春市（111.0 kg/hm²）、鹰潭市（106.2 kg/hm²）、上饶市（104.8 kg/hm²）、景德镇市（99.4 kg/hm²）、新余市（98.8 kg/hm²）、吉安市（95.8 kg/hm²）、赣州市（91.6 kg/hm²）（图 4-15）。

对于中稻，南昌市、九江市化肥氮施用量较高，分别为 173.7 kg/hm²、165.2 kg/hm²；景德镇市、萍乡市、新余市、赣州市、宜春市、上饶市、吉安市次之，

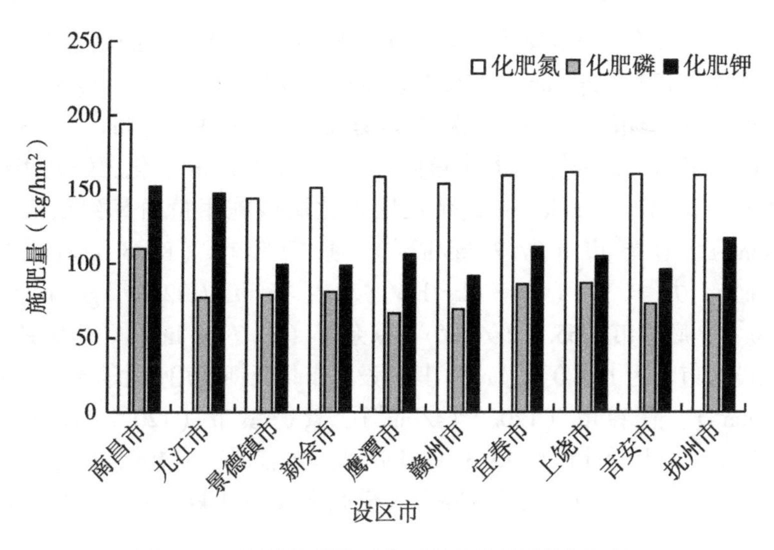

图 4-15　早稻化肥氮、磷、钾施用量的空间分布

分别为 162.7 kg/hm²、161.8 kg/hm²、161.0 kg/hm²、159.7 kg/hm²、159.6 kg/hm²、157.0 kg/hm²、156.2 kg/hm²；抚州市最低，为 133.1 kg/hm²。化肥磷施用量由高到低依次为宜春市（95.9 kg/hm²）、上饶市（89.8 kg/hm²）、南昌市（88.6 kg/hm²）、景德镇市（87.9 kg/hm²）、萍乡市（87.6 kg/hm²）、抚州市（84.7 kg/hm²）、吉安市（83.3 kg/hm²）、赣州市（81.7 kg/hm²）、九江市（72.6 kg/hm²）、新余市（71.6 kg/hm²）。化肥钾施用量由高到低依次为南昌市（135.0 kg/hm²）、萍乡市（128.8 kg/hm²）、上饶市（125.9 kg/hm²）、景德镇市（118.4 kg/hm²）、宜春市（116.1 kg/hm²）、新余市（109.9 kg/hm²）、赣州市（108.2 kg/hm²）、九江市（106.9 kg/hm²）、抚州市（104.1 kg/hm²）、吉安市（95.1 kg/hm²）（图 4-16）。

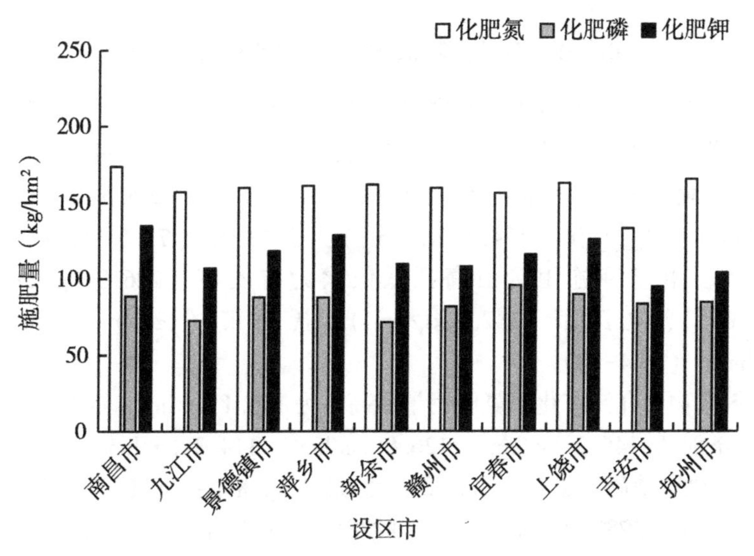

图 4-16　中稻化肥氮、磷、钾施用量的空间分布

对于晚稻，南昌市、景德镇市、上饶市、抚州市、宜春市化肥氮施用量较高，分别为206.6 kg/hm^2、177.3 kg/hm^2、176.9 kg/hm^2、173.8 kg/hm^2、170.9 kg/hm^2；鹰潭市、吉安市、新余市、九江市次之，分别为167.9 kg/hm^2、163.5 kg/hm^2、158.5 kg/hm^2、158.1 kg/hm^2；赣州市最低，为156.6 kg/hm^2。化肥磷施用量南昌市大于其他设区市，为87.6 kg/hm^2；其余设区市化肥磷施用量由高到低依次为上饶市（92.6 kg/hm^2）、宜春市（87.7 kg/hm^2）、景德镇市（80.8 kg/hm^2）、抚州市（77.9 kg/hm^2）、九江市（74.3 kg/hm^2）、吉安市（72.5 kg/hm^2）、赣州市（72.4 kg/hm^2）、鹰潭市（65.8 kg/hm^2）、新余市（63.7 kg/hm^2）。化肥钾施用量南昌市大于其他设区市，为161.0 kg/hm^2；其余设区市化肥钾施用量由高到低依次为抚州市（130.7 kg/hm^2）、宜春市（120.2 kg/hm^2）、景德镇市（120.2 kg/hm^2）、鹰潭市（114.7 kg/hm^2）、上饶市（113.3 kg/hm^2）、九江市（110.4 kg/hm^2）、新余市（103.6 kg/hm^2）、吉安市（99.2 kg/hm^2）、赣州市（90.1 kg/hm^2）（图4-17）。

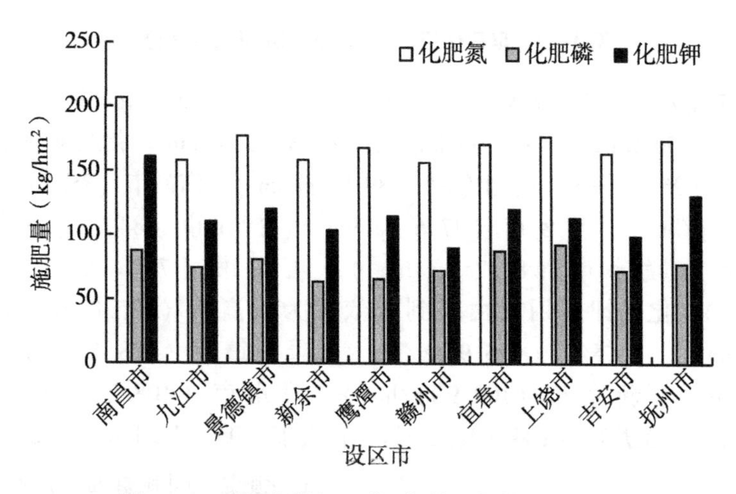

图4-17　晚稻化肥氮、磷、钾施用量的空间分布

对于瓜果类作物，吉安市化肥氮施用量最高，为244.6 kg/hm^2；宜春市、赣州市、九江市、抚州市次之，分别为176.5 kg/hm^2、157.5 kg/hm^2、153.4 kg/hm^2、143.4 kg/hm^2。化肥磷施用量由高到低依次为吉安市（205.5 kg/hm^2）、赣州市（135.0 kg/hm^2）、抚州市（124.5 kg/hm^2）、宜春市（72.5 kg/hm^2）、九江市（66.6 kg/hm^2）。化肥钾施用量由高到低依次为吉安市（226.8 kg/hm^2）、赣州市（143.8 kg/hm^2）、九江市（142.9 kg/hm^2）、抚州市（124.5 kg/hm^2）、宜春市（117.5 kg/hm^2）（图4-18）。

对于油料作物，九江市化肥氮施用量最高，为146.1 kg/hm^2；上饶市、宜春市、萍乡市次之，分别为145.2 kg/hm^2、126.0 kg/hm^2、114.3 kg/hm^2；南昌市最低，为81.1 kg/hm^2。化肥磷施用量萍乡市最高，为85.5 kg/hm^2；九江市、宜春市、上饶市、南昌市次之，分别为78.7 kg/hm^2、78.3 kg/hm^2、69.5 kg/hm^2、63.9 kg/hm^2。化肥钾施用量萍乡市最高，为115.7 kg/hm^2；九江市、宜春市、上饶市、南昌市次之，分别为94.7 kg/hm^2、83.1 kg/hm^2、75.2 kg/hm^2、74.4 kg/hm^2（图4-19）。

对于其他经济作物，南昌市和九江市化肥氮施用量分别为 390.0 kg/hm^2、249.7 kg/hm^2，化肥磷施用量分别为 120.0 kg/hm^2、119.7 kg/hm^2，化肥钾施用量分别为 150.0 kg/hm^2、169.9 kg/hm^2（图 4-20）。

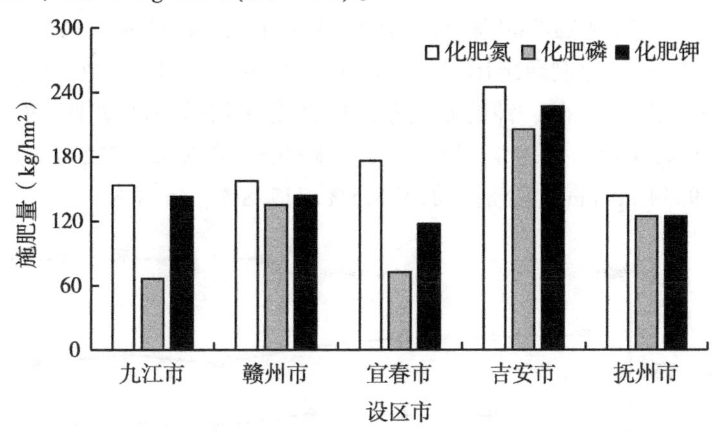

图 4-18　瓜果类作物化肥氮、磷、钾施用量的空间分布

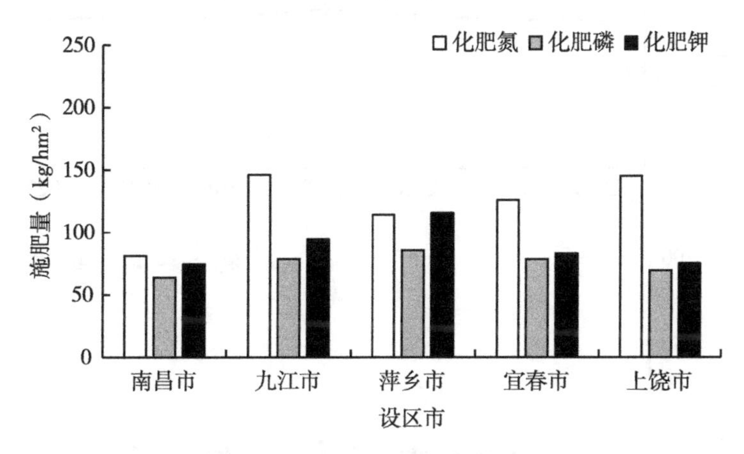

图 4-19　油料作物化肥氮、磷、钾施用量的空间分布

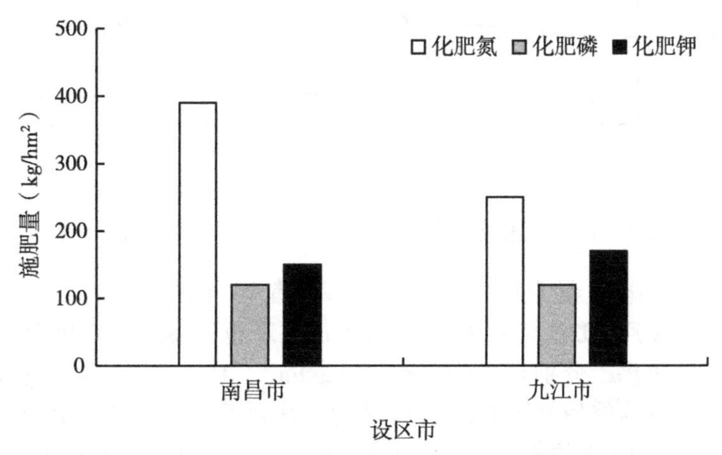

图 4-20　其他经济作物化肥氮、磷、钾施用量的空间分布

三、主要粮食作物肥料施用量的时间变化趋势

水稻化肥氮、钾施用量随时间的变化均呈下降的趋势（图 4-21），分别从 2016 年的 170.6 kg/hm²、126.9 kg/hm² 降低到 2022 年的 154.6 kg/hm²、120.1 kg/hm²，分别降低了 9.4%、7.3%。化肥磷施用量则随时间无明显变化趋势，在 81.0～87.0 kg/hm² 范围内波动。有机肥氮、磷、钾的施用量随时间变化均呈现波动上升的趋势，分别从 2016 年的 50.1 kg/hm²、12.9 kg/hm²、82.4 kg/hm² 增加到 2022 年的 54.5 kg/hm²、15.2 kg/hm²、95.4 kg/hm²，分别增加了 8.8%、17.8%、15.8%。

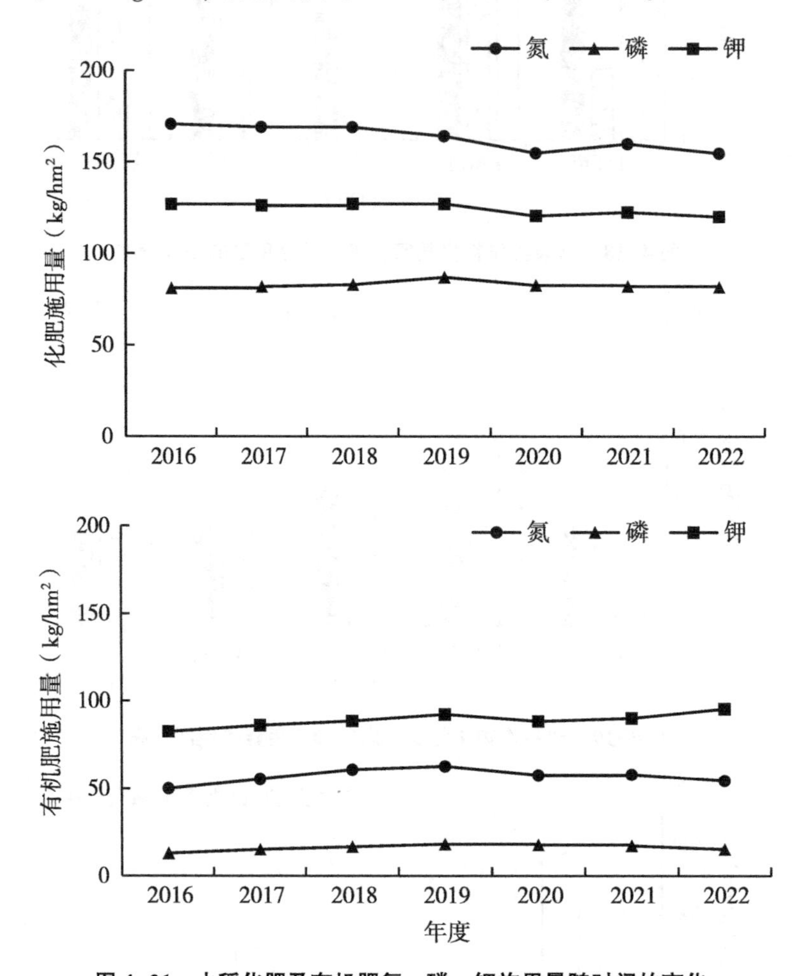

图 4-21　水稻化肥及有机肥氮、磷、钾施用量随时间的变化

早稻化肥氮施用量随时间呈下降的趋势（图 4-22），由 2016 年的 172.5 kg/hm²降低到 2022 年的 158.4 kg/hm²，降低了 8.2%。化肥磷、钾施用量则随时间无明显变化，分别在 79.1～81.9 kg/hm²、107.1～118.7 kg/hm² 范围内波动。有机肥氮、磷的施用量随时间均呈现先上升后下降的趋势，有机肥钾的施用量随时间呈现波动上升的趋势，由 2016 年的 69.6 kg/hm² 增加到 2022 年的 87.1 kg/hm²，增加了 25.1%。

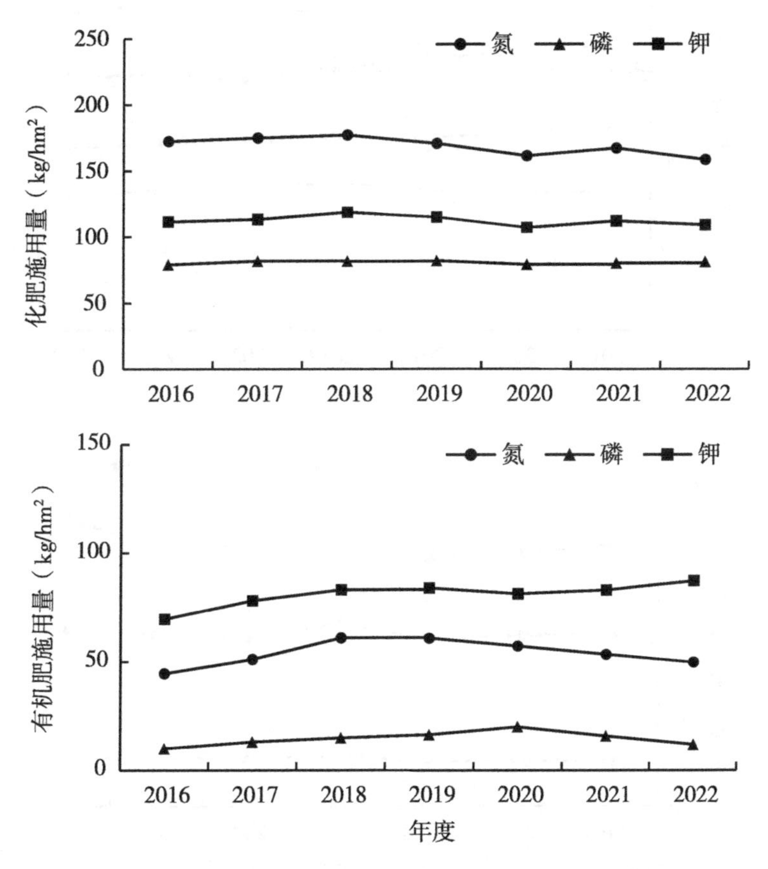

图 4-22 早稻化肥及有机肥氮、磷、钾施用量随时间的变化

中稻化肥氮、钾施用量随时间均呈下降趋势（图 4-23），分别从 2016 年的 170.3 kg/hm^2、119.9 kg/hm^2 降低到 2022 年的 151.2 kg/hm^2、109.6 kg/hm^2，分别降低了 11.2%、8.6%。化肥磷施用量则随时间呈现先升高后下降趋势，2019 年为最高值（88.6 kg/hm^2）。有机肥氮、磷的施用量随时间均无明显变化趋势，有机肥钾的施用量随时间呈波动上升趋势，由 2016 年的 96.5 kg/hm^2 增加到 2022 年的 106.1 kg/hm^2，增加了 9.9%。

晚稻化肥氮、钾施用量随时间均呈下降的趋势（图 4-24），分别从 2016 年的 167.0 kg/hm^2、148.7 kg/hm^2 降低到 2022 年的 150.6 kg/hm^2、141.3 kg/hm^2，分别降低了 9.8%、5.2%。化肥磷施用量则随时间无明显变化趋势，在 81.2~86.6 kg/hm^2 范围内波动。有机肥氮、磷、钾的施用量随时间均呈现上升的趋势，分别从 2016 年的 40.4 kg/hm^2、9.8 kg/hm^2、81.7 kg/hm^2 增加到 2022 年的 49.2 kg/hm^2、14.8 kg/hm、97.5 kg/hm^2，分别增加了 21.8%、51.0%、19.3%。

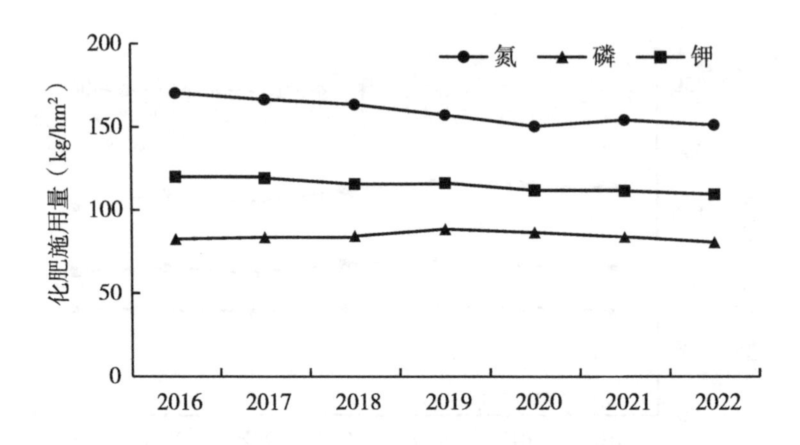

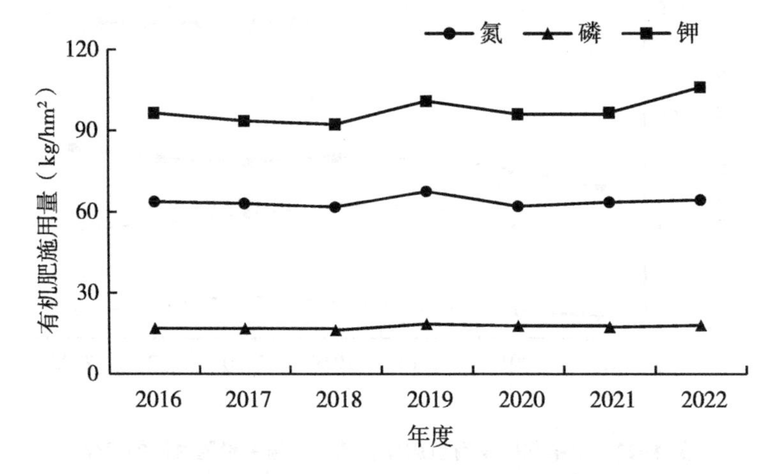

图 4-23　中稻化肥及有机肥氮、磷、钾施用量随时间的变化

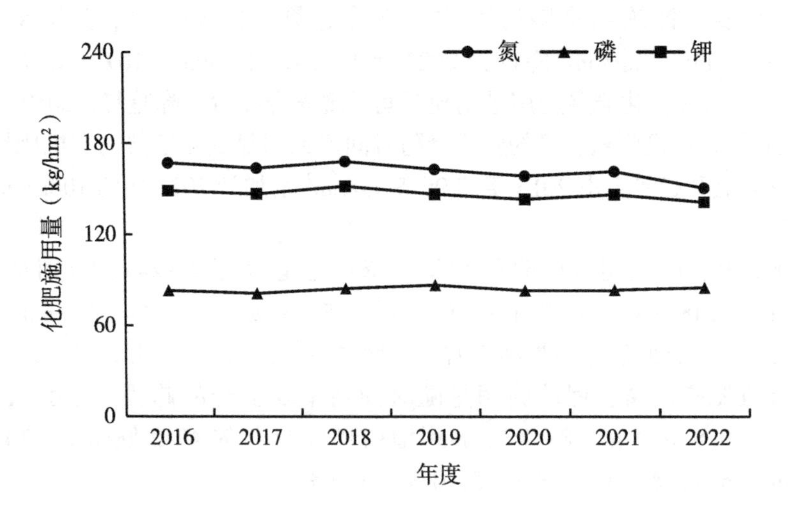

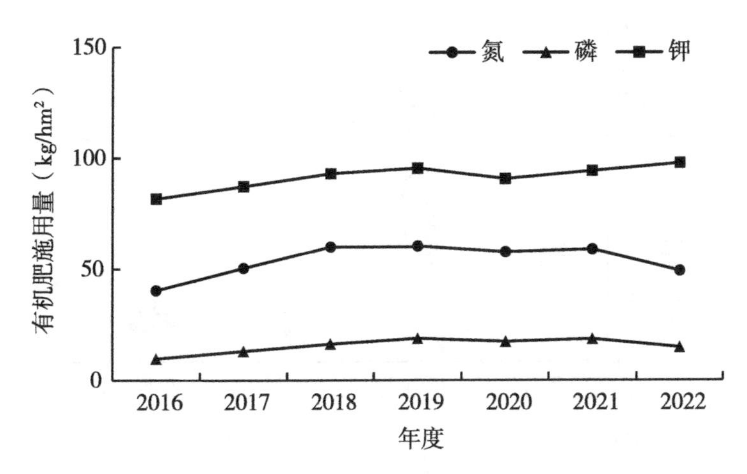

图 4-24　晚稻化肥及有机肥氮、磷、钾施用量随时间的变化

第三节　江西省主要作物肥料效率

肥料偏生产力表示单位化肥的投入所能产生的作物产量，已被国内外广泛使用。从图 4-25 可以看出，不同作物肥料偏生产力差异较大。水稻、瓜果类作物肥料氮偏生产力较高，分别为 35.8 kg/kg、96.5 kg/kg；油料作物次之，为 14.7 kg/kg；其他经济作物的肥料氮偏生产力较低，为 11.7 kg/kg。肥料磷、钾偏生产力均大于肥料氮偏生产力。水稻和瓜果类作物肥料磷偏生产力处于较高水平，分别为 80.3 kg/kg、128.3 kg/kg；其他经济作物次之，为 34.4 kg/kg；油料作物肥料磷偏生产力为 23.9 kg/kg。水稻、瓜果类作物肥料钾偏生产力处于较高水平，分别为 37.7 kg/kg、116.4 kg/kg；其次为其他经济作物，为 21.3 kg/kg；油料作物肥料钾偏生产力较低，为 17.6 kg/kg。

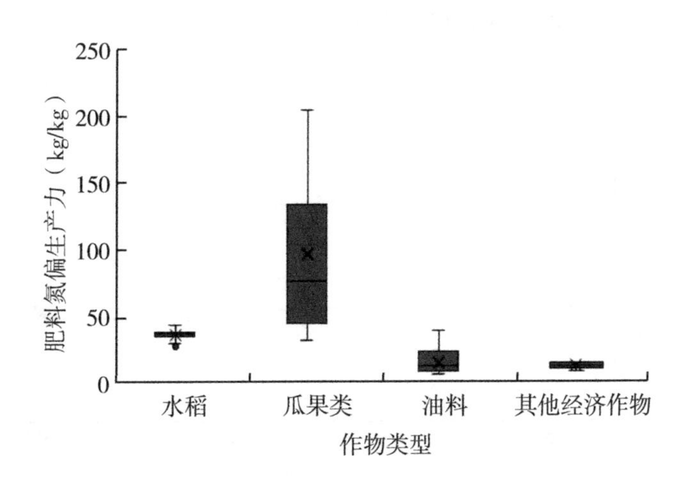

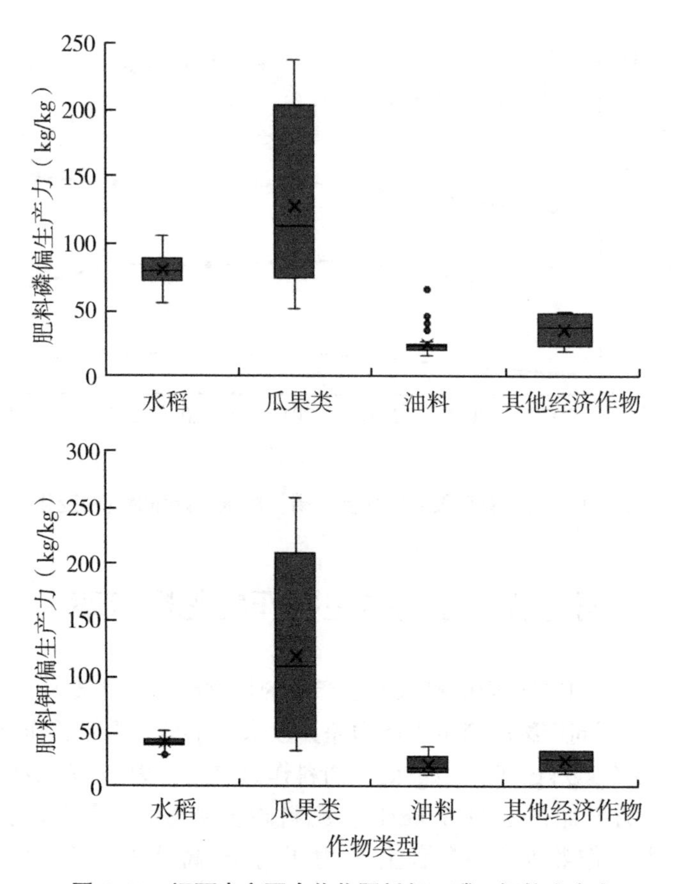

图 4-25　江西省主要农作物肥料氮、磷、钾偏生产力

水稻肥料氮偏生产力随着时间的推移呈现缓慢增加的趋势，从 2016 年的 35.3 kg/kg增加到 2022 年的 37.4 kg/kg，增加了 5.9%。肥料磷偏生产力随时间呈现先下降后上升的趋势，在 2019—2020 年最低。肥料钾偏生产力随时间推移无明显变化趋势，在 39.7~41.4 kg/kg 范围内波动（图 4-26）。

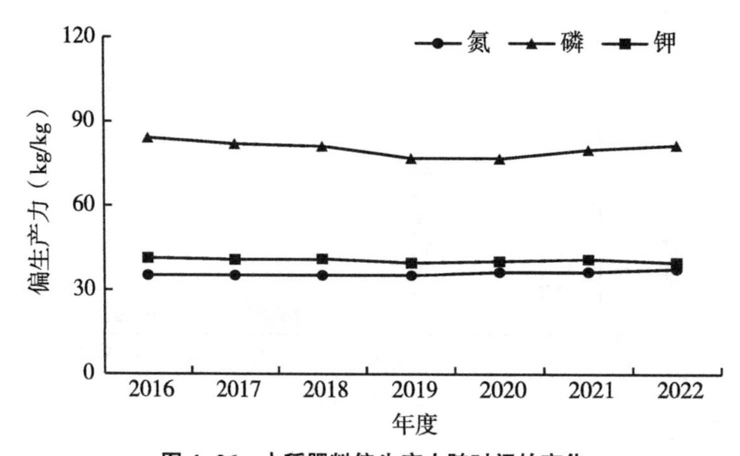

图 4-26　水稻肥料偏生产力随时间的变化

早稻肥料氮偏生产力随着时间的推移呈现缓慢增加的趋势，从 2016 年的 32. 8 kg/kg增加到 2022 年的 35. 9 kg/kg，增加了 9. 5%。肥料磷偏生产力随时间呈现先下降后上升的趋势，在 2019—2020 年最低。肥料钾偏生产力随时间推移无明显变化趋势，在 38. 5~42. 0 kg/kg 范围内波动（图 4-27）。

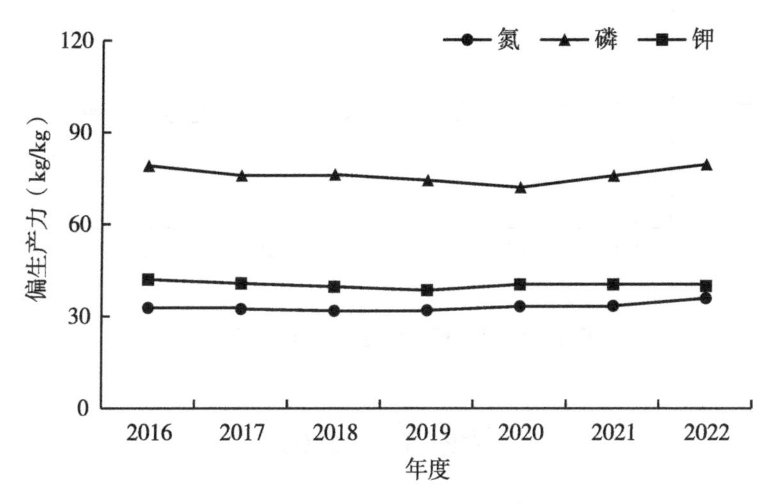

图 4-27　早稻肥料偏生产力随时间的变化

中稻肥料氮偏生产力随着时间的推移呈现缓慢增加的趋势，从 2016 年的 35. 3 kg/kg增加到 2022 年的 38. 0 kg/kg，增加了 7. 6%。肥料磷、钾偏生产力随时间的推移均无明显变化规律，分别在 77. 3 ~ 84. 0 kg/kg、39. 7 ~ 42. 4 kg/kg 范围内波动(图 4-28)。

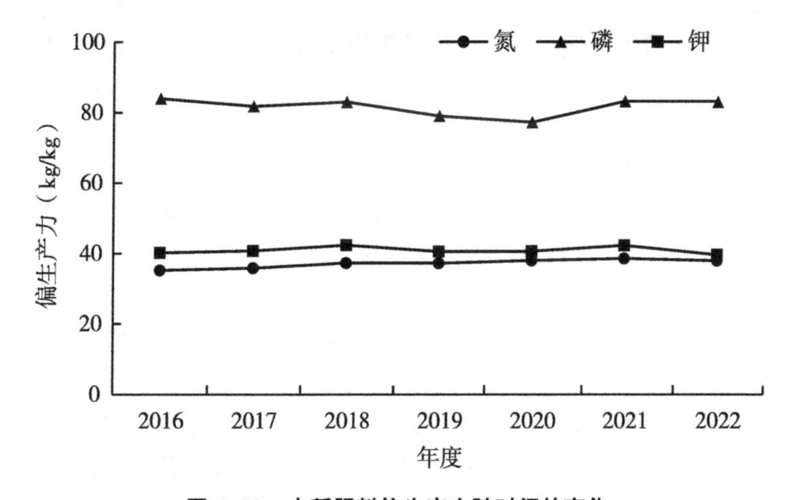

图 4-28　中稻肥料偏生产力随时间的变化

晚稻肥料氮、钾偏生产力随时间的推移无明显变化规律，分别在 35. 8 ~ 39. 10 kg/kg、39. 8~42. 5 kg/kg 范围内波动。肥料磷偏生产力随着时间的推移呈现先下降后上升的趋势，2019 年最低，为 78. 2 kg/kg（图 4-29）。

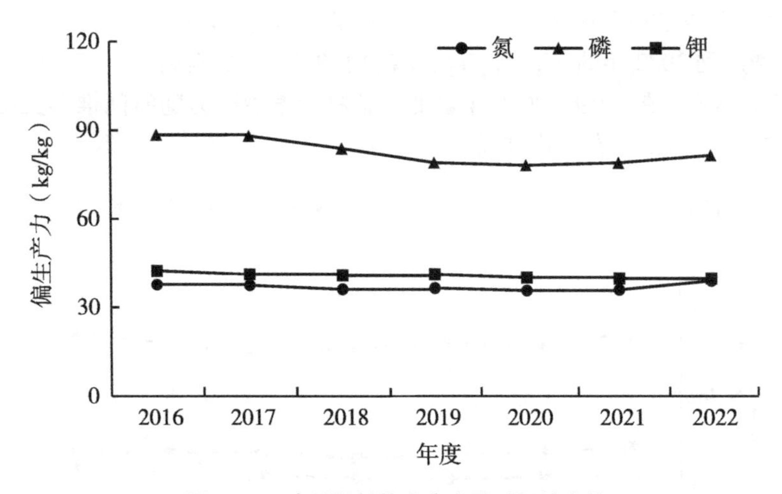

图 4-29　晚稻肥料偏生产力随时间的变化

第四节　小结

根据江西省主要作物产量和肥料投入的数据可知，不同作物无肥区产量和常规区产量均存在较大差异。无肥区瓜果类作物产量最高，其次为水稻、其他经济作物，油料作物产量处于较低水平。常规区水稻、瓜果类作物产量处于较高水平，其他经济作物次之，油料作物产量处于较低水平。江西省主要作物产量空间分布差异较大，其中，水稻无肥区产量萍乡市最高，南昌市最低，常规区产量景德镇市最高，鹰潭市最低；早稻无肥区产量鹰潭市最高，南昌市最低，常规区产量新余市最高，九江市最低；中稻无肥区产量萍乡市最高，南昌市最低，常规区产量景德镇市最高，九江市最低；晚稻无肥区产量及常规区产量均景德镇市最高，无肥区产量南昌市最低，常规区产量吉安市最低；瓜果类作物、油料作物、其他经济作物无肥区产量及常规区产量分别以宜春市、南昌市、南昌市最高，抚州市、上饶市、九江市最低。过去 7 年（2016—2022 年），水稻、早稻无肥区产量、常规区产量均随时间推移均无明显变化趋势；中稻、晚稻无肥区产量均随时间推移无明显变化趋势，常规区产量均随时间推移呈下降趋势。

江西省不同作物化肥和有机肥氮、磷、钾投入差异较大。其中，其他经济作物化肥氮施用量最高，油料作物化肥氮施用量最低，瓜果类作物有机肥氮施用量最高，水稻有机肥氮施用量最低；瓜果类作物化肥磷和有机肥磷施用量最高，水稻化肥磷和有机肥磷施用量最低；其他经济作物化肥钾施用量最高，油料作物化肥钾施用量最低，瓜果类作物有机肥钾施用量最高，其他经济作物有机肥钾施用量最低。各主要作物化肥投入空间差异较大，其中，水稻南昌市化肥氮施用量最高，吉安市化肥氮施用量最低；化肥磷南昌市施用量最高，鹰潭市施用量最低；化肥钾南昌市施用量最高，赣州市施用量最低。早稻南昌市化肥氮施用量最高，景德镇市化肥氮施用量最低；化肥磷南昌市施用量最高，鹰潭市施用量最低；化肥钾南昌市施用量最高，赣州市施用量最低。中稻南昌市化肥氮施用量最高，抚州市化肥氮施用量最低；化肥磷宜春市施用量最高，新余市施用量最低；化肥钾南昌市施用量最高，吉安市施用量最低。晚稻南昌市化肥氮施用量最高，赣州市化肥氮施用量最低；化肥磷南昌市施用量最高，新余市施用量最低；化肥钾南昌市施用量最高，赣州市施用量最低。瓜果类作物吉安市化肥氮施用量最高，抚州市化肥氮施用量最低；化肥磷吉安市施用量最高，九江市施用量最低；化肥钾吉安市施用量最高，宜春市施用量最低。油料作物九江市化肥氮施用量最高，南昌市化肥氮施用量最低；化肥磷萍乡市施用量最高，南昌市施用量最低；化肥钾萍乡市施用量最高，南昌市施用量最低。其他经济作物南昌市化肥氮、磷施用量最高，九江市化肥氮、磷施用量最低；化肥钾九江市施用量最高，南昌市施用量最低。江西省水稻化肥氮、钾施用量随时间均呈现下降的趋势，化肥磷施用量则随时间无明显变化趋势；有机肥氮、磷、钾的施用量随时间均呈现波动上升的趋势。早稻化肥氮施用量随时间呈现下降的趋势，化肥磷、钾施用量则随时间无明显变化趋势；有机肥氮、磷的施用量随时间均呈现先上升后下降的趋势，有机肥钾的施用量随时间呈现波动上升的趋势。中稻化肥氮、钾施用量随时间均呈现下降的趋势，化肥磷施用量则随时间呈现先上升后下降的趋势；有机肥氮、磷的施用量随时间均无明显变化趋势，有机肥钾的施用量随时间波动上升。晚稻化肥氮、钾施用量随时间均呈现下降的趋势，化肥磷施用量则随时间无明显变化趋势；有机肥氮、磷、钾的施用量随时间均呈现上升的趋势。

江西省不同作物肥料偏生产力存在较大差异，肥料磷、钾偏生产力均大于肥料氮偏生产力，其中，水稻、瓜果类作物肥料氮偏生产力较高，其他经济作物肥料氮偏生产力较低；水稻和瓜果类作物肥料磷偏生产力处于较高水平，油料作物肥料磷偏生产力较低；水稻、瓜果类作物肥料钾偏生产力处于较高水平，油料作物肥料钾偏生产力较低。水稻肥料氮偏生产力随着时间的推移呈现缓慢增加的趋势，肥料磷偏生产力随时间呈现先下降后上升的趋势，肥料钾偏生产力随时间推移无明显变化趋势；早稻肥料氮偏生产力随着时间的推移呈现缓慢增加的趋势，肥料磷偏生产力随时间呈现先下降后上升的趋势，肥料钾偏生产力随时间推移无明显变化趋势；中稻肥料氮偏生产力随着时间的推移呈现缓慢增加的趋势，肥料磷、肥料钾偏生产力随时间推移无明显变化规律；晚稻肥料氮、钾偏生产力随时间推移无明显变化规律，肥料磷偏生产力随着时间的推移呈现先下降后上升的趋势。

第五章　江西省耕地基础地力变化

第一节　江西省主要作物基础产量变化分析

一、主要粮食作物基础产量现状分析

2016—2022 年全省监测数据样本共 4 657个，覆盖了全省 11 个设区市，用它们来评估全省主要粮食作物土壤基础肥力现状。全省主要粮食作物基础产量（无肥区产量）如图 5-1 所示。

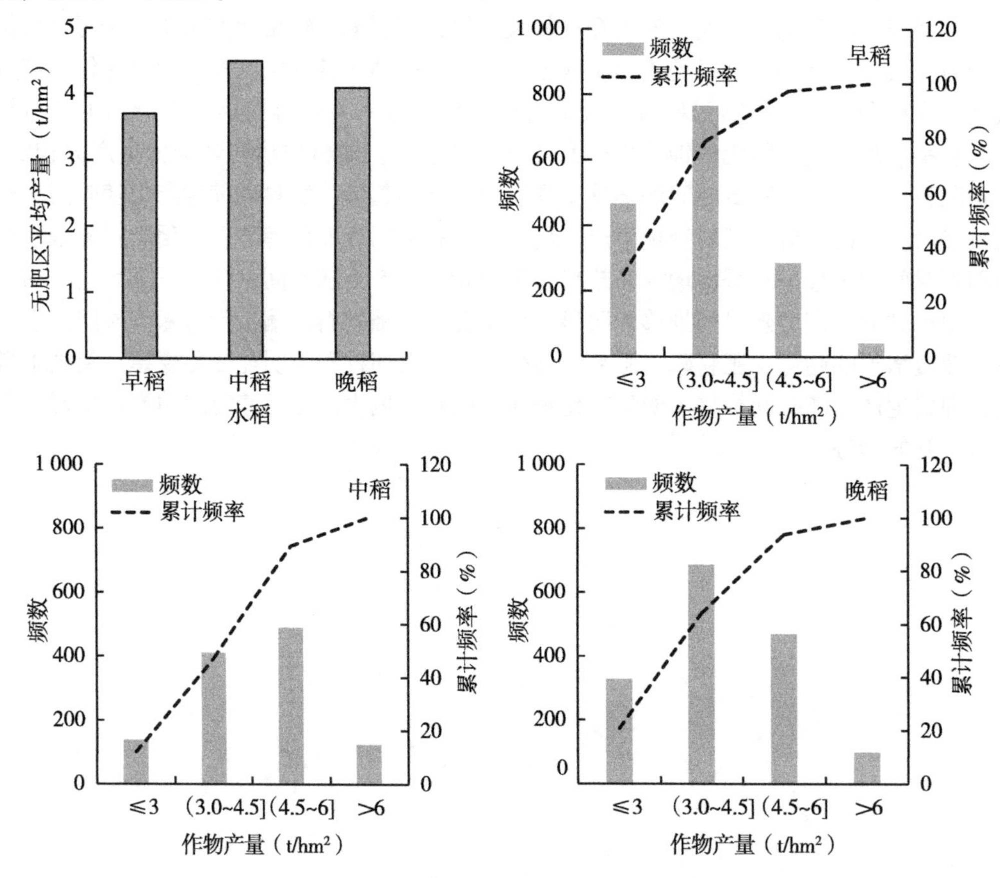

图 5-1　主要粮食作物无肥区产量

结果表明，不同设区市水稻无肥区产量存在较大差异。早稻、中稻和晚稻产量分别为3.7 t/hm^2、4.5 t/hm^2 和4.1 t/hm^2。中稻无肥区产量较高，主要分布在（3~4.5］和（4.5~6］两个区间（单位：t/hm^2），其占比分别为35.3%和42.1%；分布在>6 区间（单位：t/hm^2）的占比较低，其数值为10.7%。早稻无肥区产量较低，主要分布在≤3和（3~4.5］两个区间（单位：t/hm^2），其占比分别为29.9%和49.1%；分布在（4.5~6］区间（单位：t/hm^2）的占比为18.4%；分布在>6 区间（单位：t/hm^2）的占比较低，为2.7%。晚稻无肥区产量主要分布在（3~4.5］和（4.5~6］两个区间（单位：t/hm^2），其占比分别为43.3%和29.7%；分布在>6 t/hm^2 区间（单位：t/hm^2）的占比较低，为6.3%。

二、主要粮食作物产量的空间分布

早稻在南昌市、九江市、景德镇市、新余市、鹰潭市、赣州市、宜春市、上饶市、吉安市、抚州市均布设长期监测点。早稻无肥区产量在各个设区市间存在较大差异。鹰潭市早稻无肥区产量最高，为4.4 t/hm^2；其次为景德镇市、上饶市、九江市、赣州市、宜春市、吉安市、新余市，分别为4.3 t/hm^2、4.1 t/hm^2、4.1 t/hm^2、3.9 t/hm^2、3.6 t/hm^2、3.4 t/hm^2、3.3 t/hm^2；再次为抚州市（3.2 t/hm^2）；最低为南昌市（3.0 t/hm^2）（图5-2）。

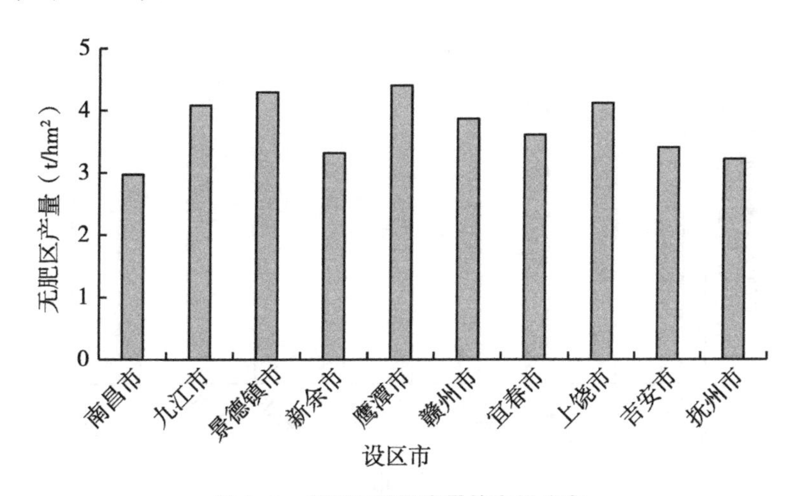

图5-2　早稻无肥区产量的空间分布

中稻在南昌市、九江市、景德镇市、萍乡市、新余市、赣州市、宜春市、上饶市、吉安市、抚州市均布设长期监测点。中稻无肥区产量在各个设区市间存在较大差异。萍乡市中稻无肥区产量最高，为5.2 t/hm^2；其次为宜春市、景德镇市、九江市、抚州市、赣州市、新余市、吉安市，分别为4.9 t/hm^2、4.9 t/hm^2、4.7 t/hm^2、4.4 t/hm^2、4.4 t/hm^2、4.3 t/hm^2、4.2 t/hm^2；再次为上饶市（4.1 t/hm^2）；最低为南昌市（3.9 t/hm^2）（图5-3）。

晚稻在南昌市、九江市、景德镇市、新余市、鹰潭市、赣州市、宜春市、上饶市、吉安市、抚州市均布设长期监测点。晚稻无肥区产量在各个设区市间存在较大差异。景德镇市晚稻无肥区产量最高，为 5.3 t/hm^2；其次为上饶市、鹰潭市、九江市、赣州市、宜春市、新余市、吉安市，分别为 4.7 t/hm^2、4.6 t/hm^2、4.2 t/hm^2、4.0 t/hm^2、3.9 t/hm^2、3.6 t/hm^2、3.5 t/hm^2；再次为抚州市（3.4 t/hm^2）；最低为南昌市（3.3 t/hm^2）（图 5-4）。

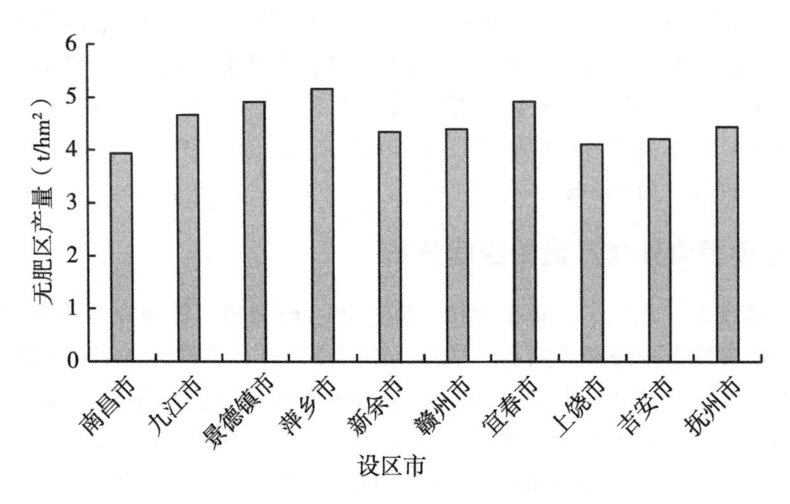

图 5-3　中稻无肥区产量的空间分布

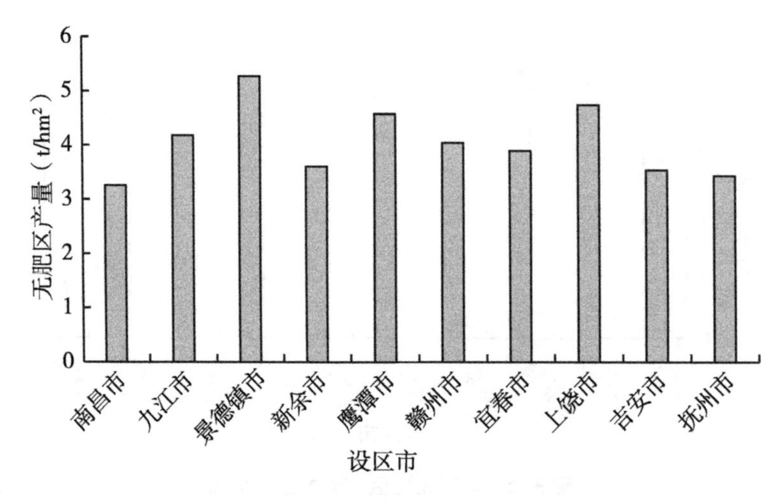

图 5-4　晚稻无肥区产量的空间分布

第二节　农田基础地力贡献率分析

长期以来江西省粮食生产以高成本投入和高环境影响为代价取得连续增产，虽能短期解决当前面临的粮食安全问题，但造成了粮价相对偏高、农民种粮积极性不高的现象。根据目前江西省经济社会发展现状与水平，简单依靠高投入、高补贴的高产已经不是解决其粮食安全问题的出路。因此，如何提高江西省耕地地力水平和施肥技术成为摆在江西省土肥科技工作者面前的首要任务。

一、农田基础地力贡献率的定义及表征

农田基础地力是指在当地立地条件、土壤剖面理化性状、农田基础设施建设水平下，经过多年的水、肥培育后，在无养分投入时耕地的生产能力，是衡量土壤肥力的综合指标。一般而言，农田基础地力越高，土壤肥力水平就越高。基础地力较高的土壤可以长期保持作物产量的稳定，有的甚至百年后仍能够保持一定的基础地力产量。

农田基础地力一般用基础地力产量和基础地力贡献率来表征。基础地力贡献率是指土壤基础地力对作物生产力的贡献程度，通常用无肥区籽粒产量与施肥区籽粒产量之比表示。

基础地力贡献率（%）= 无肥区籽粒产量/施肥区籽粒产量×100　　　　(5-1)

二、主要粮食作物农田基础地力贡献率

基础地力与作物产量密切相关，而无肥区产量是衡量土壤基础地力的重要指标。根据基础地力水平可确定适宜的施肥水平，在生产上也有基于土壤基础地力（基础产量）的“以地定产”作物施肥推荐技术模式。农田无肥区产量与农田作物可实现产量间通常有明显的相关关系，因此在很多研究中，无肥区产量被作为评价农田土壤肥力状况的重要指标。基于长期定位监测数据，江西省水稻平均农田基础地力贡献率为53.4%，其中早稻、中稻、晚稻农田基础地力贡献率分别为52.7%、55.1%、52.5%（图5-5）。从农田基础地力贡献率分布频率来看（图5-6），主要分布在（45%~50%]、（50%~55%] 和（55%~60%] 3个区间，其频率分别为20.8%、26.9%和22.9%；分布在（35%~40%] 区间的频率最低，其数值为0.5%。

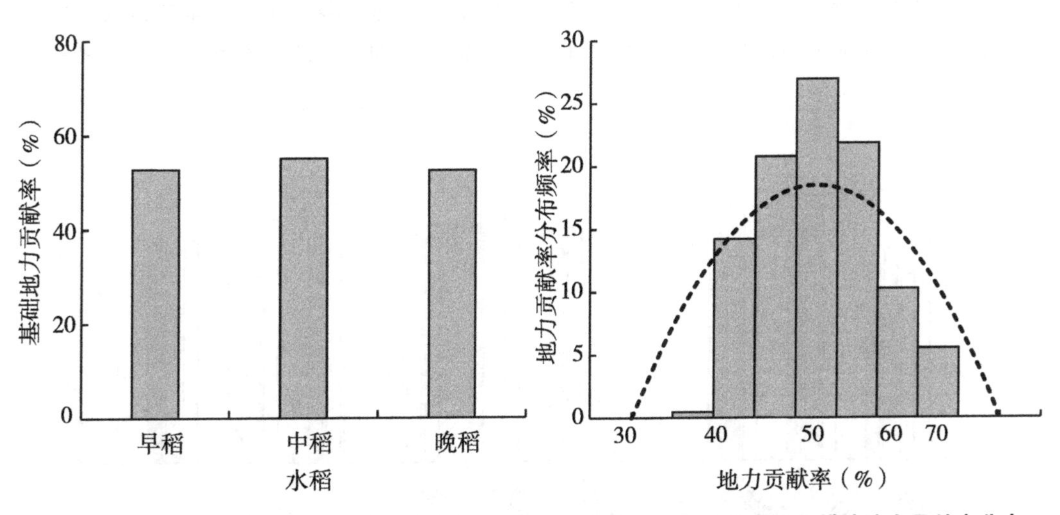

图5-5　主要粮食作物农田基础地力贡献率　　图5-6　主要粮食作物耕地地力贡献率分布

三、主要粮食作物农田基础地力贡献率的时间变化

主要粮食作物农田基础地力贡献率随时间基本保持不变（图 5-7）。长期监测数据表明，早稻基础地力贡献率整体持平，但具有小幅度变化，2022 年（53.6%）较 2016 年（51.3%）增加了 2.3 个百分点。中稻基础地力贡献率整体持平。晚稻基础地力贡献率也随时间整体持平，但具有小幅度变化，2021 年最高，为 54.3%，较 2016 年（51.7%）增加了 2.6 个百分点。

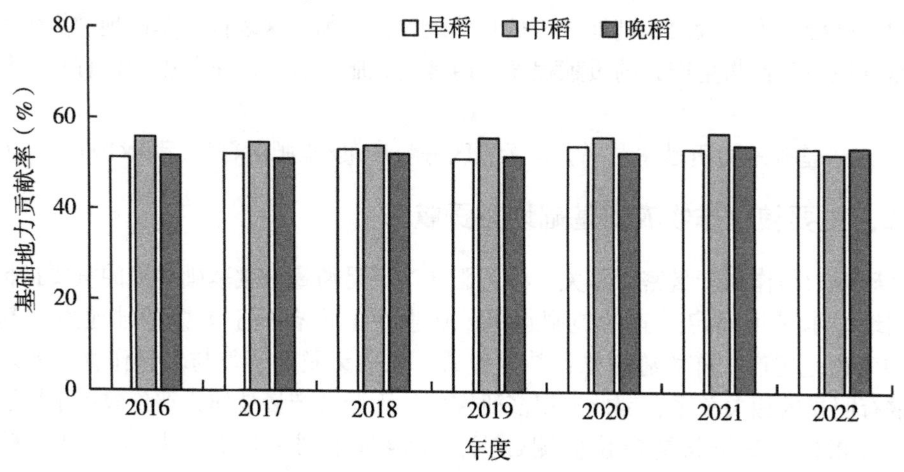

图 5-7　主要粮食作物农田土壤基础贡献率年际差异

四、主要粮食作物农田基础地力贡献率的空间分布

研究农田基础地力的空间变异及其分布特征和环境因子的关系，对于了解生态系统、制定农业政策、进行土壤管理、监测土地利用导致的环境变化具有重要意义。江西省各设区市基础地力贡献率如图 5-8 所示，主要集中在 50%~60%的范围内。早稻基础

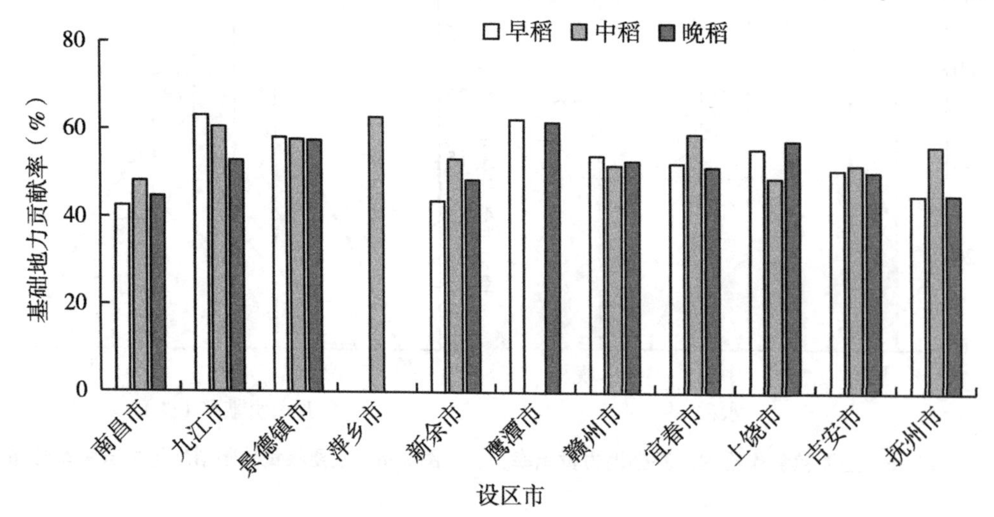

图 5-8　主要粮食作物各设区市基础地力贡献率分布

地力贡献率九江市和鹰潭市较高，分别为63.1%和62.4%；新余市最低，为45.0%。中稻基础地力贡献率萍乡市和九江市较高，分别为62.9%和60.6%；上饶市最低，为49.1%。晚稻基础地力贡献率鹰潭市最高，为61.8%；抚州市最低，为45.3%。

第三节　江西省耕地地力存在的主要问题

当前江西省主要粮食作物的耕地基础地力贡献率平均为53.4%。欧洲发达国家和地区通过构建深厚肥沃的耕作层，提高耕地的基础地力，减少化肥的投入，耕地环境质量和农产品品质明显改善。上述研究结果均表明，江西省耕地的基础地力还有待进一步提高。

一、耕层土壤物理结构差

良好的土壤物理结构是健康土壤的重要标志之一。随着土地的过度开发利用以及不合理的耕作和灌溉，土壤团粒结构被破坏，致使土壤板结越来越严重，直接影响土壤的缓冲能力。随着机械化程度的加剧，耕层变浅，再加上灌水等农事措施，土壤犁底层上移，形成坚硬的阻隔层，影响了土壤水分和养分的运输，从而造成土壤耕性变差、土壤板结、通气性不佳、蓄水和渗透能力变差，影响了作物根系的生长，降低了作物的抗逆能力。据统计，2022年江西省78.4%的耕地耕层厚度平均值为20.1 cm，处于1级（高）水平，全省监测点耕层厚度>20.0 cm（2级以上）的监测点占比较2021年有所增加，从22.1%增加到22.8%；尽管2022年全省监测点耕层厚度较2021年略有增加，但耕层厚度≤20.0 cm的监测点占比仍高达77.2%，耕层厚度浅化现象仍然普遍。目前，全省农田耕层土壤容重变化范围为0.70~1.60 g/cm^3，平均值为1.14 g/cm^3，处于1级（高）水平，耕层土壤容重在2级以上的占比为82.7%，全省监测点耕层土壤容重≥1.35 g/cm^{3}的占比仍然有17.3%。因此，改善耕地结构、提升耕地质量和中低产田产能，对提高江西省农产品供给能力具有重要意义。

二、土壤酸化仍然普遍存在

2022年，江西省耕地质量监测点土壤pH平均值为5.59，比2021年增加0.07个单位，处于2级（较高）水平；全省监测点土壤pH变化范围为4.6~7.8，主要集中在3级（中）水平，占比37.8%，2022年全省监测点耕层土壤pH>5.5的占比为46.8%，较2021年的44.0%增加2.8个百分点，耕层土壤pH整体水平提高，呈现全省土壤酸化保持稳定且略有改善的趋势。然而，监测数据仍然表明，2016—2022年，全省种植粮食作物的耕地耕层土壤pH仍然以5.0~5.5为主，且占比超过40%，说明全省土壤仍然以酸化为主，需要持续不断地进行土壤酸化改良。

三、土壤养分不均衡，钾素严重缺乏

2022年，江西省耕地质量监测点土壤全氮平均值为1.87 g/kg，处于2级（较高）水平；全省耕层土壤监测点中，土壤全氮含量在2级（较高）以上水平的监测点占比

50.5%。土壤有效磷平均值为23.1 mg/kg，处于2级（较高）水平；全省土壤有效磷在3级（中）水平的监测点占比最高，达36.6%，2级（较高）以上水平的监测点占比达50.5%。土壤速效钾平均值为96.9 mg/kg，处于3级（中）水平，土壤速效钾含量为2级（较高）以下水平(≤120.0 mg/kg)的监测点占比高达78.3%，土壤速效钾缺乏普遍存在。全省土壤缓效钾平均值为250.3 mg/kg，处于4级（较低）水平，且绝大部分监测点集中在5级（低）水平。全省监测点土壤全氮含量较高，土壤磷含量较为稳定，但土壤速效钾和缓效钾含量偏低甚至缺乏，养分不均衡现象较为严重。

四、区域耕地退化问题不容忽视

江西省土壤退化现象仍然非常严重，经统计，长期不合理地施用化肥仍是普遍现象，尤其是施用氮肥（尿素、铵态氮等）导致土壤氮过量，使土壤pH显著降低，土壤酸化进程加剧，严重影响磷肥及各种中、微量元素的有效性，导致作物养分吸收利用不足。同时，长期过量的化肥投入，破坏了土壤物理结构，进一步阻碍了养分的运输，造成作物生长不良。

第四节　江西省耕地基础地力低的主要原因

一、农资投入品严重过量，影响土壤地力提升

化肥长期投入过量和不合理施用，导致土壤养分失衡、土壤板结以及部分地区土壤酸化，加剧土壤肥力降低，使农业生产成本上升，农产品产量和质量下降，威胁食品质量安全，制约了优质、高产、高效、生态、安全农业的发展。“重化肥、轻有机肥”是导致江西省部分地区土壤有机质含量较低的重要原因。

近年来，江西省对中低产田的治理使得土壤地力有所提升，但大部分耕地质量仍然较低，中低产田仍占全省耕地的2/3；江西省气候高温多雨，土壤淋溶严重，大量钾素流失。同时，土壤黏化作用明显，固定钾素，降低钾素有效性，导致土壤速效钾和缓效钾含量均较低。2022年，全省耕地质量长期监测点的土壤速效钾和缓效钾含量别为96.9 mg/kg和237.4 mg/kg，根据第二次全国土壤普查养分分级标准，土壤速效钾处于3级（中）水平，根据《江西省耕地质量监测指标分级标准》，土壤缓效钾处于4级（较低）水平，钾素严重缺乏。随着耕地经营集约化程度提高，农用化学品的大量投入以及大型机械的广泛使用，对耕地质量的负面影响增加。

二、耕地重用轻养，农业机械化水平不高

农业生产者不断追求低成本、高效率的生产方式，耕地重用轻养现象十分普遍。全省农业机械化水平虽有提升，但深松深耕机具不配套和作业成本较大，耕地旋耕浅耕依然普遍，造成77.2%的耕地耕层在20.0 cm以下，有的耕层厚度只有10.0～12.0 cm，耕层浅薄造成土壤保水保肥能力差，农作物的抗逆能力低下。与此同时，化肥投入长期处于较高水平，且投入结构不合理，造成土壤养分失衡，耕地质量下降，可持续生产能

力持续下滑。

三、高强度开发利用，耕地地力下降

全省以传统农业为主，部分地区常年连作，耕地地力消耗过大，农药化肥使用过量，导致土壤养分失衡，土壤肥力和有机质含量下降。耕地高强度开发利用造成耕地地力严重透支，水土流失、质量退化、污染加重已成为制约农业可持续发展的突出矛盾，亟须转变农业产业结构和利用方式，建立农业可持续发展机制，扭转对耕地只用不养的观念，采取循环利用的种植结构，因地制宜地走产出高产高效、产品安全、资源节约、环境友好的现代农业发展道路。

第五节　对江西省耕地基础地力提升的建议

一、推进作物秸秆综合利用，提高畜禽粪污资源化利用水平

推广秸秆还田有利于改善土壤理化性质，培肥地力，协调土壤养分平衡，促进土壤养分积累，保水蓄墒，控制水土流失，提高作物产量。有机肥可以促进土壤形成良好的团粒结构，培肥地力，改善土壤通气性、透水性、蓄水性以及耕性。化肥的过量施用使土壤结构遭到破坏，造成耕地板结，而长期施用有机肥可使土壤的熟化度提高，提高耕地肥力。因此，为了发挥高产量、高密度品种增产潜力，需采取推广秸秆还田、增施有机肥、种植绿肥等措施来提高土壤有机质含量，维持和提高耕地基础地力，为作物高产、稳产奠定坚实基础。

二、推进测土配方施肥等科技创新与应用

测土配方施肥技术在提升耕地地力和节本增效方面发挥着不可替代的作用，扩大推广测土配方施肥规模刻不容缓。测土配方施肥的推广对于改变长期以来盲目施肥的习惯有积极的示范带动作用，对于保障粮食安全、节约能源、提升地力、促进农业可持续发展具有重要意义。要实现精准施肥，调整和优化主要作物施肥配方，合理制定作物单位面积施肥限量标准，减少盲目施肥行为，减少氮、磷肥施用量，增加有机肥和中、微量元素肥的投入。加大对农业科技创新的投入和补偿力度，建设专业的科研队伍，针对不同类型的耕地障碍因素，采取相应的生物技术、工程措施等提升耕地健康水平。例如，研究新型肥料，实现作物平衡施肥，加快农业生物育种创新和推广应用，提高土壤有机质含量和生物活性等。

三、用养结合保护耕地，推进耕地轮作休耕

统筹土、肥、水及栽培等要素，在有条件的区域开展轮作、间作，利用冬闲田、秋闲田发展绿肥生产，开展深松深耕和保护性耕作。通过轮作、休耕、退耕、替代种植等多种方式，严格管理土、水、肥、药的使用，提出有针对性的耕地轮作休耕技术方案，开展综合治理示范。以农业资源承载力和环境容量为基础，综合分析耕地轮作休耕的综

合效益。强化科技支撑，建立标准化的轮作休耕生产模式，有效保护耕地地力。

四、制定耕地质量建设保护法规

针对江西省当前耕地地力保护现状，借鉴外省经验，加强相关法规制定，建立健全耕地质量保护长效机制。加大执法力度，对于损害耕地地力的行为严厉打击，形成从地方到省级的严格耕地地力监管体系。进一步推广耕地地力保护政策，加大相关政策补贴力度，提升农户积极性。推动开展“耕地质量保护与提升行动”，实施地力培肥、土壤改良、养分平衡、质量修复等措施，着力提升耕地质量。不断完善耕地质量、土壤墒情、肥效三大监测网络，建成省、市、县三级耕地质量监测预警体系。

第六章　中、微量元素专题分析

作物正常生长发育离不开氮、磷、钾大量营养元素的摄入，同时也需要中、微量元素以满足作物生命活动的元素需求。中量元素有钙、镁、硫，微量元素有铁、锰、铜、硼、钼等。适量的中、微量元素能够促进作物生长，提高作物的抗性，减轻作物病虫害，提高作物产量和经济效益，同时减少环境污染。然而，长期重施氮、磷、钾大量元素，忽视中、微量元素，尤其是微量元素，限制了氮、磷、钾增产稳产效应的进一步发挥。

根据《江西省耕地质量监测指标分级标准》，江西省耕地质量长期定位监测土壤中、微量元素指标分级标准见表 6-1。

表 6-1　江西省耕地质量长期定位监测土壤中、微量元素指标分级标准

单位：mg/kg

指标	分级标准				
	1 级（高）	2 级（较高）	3 级（中）	4 级（较低）	5 级（低）
交换性钙	>1 200	800~1 200	500~800	200~500	≤200
交换性镁	>300	200~300	100~200	50~100	≤50
有效硫	>40	30~40	20~30	10~20	≤10
有效硅	>230	115~230	70~115	25~70	≤25
有效铁	>20	10~20	4.5~10	2.5~4.5	≤2.5
有效锰	>40	15~40	7~15	3~7	≤3
有效铜	>1.8	1.0~1.8	0.2~1.0	0.1~0.2	≤0.1
有效锌	>1.5	1.0~1.5	0.5~1.0	0.3~0.5	≤0.3
有效硼	>2.0	1.0~2.0	0.5~1.0	0.25~0.5	≤0.25
有效钼	>0.3	0.2~0.3	0.15~0.2	0.10~0.15	≤0.1

第一节　耕层土壤交换性钙

一、耕层土壤交换性钙现状

江西省耕层土壤交换性钙监测数据分析结果（图 6-1）表明，2022 年耕层土壤交换性钙含量有效监测点 269 个，江西省耕层土壤交换性钙含量变异较大，变化范围为 0.18~27.0 mg/kg，平均含量 5.51 mg/kg，处于 5 级（低）水平。全省各设区市监测点中，南昌市(3.6 mg/kg)、九江市（6.7 mg/kg)、景德镇市（8.4 mg/kg)、萍乡市（6.4 mg/kg)、新余市（12.6 mg/kg)、鹰潭市（5.4 mg/kg)、赣州市（6.4 mg/kg)、宜春市(5.3 mg/kg)、上饶市（4.6 mg/kg)、吉安市（3.5 mg/kg）和抚州市（4.5 mg/kg）的土壤交换性钙平均值均为 5 级（低）水平，土壤交换性钙含量严重缺乏。

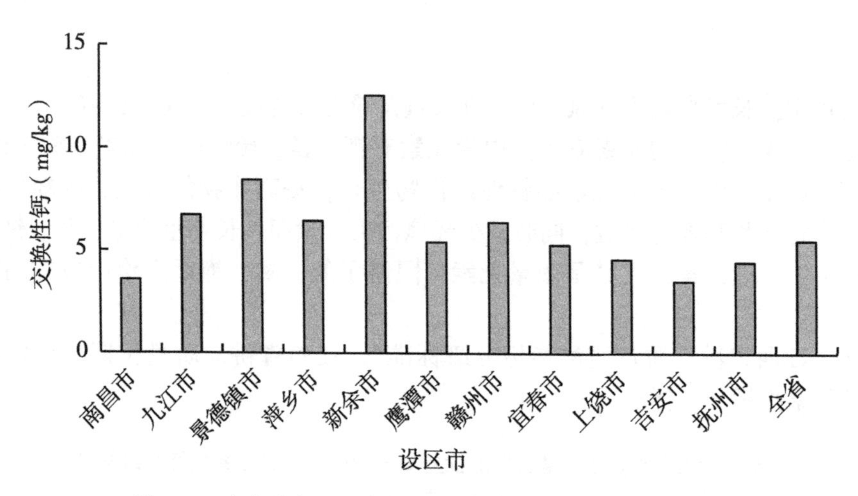

图 6-1　全省及各设区市监测点耕层土壤交换性钙含量变化

二、主要粮食产区耕层土壤交换性钙等级划分

根据江西省耕地质量监测指标分级标准，耕层土壤交换性钙含量主要集中在 5 级（低）水平，占 100%（图 6-2）。无处于 1 级、2 级、3 级、4 级水平的监测点。全省各

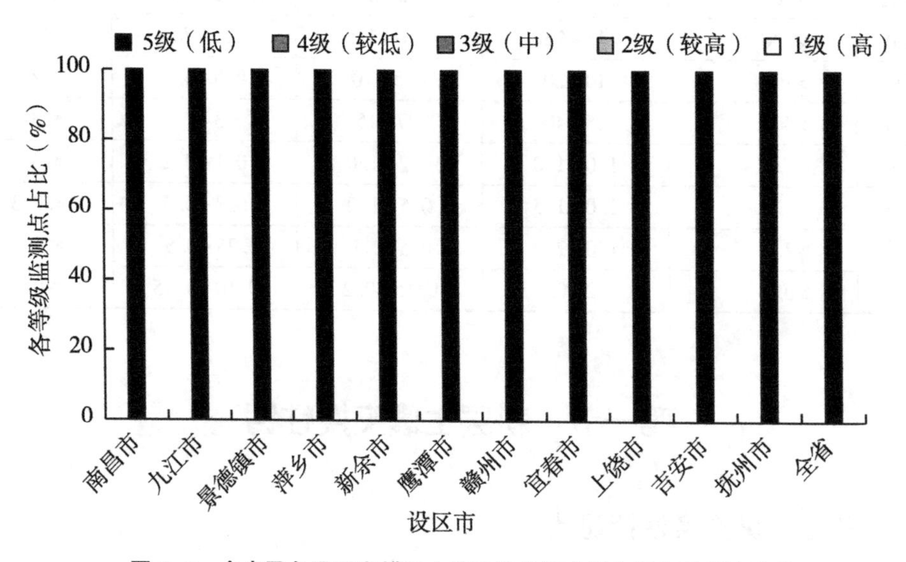

图 6-2　全省及各设区市耕层土壤交换性钙含量各等级监测点占比

设区市监测点耕层土壤交换性钙等级占比具有相同趋势，处于5级（低）水平的监测点占100%。综上，全省及各设区市耕层土壤交换性钙严重偏低，提升空间巨大。

第二节　耕层土壤交换性镁

一、耕层土壤交换性镁现状

江西省耕层土壤交换性镁监测数据分析结果（图6-3）表明，2022年耕层土壤交换性镁含量有效监测点261个，江西省耕层土壤交换性镁含量变异较大，变化范围为0.03~6.0 mg/kg，平均含量1.12 mg/kg，处于5级（低）水平。全省各设区市监测点中，南昌市（0.84 mg/kg）、九江市（1.54 mg/kg）、景德镇市（0.63 mg/kg）、萍乡市（0.81 mg/kg）、新余市（1.42 mg/kg）、鹰潭市（0.32 mg/kg）、赣州市（0.78 mg/kg）、宜春市（1.15 mg/kg）、上饶市（1.29 mg/kg）、吉安市（0.87 mg/kg）和抚州市（0.69 mg/kg）的土壤交换性镁平均值均为5级（低）水平，全省及各设区市监测点耕层土壤交换性镁含量严重缺乏。

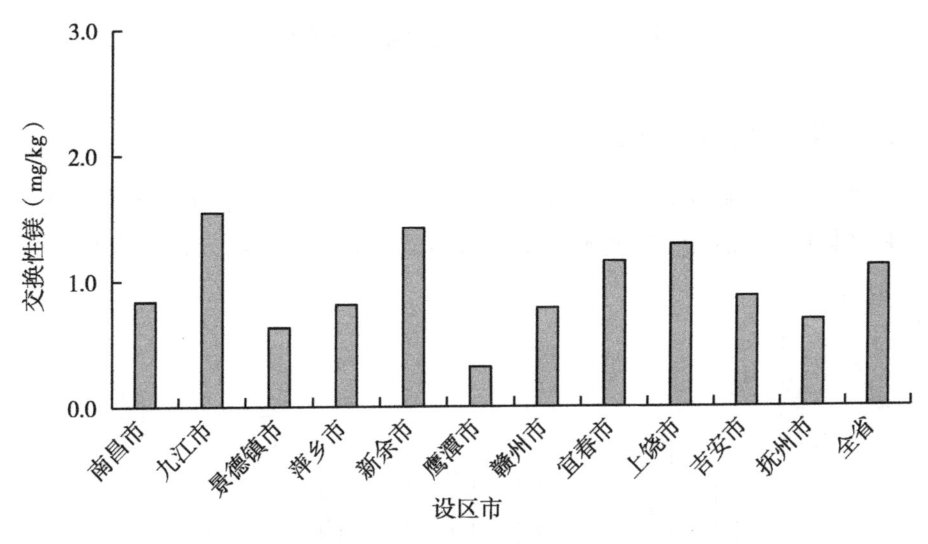

图6-3　全省及各设区市监测点耕层土壤交换性镁含量变化

二、主要粮食产区耕层土壤交换性镁等级划分

根据《江西省耕地质量监测指标分级标准》，耕层土壤交换性镁含量主要集中在5级（低）水平，占100%（图6-4）。无处于1级、2级、3级、4级水平的监测点。全省各设区市监测点耕层土壤交换性镁含量等级占比具有相同趋势，处于5级（低）水平的监测点占100%。综上，全省及各设区市耕层土壤交换性镁严重偏低，提升空间巨大。

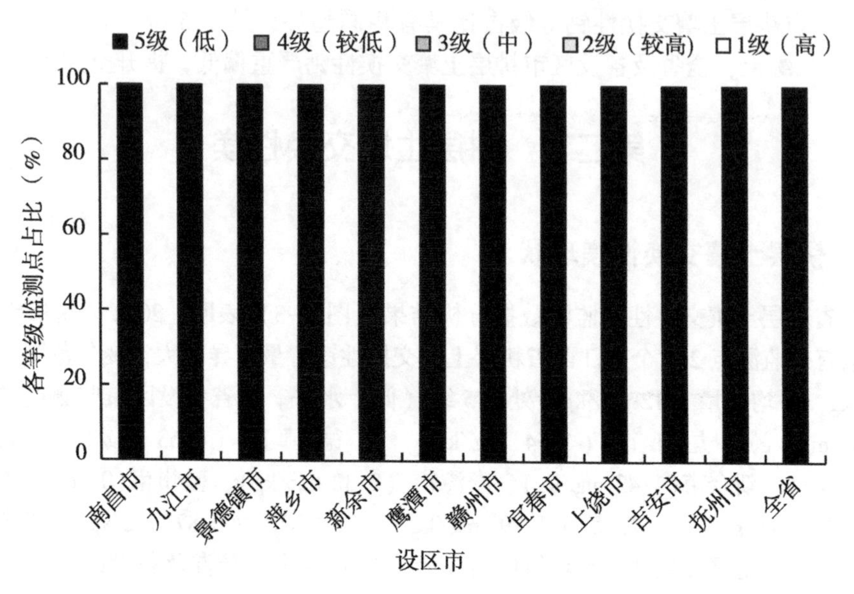

图6-4　全省及各设区市耕层土壤交换性镁含量各等级监测点占比

第三节　耕层土壤有效硫

一、耕层土壤有效硫现状

江西省耕层土壤有效硫监测数据分析结果（图6-5）表明，2022年耕层土壤有效硫含量有效监测点264个，江西省耕层土壤有效硫含量变异较大，变化范围为4.6~

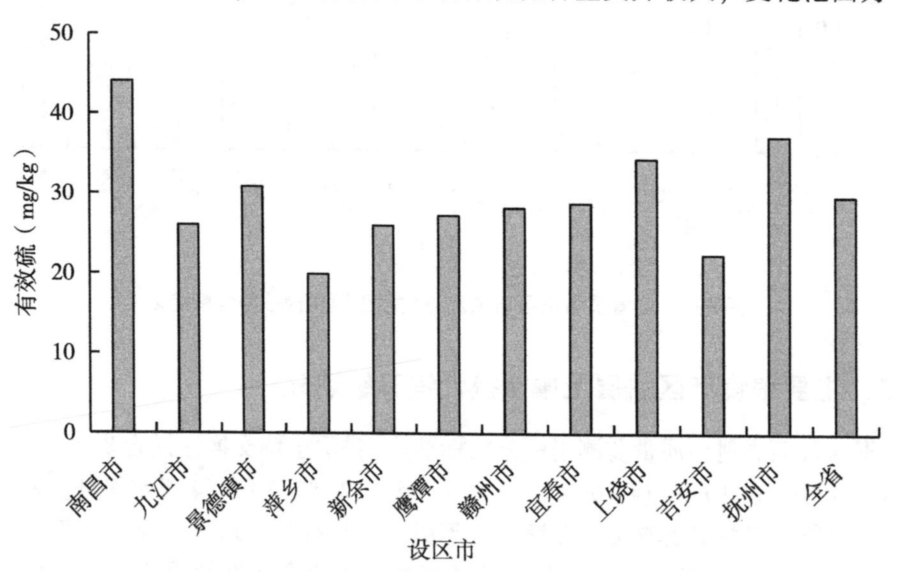

图6-5　全省及各设区市监测点耕层土壤有效硫含量变化

146.8 mg/kg，平均含量 29.7 mg/kg，处于 3 级（中）水平。全省各设区市监测点中，土壤有效硫平均值处于 1 级（高）水平的有南昌市（44.0 mg/kg）；处于 2 级（较高）水平的有景德镇市（30.9 mg/kg）、上饶市（34.4 mg/kg）和抚州市（37.2 mg/kg）；处于 3 级（中）水平的有九江市（26.0 mg/kg）、新余市（26.0 mg/kg）、鹰潭市（27.3 mg/kg）、赣州市（28.3 mg/kg）、宜春市（28.9 mg/kg）和吉安市（22.4 mg/kg）；处于 4 级（较低）水平的有萍乡市（19.9 mg/kg）。全省土壤有效硫含量处于 3 级（中）水平，萍乡市监测点土壤有效硫含量较为缺乏，有待提升。

二、主要粮食产区耕层土壤有效硫等级划分

根据《江西省耕地质量监测指标分级标准》，全省监测点耕层土壤有效硫主要集中在 4 级（较低）水平，占 30.9%（图 6-6）。全省耕层土壤有效硫分级主要处于 1 级（高）水平的监测点有 79 个，占 25.7%；处于 2 级（较高）水平的监测点有 38 个，占 12.4%；处于 3 级（中）水平的监测点有 72 个，占 23.5%；处于 4 级（较低）水平的监测点有 95 个，占 30.9%；处于 5 级（低）水平的监测点有 23 个，占 7.5%。

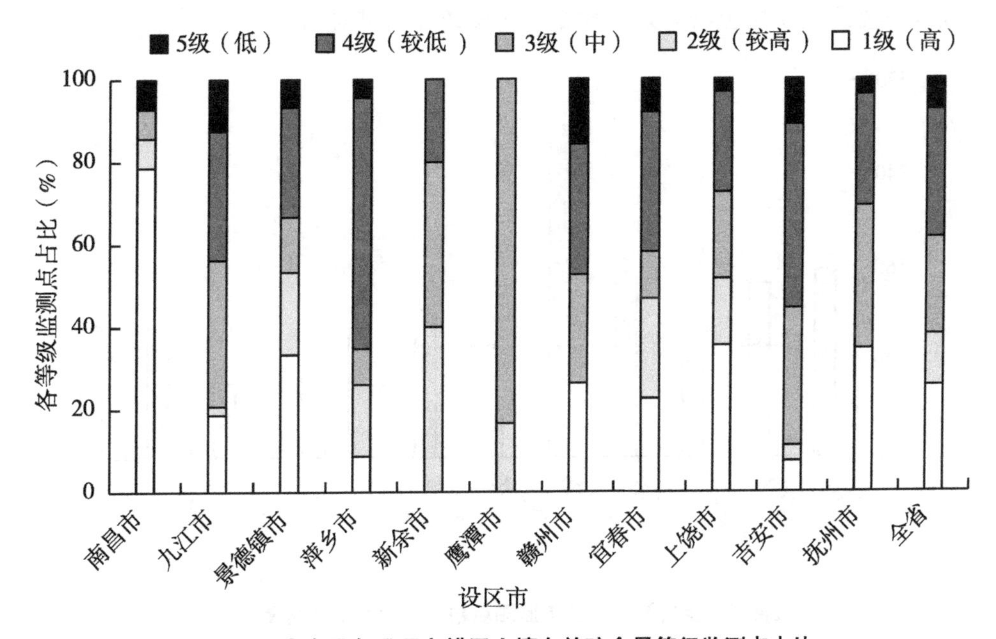

图 6-6　全省及各设区市耕层土壤有效硫含量等级监测点占比

全省各设区市监测点中，耕层土壤有效硫分级主要处于 1 级（高）水平的有南昌市（78.6%）、景德镇市（33.3%）、上饶市（35.5%）和抚州市（34.6%）；处于 2 级（较高）水平的有新余市（40%）；处于 3 级（中）水平的有九江市（35.4%）和鹰潭市（83.3%）；处于 4 级（较低）水平的有萍乡市（60.9%）、赣州（31.6%）、宜春市（33.9%）和吉安市（44.4%）。综上，全省耕层土壤有效硫含量处于 4 级（较低）水平，萍乡市、宜春市和吉安市的监测点耕层土壤有效硫含量处于 4 级（较低）水平，有待提升。

第四节　耕层土壤有效硅

一、耕层土壤有效硅现状

江西省耕层土壤有效硅监测数据分析结果（图 6-7）表明，2022 年耕层土壤有效硅含量有效监测点 303 个，江西省耕层土壤有效硅含量变异较大，变化范围为 3.8~377.0 mg/kg，平均含量 112.4 mg/kg，处于 3 级（中）水平。全省各设区市监测点中，土壤有效硅平均值处于 1 级（高）水平的有新余市（282.1 mg/kg）；处于 2 级（较高）水平的有南昌市（159.3 mg/kg）、九江市（147.7 mg/kg）、萍乡市（156.6 mg/kg）、赣州市（125.8 mg/kg）和抚州市（115.8 mg/kg）；处于 3 级（中）水平的有景德镇市（80.8 mg/kg）、宜春市（110.7 mg/kg）和上饶市（84.3 mg/kg）；处于 4 级（较低）水平的有鹰潭市（40.1 mg/kg）和吉安市（63.4 mg/kg）。全省监测点土壤有效硅含量平均值总体较适中，鹰潭市和吉安市等部分设区市监测点耕层土壤有效硅含量较为缺乏，有待提升。

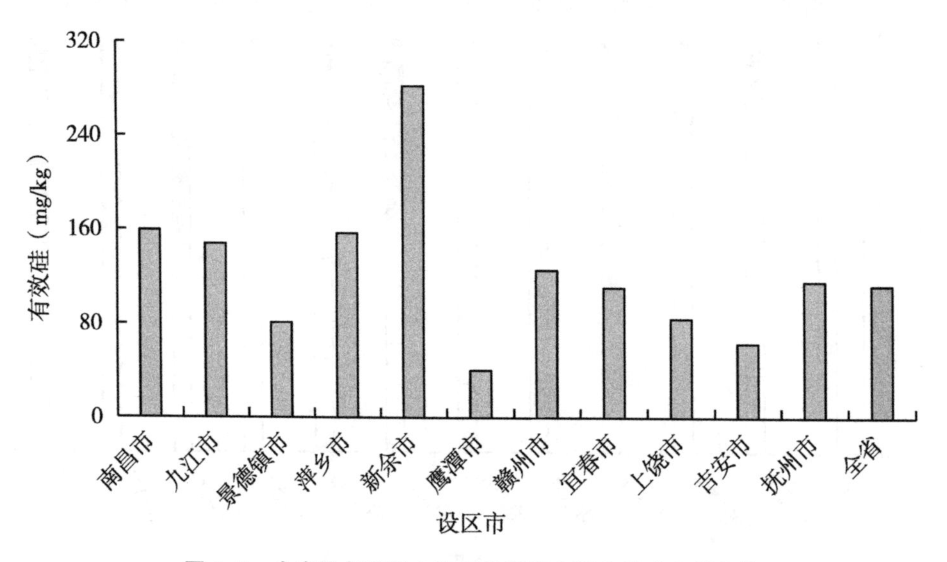

图 6-7　全省及各设区市监测点耕层土壤有效硅含量变化

二、主要粮食产区耕层土壤有效硅等级划分

根据《江西省耕地质量监测指标分级标准》，全省监测点耕层土壤有效硅主要集中在 2 级（较高）水平，占 32.7%（图 6-8）。全省耕层土壤有效硅分级处于 1 级（高）水平的监测点有 24 个，占 7.9%；处于 2 级（较高）水平的监测点有 99 个，占 32.7%；处于 3 级（中）水平的监测点有 87 个，占 28.7%；处于 4 级（较低）水平的监测点有 82 个，占 27.1%；处于 5 级（低）水平的监测点有 11 个，占 3.6%。

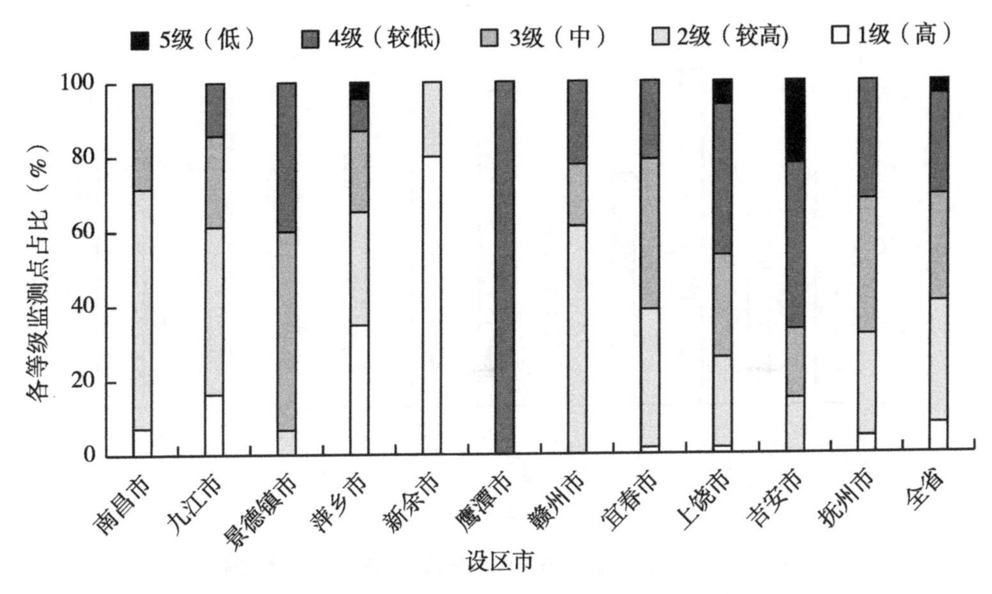

图 6-8　全省及各设区市耕层土壤有效硅含量等级监测点占比

全省各设区市监测点耕层土壤有效硅分级主要处于 1 级（高）水平的有萍乡市（34.8%）和新余市（80.0%）；处于 2 级（较高）水平的有南昌市（64.3%）、九江市（44.9%）和赣州市（61.1%）；处于 3 级（中）水平的有景德镇市（53.3%）、宜春市（40.3%）和抚州市（36.4%）；处于 4 级（较低）水平的有鹰潭市（100.0%）、上饶市（40.4%）和吉安市（44.4%）。综上，全省耕层土壤有效硅含量主要集中在较高水平，鹰潭市、上饶市和吉安市监测点耕层土壤有效硅处于 4 级（较低）水平，有待提升。

第五节　耕层土壤有效铁

一、耕层土壤有效铁现状

江西省耕层土壤有效铁监测数据分析结果（图 6-9）表明，2022 年耕层土壤有效铁含量有效监测点 308 个，江西省耕层土壤有效铁含量变异较大，变化范围为 5.3~481.0 mg/kg，平均含量 191.3 mg/kg，处于 1 级（高）水平。全省各设区市监测点中，南昌市(180.2 mg/kg)、九江市（149.9 mg/kg)、景德镇市（258.4 mg/kg)、萍乡市(179.1 mg/kg)、新余市（159.9 mg/kg)、鹰潭市（203.3 mg/kg)、赣州市（258.7 mg/kg)、宜春市(194.0 mg/kg)、上饶市（173.8 mg/kg)、吉安市（239.3 mg/kg）和抚州市(190.2 mg/kg)的土壤交换铁平均值均为 1 级（高）水平。全省及各设区市监测点土壤有效铁含量整体处于 1 级（高）水平。

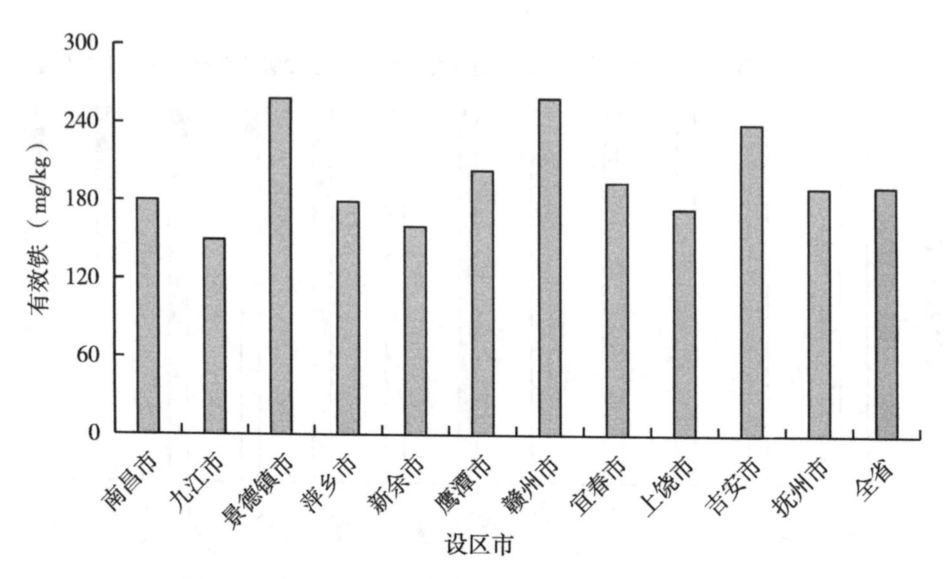

图 6-9　全省及各设区市监测点耕层土壤有效铁含量变化

二、主要粮食产区耕层土壤有效铁等级划分

根据《江西省耕地质量监测指标分级标准》，全省监测点耕层土壤有效铁主要集中在 1 级（高）水平，占 98.1%（图 6-10）。全省耕层土壤有效铁分级处于 1 级（高）水平的监测点有 302 个，占 98.1%；处于 2 级（较高）水平的监测点有 3 个，占 1.0%；处于 3 级（中）水平的监测点有 3 个，占 1.0%；无处于 4 级（较低）和 5 级（低）水平的监测点。

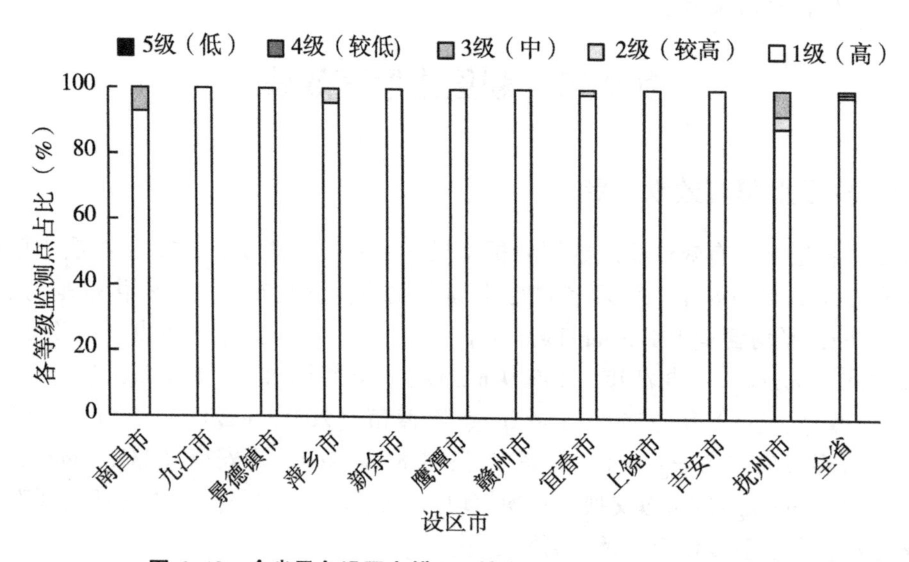

图 6-10　全省及各设区市耕层土壤有效铁含量等级监测点占比

全省各设区市监测点耕层土壤有效铁分级主要处于 1 级（高）水平的有南昌市（100%）、九江市（100%）、景德镇市（100%）、萍乡市（95.7%）、新余市（100%）、鹰潭市（100%）、赣州市（100%）、宜春市（98.4%）、上饶市（100%）、吉安市（100%）和抚州市（88.4%）。综上，全省及各设区市耕层土壤有效铁分级占比主要分布在 1 级（高）水平。

第六节　耕层土壤有效锰

一、耕层土壤有效锰现状

江西省耕层土壤有效锰监测数据分析结果（图 6–11）表明，2022 年耕层土壤有效锰含量有效监测点 308 个，江西省耕层土壤有效锰含量变异较大，变化范围为 0.7~349.0 mg/kg，平均含量 34.9 mg/kg，处于 2 级（较高）水平。全省各设区市监测点中，土壤有效锰含量处于 1 级（高）水平的有南昌市（41.7 mg/kg）、景德镇市（57.9 mg/kg）和抚州市(50.4 mg/kg)；处于 2 级（较高）水平的有九江市（35.4 mg/kg）、萍乡市（22.5 mg/kg）、新余市（17.6 mg/kg）、赣州市（25.9 mg/kg）、宜春市（33.9 mg/kg）、上饶市（34.2 mg/kg）和吉安市（32.1 mg/kg）；处于 3 级（中）水平的有鹰潭市（9.2 mg/kg）。综上，全省土壤有效锰含量处于 2 级（较高）水平，鹰潭市监测点耕层土壤有效锰含量中等，其他设区市均处于较高及高水平。

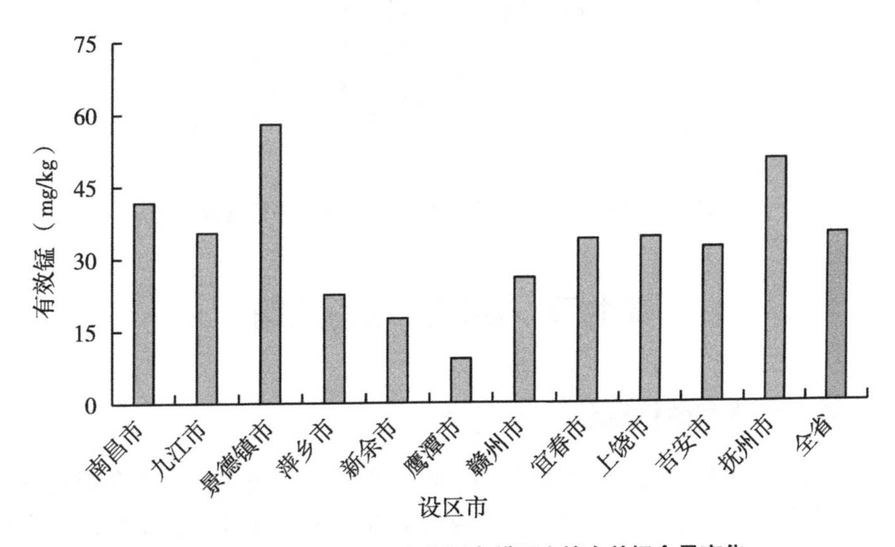

图 6–11　全省及各设区市监测点耕层土壤有效锰含量变化

二、主要粮食产区耕层土壤有效锰等级划分

根据《江西省耕地质量监测指标分级标准》，全省监测点耕层土壤有效锰主要集中在 2 级（较高）水平，占 39.9%（图 6–12）。全省耕层土壤有效锰分级处于 1 级

（高）水平的监测点有86个，占27.9%；处于2级（较高）水平的监测点有123个，占39.9%；处于3级（中）水平的监测点有67个，占21.8%；处于4级（较低）水平的监测点有25个，占8.1%；处于5级（低）水平的监测点有7个，占2.3%。

全省各设区市监测点耕层土壤有效锰分级主要处于1级（高）水平的有景德镇市（53.3%）；处于2级（较高）水平的有南昌市（50.0%）、九江市（40.8%）、萍乡市（39.1%）、新余市（60.0%）、宜春市（38.7%）、上饶市（35.5%）、吉安市（48.2%）和抚州市（42.3%）；处于3级（中）水平的有赣州市（36.8%）；处于4级（较低）水平的有鹰潭市（40.0%）。综上，全省耕层土壤有效锰分级占比主要分布在较高水平，鹰潭市监测点耕层土壤有效锰分级占比处于较低水平，有待提升。

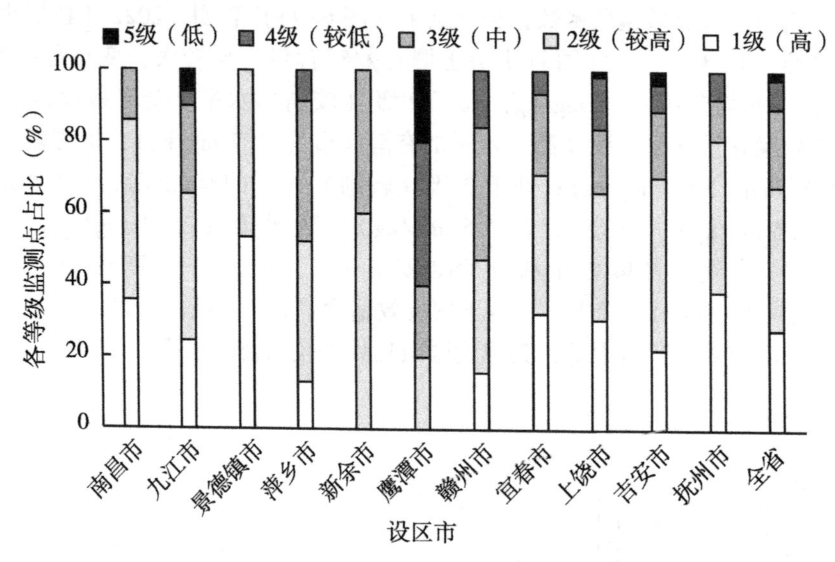

图6-12　全省及各设区市耕层土壤有效锰含量等级监测点占比

第七节　耕层土壤有效铜

一、耕层土壤有效铜现状

江西省耕层土壤有效铜监测数据分析结果（图6-13）表明，2022年耕层土壤有效铜含量有效监测点307个，江西省耕层土壤有效铜含量变异较大，变化范围为0.07~9.45 mg/kg，平均含量3.11 mg/kg，处于1级（高）水平。全省各设区市监测点中，土壤有效铜平均值处于1级（高）水平的有南昌市（3.0 mg/kg）、九江市（3.4 mg/kg）、景德镇市（2.0 mg/kg）、萍乡市（2.8 mg/kg）、新余市（3.6 mg/kg）、鹰潭市（2.6 mg/kg）、赣州市（3.0 mg/kg）、宜春市（3.4 mg/kg）、上饶市（3.5 mg/kg）、吉安市(2.5 mg/kg)和抚州市（2.5 mg/kg）。综上，全省及各设区市土壤有效铜含量均处于1级（高）水平。

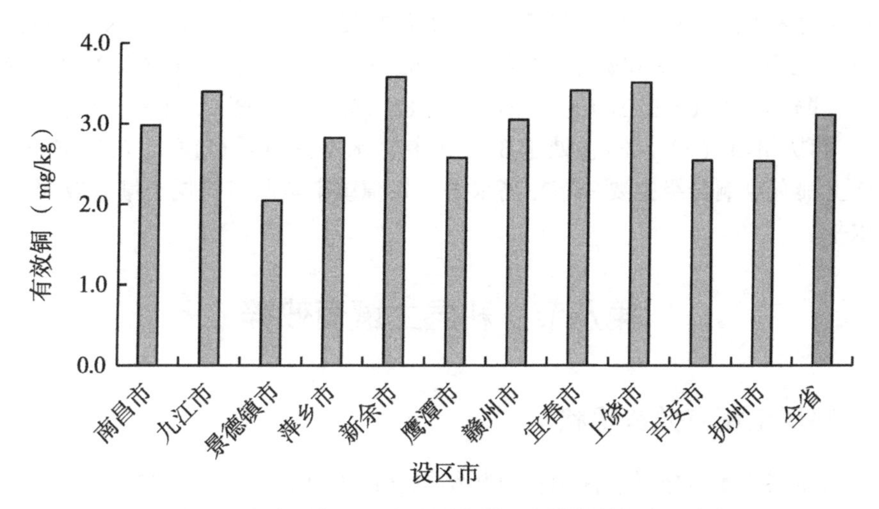

图 6-13　全省及各设区市监测点耕层土壤有效铜含量变化

二、主要粮食产区耕层土壤有效铜等级划分

根据《江西省耕地质量监测指标分级标准》，全省监测点耕层土壤有效铜主要集中在1级（高）水平，占81.8%（图6-14）。全省耕层土壤有效铜分级处于1级（高）水平的监测点有251个，占81.8%；处于2级（较高）水平的监测点有32个，占10.4%；处于3级（中）水平的监测点有21个，占6.8%；处于4级（较低）水平的监测点有2个，占0.7%；处于5级（低）水平的监测点有1个，占0.3%。

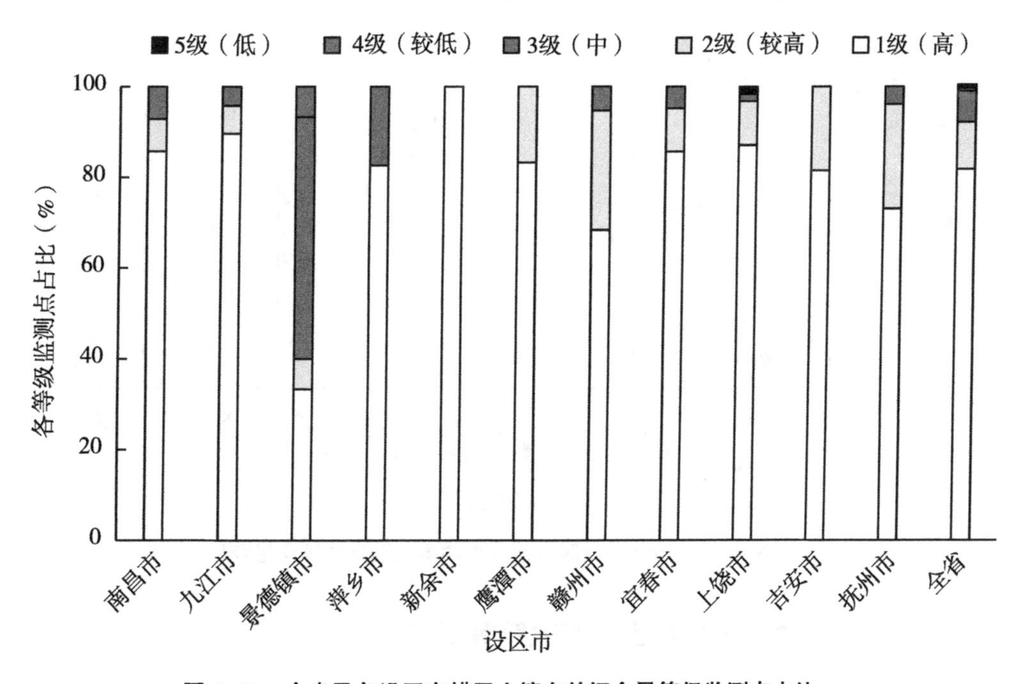

图 6-14　全省及各设区市耕层土壤有效铜含量等级监测点占比

全省各设区市监测点耕层土壤有效铜分级主要处于 1 级（高）水平的有南昌市（85.7%）、九江市（89.6%）、萍乡市（82.6%）、新余市（100.0%）、鹰潭市（83.3%）、赣州市（68.4%）、宜春市（85.7%）、上饶市（87.1%）、吉安市（81.5%）和抚州市（73.1%）；处于 3 级（中）水平的有景德镇市（53.3%）。综上，全省耕层土壤有效铜分级主要分布在高水平，景德镇市监测点耕层土壤有效铜分级分布在中等水平。

第八节　耕层土壤有效锌

一、耕层土壤有效锌现状

江西省耕层土壤有效锌监测数据分析结果（图 6-15）表明，2022 年耕层土壤有效锌含量有效监测点 308 个，江西省耕层土壤有效锌含量变异较大，变化范围为 0.04～7.28 mg/kg，平均含量 2.22 mg/kg，处于 1 级（高）水平。全省各设区市监测点中，土壤有效锌平均值处于 1 级（高）水平的有南昌市（1.7 mg/kg）、景德镇市（1.8 mg/kg）、萍乡市(2.6 mg/kg)、新余市（1.8 mg/kg）、鹰潭市（2.6 mg/kg）、赣州市（3.0 mg/kg）、宜春市（2.2 mg/kg）、上饶市（2.2 mg/kg）、吉安市(3.0 mg/kg)和抚州市(2.8 mg/kg)；土壤有效锌平均值处于 2 级（较高）水平的有九江市(1.4 mg/kg)。综上，全省及各设区市土壤有效锌含量均处于 1 级（高）水平。

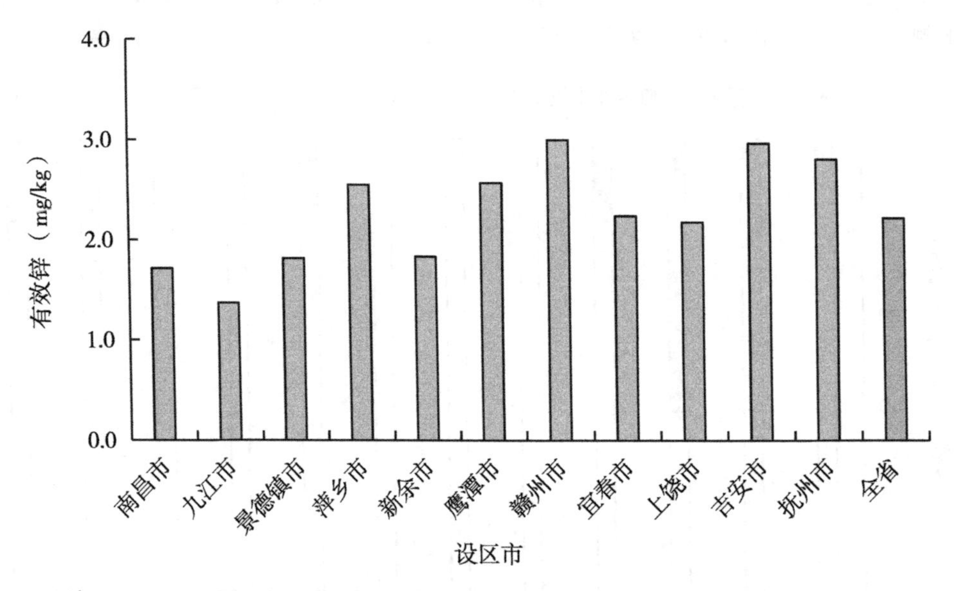

图 6-15　全省及各设区市监测点耕层土壤有效锌含量变化

二、主要粮食产区耕层土壤有效锌等级划分

根据《江西省耕地质量监测指标分级标准》，全省监测点耕层土壤有效锌主要集中

在1级（高）水平，占65.6%（图6-16）。全省耕层土壤有效锌分级处于1级（高）水平的监测点有202个，占65.6%；处于2级（较高）水平的监测点有45个，占14.6%；处于3级（中）水平的监测点有42个，占13.6%；处于4级（较低）水平的监测点有11个，占3.6%；处于5级（低）水平的监测点有8个，占2.6%。

全省各设区市监测点耕层土壤有效锌分级主要处于1级（高）水平的监测点有南昌市（57.1%）、九江市（32.7%）、萍乡市（78.3%）、鹰潭市（100.0%）、赣州市（86.5%）、宜春市（66.1%）、上饶市（64.5%）、吉安市（96.3%）和抚州市（88.5%）；处于2级（较高）水平的监测点有新余市（60.0%）；处于4级（较低）水平的监测点有景德镇市（46.7%）。综上，全省耕层土壤有效锌分级占比主要分布在高水平，景德镇市监测点耕层土壤有效锌分级分布在较低水平，有待提升。

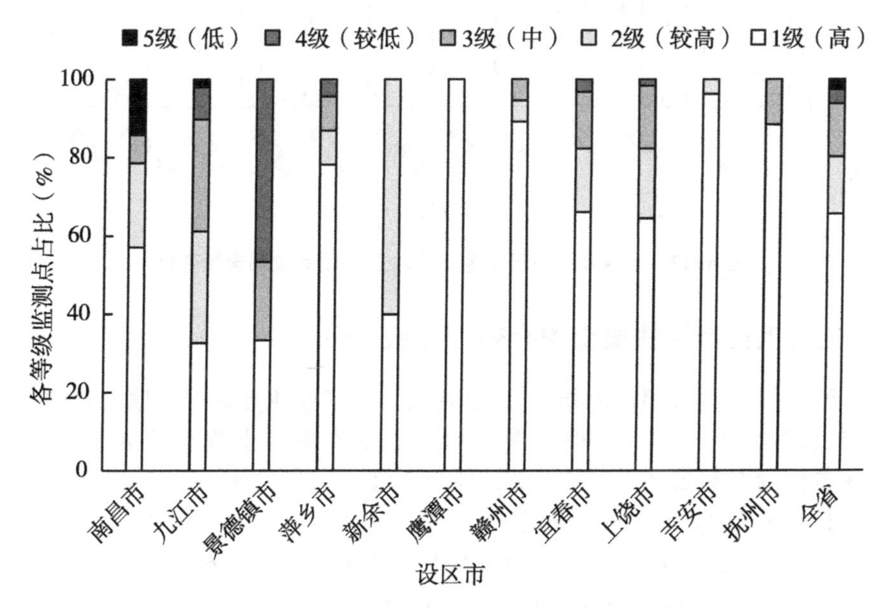

图6-16　全省及各设区市耕层土壤有效锌含量等级监测点占比

第九节　耕层土壤有效硼

一、耕层土壤有效硼现状

江西省耕层土壤有效硼监测数据分析结果（图6-17）表明，2022年耕层土壤有效硼含量有效监测点308个，江西省耕层土壤有效硼含量变异较大，变化范围为0.02~3.47 mg/kg，平均含量0.59 mg/kg，处于3级（中）水平。全省各设区市监测点中，土壤有效硼平均值无处于1级（高）水平的设区市；处于2级（较高）水平的监测点有萍乡市（1.09 mg/kg）和抚州市（1.06 mg/kg）；处于3级（中）水平的监测点有鹰潭市（0.83 mg/kg）、宜春市（0.56 mg/kg）、上饶市（0.55 mg/kg）和九江市（0.52 mg/kg）；处于4级（较低）水平的监测点有南昌市（0.40 mg/kg）、景德镇市

(0.48 mg/kg)、新余市（0.43 mg/kg）、赣州市（0.46 mg/kg）和吉安市(0.35 mg/kg)。综上，全省及各设区市土壤有效硼含量均处于 3 级（中）水平，南昌市、景德镇市、新余市、赣州市和吉安市监测点土壤有效硼含量偏低，有待提高。

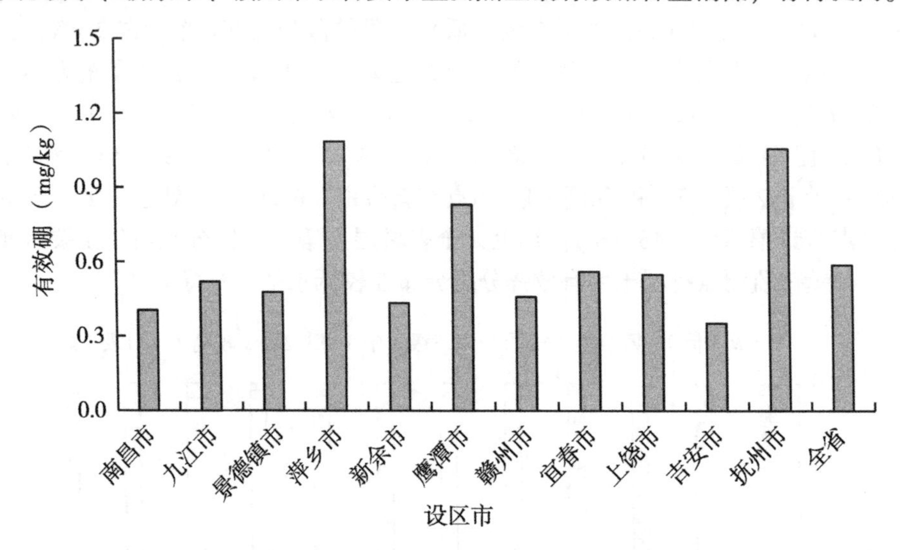

图 6-17　全省及各设区市监测点耕层土壤有效硼含量变化

二、主要粮食产区耕层土壤有效硼等级划分

根据《江西省耕地质量监测指标分级标准》，全省监测点耕层土壤有效硼主要集中在 4 级（较低）水平，占 37.3%（图 6-18）。全省耕层土壤有效硼分级处于 1 级（高）水平的监测点有 22 个，占 7.1%；处于 2 级（较高）水平的监测点有 30 个，占 9.7%；处于 3 级（中）水平的监测点有 73 个，占 23.7%；处于 4 级（较低）水平的监测点有 115 个，占 37.4%；处于 5 级（低）水平的监测点有 68 个，占 22.1%。

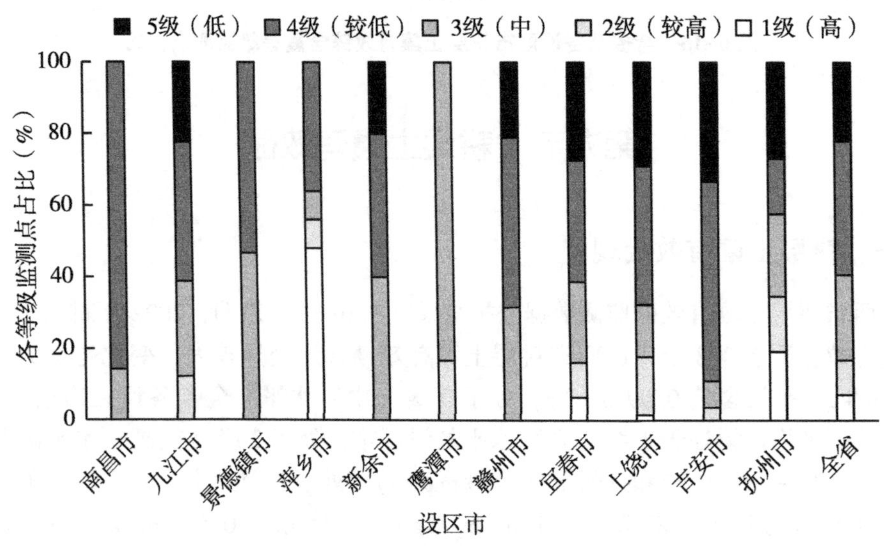

图 6-18　全省及各设区市耕层土壤有效硼含量等级监测点占比

全省各设区市监测点耕层土壤有效硼分级主要处于1级（高）水平的监测点有萍乡市（48.0%）；处于3级（中）水平的监测点有新余市（40.0%）和鹰潭市（83.3%）；处于4级（较低）水平的监测点有南昌市（85.7%）、九江市（38.8%）、景德镇市（53.3%）、赣州市（47.4%）、宜春市（33.9%）、上饶市（38.7%）和吉安市（55.6%）；处于5级（低）水平的监测点有抚州市（26.9%）。综上，全省耕层土壤有效硼分级主要分布在较低水平，南昌市、九江市、景德镇市、赣州市、宜春市、上饶市、吉安市和抚州市监测点耕层土壤有效硼分级分布在较低水平，有待提升。

第十节　耕层土壤有效钼

一、耕层土壤有效钼现状

江西省耕层土壤有效钼监测数据分析结果（图6-19）表明，2022年耕层土壤有效钼含量有效监测点300个，江西省耕层土壤有效钼含量变异较大，变化范围为0.01～0.83 mg/kg，平均含量0.19 mg/kg，处于3级（中）水平。全省各设区市监测点中，土壤有效钼平均值无处于1级（高）水平的设区市；处于2级（较高）水平的监测点有南昌市（0.27 mg/kg）、萍乡市（0.23 mg/kg）、新余市（0.24 mg/kg）、鹰潭市（0.26 mg/kg）、赣州市（0.21 mg/kg）、宜春市（0.20 mg/kg）和抚州市(0.27 mg/kg)；处于3级（中）水平的监测点有九江市（0.16 mg/kg）、景德镇市(0.16 mg/kg)和上饶市（0.19 mg/kg）；处于4级（较低）水平的有吉安市（0.11 mg/kg）。综上，全省及各设区市土壤有效钼含量均处于3级（中）水平，吉安市监测点土壤有效钼含量偏低，

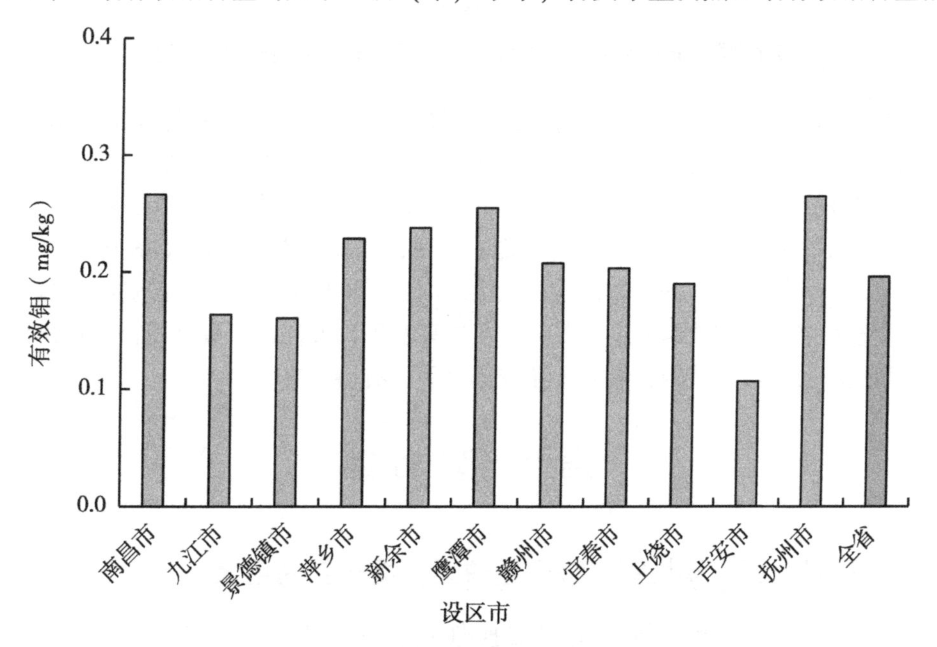

图6-19　全省及各设区市监测点耕层土壤有效钼含量变化

有待提升。

二、主要粮食产区耕层土壤有效钼等级划分

根据江西省耕地质量监测指标分级标准，全省监测点耕层土壤有效钼主要集中在2级（较高）水平，占30.7%（图6-20）。全省耕层土壤有效钼分级占比处于1级（高）水平的监测点有48个，占16.0%；处于2级（较高）水平的监测点有92个，占30.7%；处于3级（中）水平的监测点有47个，占15.7%；处于4级（较低）水平的监测点有52个，占17.3%；处于5级（低）水平的监测点有61个，占20.3%。

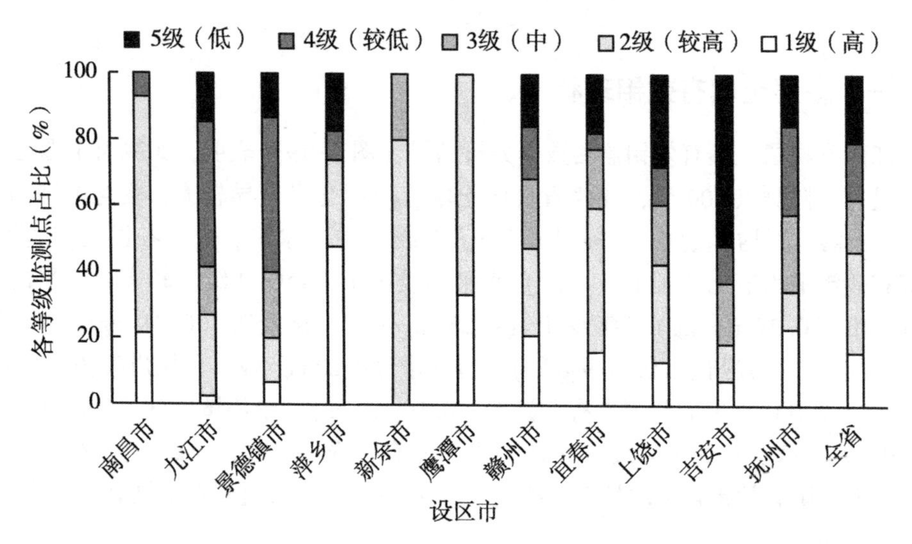

图6-20　全省及各设区市耕层土壤有效钼含量等级监测点占比

全省各设区市监测点耕层土壤有效钼分级主要处于1级水平的监测点有萍乡市（47.8%）；处于2级（较高）水平的监测点有南昌市（71.4%）、新余市（80.0%）、鹰潭市（66.7%）、赣州市（26.3%）、宜春市（43.6%）和上饶市（29.5%）；无处于3级（中）水平的设区市；处于4级（较低）水平的监测点有九江市（46.9%）、景德镇市（46.7%）和抚州市（26.9%）；处于5级（低）水平的监测点有吉安市（51.9%）。综上，全省耕层土壤有效钼分级主要分布在较高水平，九江市、景德镇市、抚州市和吉安市监测点耕层土壤有效钼分级分布在较低水平，有待提升。

第十一节　小结

一、耕层土壤交换性钙、镁严重缺乏，提升空间巨大

2022年，全省监测点耕层土壤交换性钙含量变异较大，变化范围为0.18～27.0 mg/kg，平均含量5.51 mg/kg；土壤交换性镁含量变异较大，变化范围为0.03～

6.0 mg/kg，平均含量 1.12 mg/kg。全省及各设区市监测点土壤耕层土壤交换性钙、土壤交换性镁分级占比均处于 5 级（低）水平，提升空间巨大。

三、土壤有效硫、有效硅、有效硼和有效钼中等偏少，有待提升

2022 年全省监测点耕层土壤有效硫含量变化范围为 4.6～146.8 mg/kg，平均含量 29.7 mg/kg；土壤有效硅含量变化范围为 3.8～377.0 mg/kg，平均含量 112.4 mg/kg；土壤有效硼含量变化范围为 0.02～3.47 mg/kg，平均含量 0.59 mg/kg；土壤有效钼含量变化范围为 0.01～0.83 mg/kg，平均含量 0.19 mg/kg，全省土壤有效硫、有效硅、有效硼和有效钼含量均处于 3 级（中）水平，可进一步提升。

三、中、微量元素空间分布差异大，因地制宜采取措施

2022 年全省各设区市监测点中、微量元素差异较大，萍乡市监测点土壤有效硫含量较为缺乏，鹰潭市监测点耕层土壤有效硅含量较为缺乏；南昌市、景德镇市、新余市和赣州市监测点土壤有效硼含量偏低；吉安市监测点耕层土壤有效硅、有效硼和有效钼含量偏低；上述各设区市可根据区域情况，因地制宜推广和指导相应中、微量元素肥施用，提升耕地肥力水平，保障国家粮食安全。